高等职业技术教育土建类课改教科书

建 筑 材 料

任胜义　编著

中国建材工业出版社

图书在版编目（CIP）数据

建筑材料／任胜义编著．—北京：中国建材工业
出版社，2012.7（2024.3 重印）
高等职业技术教育土建类课改教科书
ISBN 978-7-5160-0167-7

Ⅰ.①建… Ⅱ.①任… Ⅲ.①建筑材料－高等职业教
育－教材 Ⅳ.①TU5

中国版本图书馆 CIP 数据核字（2012）第 104457 号

内 容 简 介

本书为高等教育和高等职业技术教育的土建类专用教材，书中吸收了国内外建筑材料的先进技术，并结合我国有关建筑材料最新规范、应用情况和创新成果而编写。全书共 12 章，主要介绍建筑材料的基本性质，无机气硬性胶凝材料，水泥，混凝土，砂浆，建筑钢材，墙体、屋面及门窗材料，建筑塑料与胶粘剂，防水材料，木材，建筑装饰材料，绝热材料和吸声材料。为了方便教学，每章后备有复习思考题，书后安排有建筑材料试验。

考虑到高等教育与高等职业教育教学大纲的侧重点不同，采用"资料卡片"形式扩展并深化理论知识，供本科学生学习掌握，同时为接受高等职业教育的专科层次的学生提供阅读资料。

建 筑 材 料

任胜义 编著

出版发行：中国建材工业出版社
地　　址：北京市海淀区三里河路 11 号
邮　　编：100831
经　　销：全国各地新华书店
印　　刷：北京雁林吉兆印刷有限公司
开　　本：787mm×1092mm　1/16
印　　张：15.25
字　　数：387 千字
版　　次：2012 年 7 月第 1 版
印　　次：2024 年 3 月第 8 次
定　　价：**58.00 元**

本社网址：www.jccbs.com.cn
本书如出现印装质量问题，由我社事业发展中心负责调换。联系电话：(010) 57811387

出版说明

为了强化高等教育和高等职业技术教育的实践育人工作，全面落实党的教育方针，实施素质教育，大力提高教育教学质量，本书作者进行了一系列改革尝试。曾主持辽宁省"十一五"教育科学规划立项课题"高职学生创新意识与实践能力培养研究"，获得辽宁省教育厅教学成果二等奖。为了使改革的尝试继续下去，作者又申请主持中国高等教育学会 2010 年规划课题"创新创业教育融入高职专业课程体系培养模式的研究与实践"，现已获得批准，正在研究中。为了高质量地完成研究工作，在总结之前的实践经验的基础上，编著了这本《建筑材料》教科书，目的是践行实践育人工作，继续探索理论学习、创新思维与社会实践相统一，增强学生服务国家服务人民的社会责任感，使学生养成解决问题的实践能力和创新创业能力，进而提高人才培养质量。

希望本书能起到抛砖引玉之功效，为实践育人工作添砖加瓦。

前　言

为了落实教育规划纲要，深化高等教育和高等职业技术教育的课程改革，使大学生具备社会所需要的就业能力，我们编著了这本《建筑材料》，目的是通过建筑材料学的课程改革，使学生在掌握土建类专业所必需的建筑材料基础知识和基本技能的基础上，主动练就实践能力和创新创业能力。为此，本教材从知识与技能、过程与方法、情感态度与价值观等三方面着手，采用"学与问"、"思考与交流"和"实践与探究"的设疑方式，引导学生主动思考，积极实践；在渴望求知的氛围中，用"探索与发现"的方式向学生介绍知识来源于实践，反过来又指导实践的辩证关系，进而阐述掌握知识与培养能力的必要性；在主动学习和追求新异的氛围中，用"实践与探究"的方式引领学生发挥想象，以"实例示范"指导学生进行创新性试验；用"科学视野"的方式，展示建筑材料的技术标准与规范。这样既可以引导学生进行自主学习、探究学习与合作学习，又可以帮助学生培养就业能力和终身学习能力。

本书根据高等教育和高等职业技术教育的土建类《建筑材料》教学大纲编写而成，为土木工程、建筑结构工程、地下建筑工程等专业用书。本书吸收了国内外建筑材料的先进技术，并结合我国有关建筑材料规范及应用情况进行编写。对学生实践能力与创新创业能力的培养贯穿于整个教学过程中。

本书内容包括：建筑材料的基本性质，无机气硬性胶凝材料，水泥，混凝土，砂浆，建筑钢材，墙体、屋面及门窗材料，建筑塑料与胶粘剂，防水材料，木材，建筑装饰材料，绝热材料和吸声材料以及建筑材料试验。考虑到高等教育与高等职业教育教学大纲的侧重点不同，采用"资料卡片"形式扩展并深化理论知识，供本科学生学习掌握，同时为接受高等职业教育的专科层次的学生提供阅读资料。

本书由大连海洋大学职业技术学院任胜义老师编著。建筑材料试验部分由大连海洋大学职业技术学院张福燕老师编写。营口职业技术学院建筑工程系主任赖伶教授承担了本书审核工作。

限于编者水平，书中难免有不妥或错误之处，恳请广大师生、读者提出宝贵意见。

编者
2012 年 2 月

目　　录

发展出版传媒　服务经济建设

传播科技进步　满足社会需求

我们提供

图 书 出 版

图 书 广 告 宣 传

企 业 定 制 出 版

团 体 用 书

会 议 培 训

其 他 深 度 合 作 等

优质、高效服务。

编 辑 部
010-68342167

图书广告
010-68361706

出版咨询
010-68343948

图书销售
010-68001605

jccbs@hotmail.com
www.jccbs.com.cn

中国建材工业出版社
China Building Materials Press

绪　　论

一、建筑材料的定义

[思考与交流]　当我们步入教学楼（图0-1）时，你是否想过建造它时使用了哪些材料？观看下列图片，试说出教学楼不同部位所使用材料的名称。如基础工程（图0-2）、钢筋混凝土结构工程（图0-3）、砌筑工程（图0-4）、防水工程（图0-5）、装饰工程（图0-6）中所使用的具体材料。

图0-1　教学楼

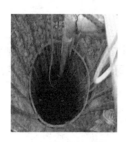

（a）桩孔　　　　　　　　（b）桩帽　　　　　　　　　（c）筏形基础

图0-2　基础工程

图 0-3　结构工程

图 0-4　砌筑工程

图 0-5　防水工程

图 0-6　装饰工程

[探索与发现]　建筑材料是指用于建（构）筑物所有材料的总称。建筑材料除用于建（构）筑物本身的各种材料外，还包括盥洗、冷暖、通风等设备器材以及施工过程中的临时工程围护结构的墙、板、桩、架等材料。

二、建筑材料分类

[思考与交流]　将上述交流讨论中所提到的材料依次记录下来，利用已掌握的化学知识，初步判断上述材料中哪些材料属于无机材料？哪些材料属于有机材料？哪些材料属于复合材料？

[探索与发现]　建筑材料品种繁多，分类庞杂，有多种分类方法。

1. 按化学组成分类

根据材料的化学组成，可分为无机材料、有机材料和复合材料，见表 0-1。所谓复合材料是指两种或两种以上物理化学性质不同的物质通过某种工艺合成的材料，一般按基材或复合方式进行分类。

2

表 0-1　建筑材料按化学组成分类

建筑材料	无机材料	非金属材料	天然石材：碎石，卵石，砂，毛石，料石
			烧土制品：黏土砖，瓦，黏土空心砖，建筑陶瓷
			玻璃：平板玻璃，浮法玻璃
			胶凝材料：石灰，石膏，水玻璃，各种水泥
			混凝土：普通混凝土，轻混凝土，特种混凝土
			各种砂浆：水泥砂浆，水泥混合砂浆
			硅酸盐制品：粉煤灰砖，灰砂砖，硅酸盐砌块
			绝热材料：石棉，矿棉，玻璃棉，膨胀珍珠岩
		金属材料	黑色金属：生铁，碳素钢，合金钢
			有色金属：铝，钛，铜及其合金
	有机材料	植物质材料	木材
			竹材
			软木
			毛毡
		沥青材料	石油沥青
			煤沥青
			沥青防水制品
		高分子材料	塑料
			橡胶
			涂料
			胶粘剂
	复合材料	无机非金属材料和有机材料的复合	聚合物混凝土
			沥青混凝土
			水泥刨花板
			玻璃钢

2. 按使用功能分类

建筑材料根据其在建筑上的用途分为三大类：建筑结构材料、墙体材料和功能材料。

（1）结构材料　建筑物的骨架，是指构成建筑物受力构件和结构所用的材料，如混凝土、建筑钢材、木材等。

（2）墙体材料　建筑物的外围护所用的材料，有承重和非承重围护材料之分，如混凝土制品、混凝土空心砌块、烧结空心砖等。

（3）功能材料　承担建筑物功能的非承重材料，如以装饰为目的装饰材料，以防水、防潮、防湿、隔音、避光、保温、隔热为目的绝热材料等。

三、学习建筑材料的目的

［学与问］　土建类各专业学习建筑材料的目的是什么？

［科学视野］　1. 掌握建筑材料的技术性能，能够按照使用目的与使用条件，安全、合

理地选用材料；

2. 掌握建筑材料试验的基本技能；

3. 理解建筑材料的最基本的生产工艺及加工原理的一般知识；

4. 了解材料的组成、结构、组织构造及其矿物的形成机理，加深对材料性质的理解和选用。

5. 学会在实践中不断改进、创新建筑材料的品种和性能。

[学与问]　我们为什么要学习建筑材料？怎样做才能学好建筑材料？

[探索与发现]　建筑材料是一切土木建筑工程中必不可少的物质基础。建筑材料的品种、质量及其"组合"制约着建筑的结构形式和施工方法，影响着建筑的使用寿命和节能效率。可以说，世界上所有的建筑都是由建筑材料构成的，没有建筑材料就没有土木建筑物。

四、学习建筑材料的必要性和方法

[学与问]　学习建筑材料有何必要性？

[探索与发现]　建筑技术现代化，在很大程度上是与传统建筑材料的改造和新品种材料的开发分不开的。高强、轻质和高效能新型材料的研发与使用，对增强建筑工程的技术、经济效果具有重大意义。

建筑材料是一门联系实际较强的学科，建筑材料试验是这门课的一个重要环节。主动进行材料试验，既可以加深对所学的理论知识的理解，又可以练就实践技能。

在学习过程中要理论联系实际，参观建筑材料样品间和建筑工地，通过实地调查和实践，了解建筑材料的共性和特性，进而掌握和理解其技术性质，做到学以致用。

第一章　建筑材料的基本性质

[学与问]　建筑材料有哪些性质？学习掌握建筑材料各种性质有何意义？

[探索与发现]　在建筑物中，处于不同部位的材料承受各种不同的外界因素作用，需要具有不同的性质。建筑材料的性质是指建筑实体或建筑施工中所采用的各种材料在使用过程中表现出来的一系列普遍的共性。如：结构材料主要承受不同外力作用；基础材料除承受建筑物上部荷载作用外，还要承受冰冻和地下水的作用；外围护材料常受到风、雨和日晒等大气因素的作用；功能材料承受各种外界因素而尽最大可能地发挥相应功能和效用。为了保证建筑物或构筑物的耐久性，要求在工程设计与施工中能够正确选择和合理使用材料，因此，必须熟悉和掌握各种建筑材料的性质。

第一节　材料的耐久性

[思考与交流]　观看下列两幅图片（图1-1、图1-2），并结合生活实际，讨论与分析建筑材料及建筑物破损的原因。

图1-1　某古建筑墙体受损图片　　　　图1-2　2008年汶川地震时某建筑受损图片

[探索与发现]　材料在建筑物之中，除要受到各种外力的作用之外，还经常要受到环境中许多自然因素的破坏作用。这些破坏作用包括物理、化学、机械及生物作用。

物理作用包括干湿变化、温度变化及冻融变化等。这些作用将使材料发生体积的胀缩或导致内部裂缝的扩展，时间长久之后即会使材料逐渐破坏。例如在寒冷地区，冻融变化对材料起着显著的破坏作用；在高温环境下，经常处于高温状态的建筑物或构筑物，所选用的建筑材料要具有良好的耐热性能；在民用和公共建筑中，考虑安全防火要求，须选用具有抗火性能的不燃或难燃的材料。

化学作用包括大气和使用条件下酸、碱、盐等液体或有害气体对材料的侵蚀作用。

机械作用包括使用荷载的持续作用，交变荷载引起材料疲劳、冲击、磨损等破坏。

5

生物作用包括菌类、昆虫等的作用而使材料腐朽、蛀蚀等破坏。

建筑物中砖、石料、混凝土等矿物材料，大多是由于物理作用而破坏，也可能同时会受到化学作用而破坏。金属材料主要是由于化学作用引起的腐蚀。木材等有机质材料常因生物作用而破坏。沥青材料、高分子材料在阳光、空气和热的作用下，会逐渐老化而使材料变脆或开裂。

材料的耐久性是指材料在长期使用过程中，抵抗其自身及环境因素长期破坏作用，能保持其原有性能不变质、不破坏的能力。

材料的耐久性指标是根据工程所处的环境条件来决定的。例如处于冻融环境的工程，所用材料的耐久性以抗冻性指标来表示；处于暴露环境的有机材料，其耐久性以抗老化能力来表示。

第二节　建筑材料的基本物理性质

一、材料的状态参数

（一）密度

[思考与交流]　以实心黏土砖为例来探讨材料的状态参数。如图1-3所示，是一块黏土砖，试说出测量这块黏土砖密度的方法。

[探索与发现]　按照惯性思维方式思考，有人会提出"首先用天平称出黏土砖的质量，其次用刻度尺量出黏土砖的长度、宽度和厚度，求出其体积，再用黏土砖的质量除以黏土砖的体积即可求得实心黏土砖的密度"。该观点是否正确？请大家观察下面试验：把黏土砖放进盛有水的水盆中（图1-4），能观察到什么现象？如何解释该现象？

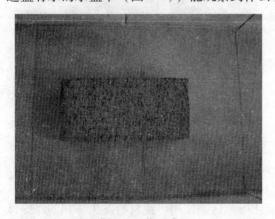
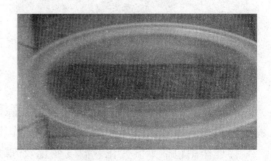

图1-3　黏土砖　　　　　　　　　　　图1-4　放在水中的黏土砖

通过观察看到的现象是处于水中的黏土砖表面不断有气泡溢出。这说明黏土砖表面有孔隙，当水浸入孔隙时，由于水的密度比空气密度大，水进入孔隙中，使得孔隙中的空气被挤出，因此有气泡溢出。而大家在中学物理课本中学习密度时所涉及的材料（如金属铜）内部是无孔隙（绝对密实状态）的，在此前提条件下，密度的定义为"材料单位体积的质量"。然而，我们现在研究的对象是黏土砖，其内部存在许多孔隙，若机械地套用中学测量密度的方法测定黏土砖的密度显然是错误的。

[思考与交流] 在现实中怎样才能测出黏土砖的密度呢？假设我们能够测出黏土砖的绝对密实状态下的体积（不包括开口孔隙和闭口孔隙的体积），此问题就可以迎刃而解了。

[探索与发现] 在自然状态下，大部分材料的体积内都含有孔隙（图1-5），而只有少部分材料的体积内不含有孔隙。把不包括材料内部孔隙的固体物质本身的体积称为绝对密实状态。材料的密度大小取决于材料的组成与材料的微观结构，当材料的组成与结构一定时，材料的密度为常数。在测定有孔隙材料的密度时，应当把材料磨成细粉，经干燥后，用密度瓶（李氏瓶）测定其绝对密实状态下的体积，图1-6、图1-7、图1-8、图1-9为学生在测定黏土砖的绝对密实状态下的体积。在测出黏土砖在绝对密实状态下的体积之后，再按照"材料单位体积的质量"计算其密度。

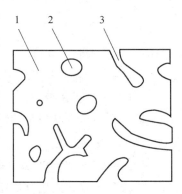

图 1-5　自然状态下材料
体积示意图
1—固体；2—闭口孔隙；
3—开口孔隙

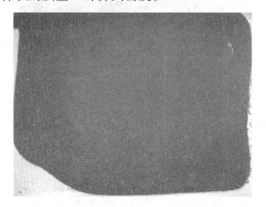

图 1-6　将黏土砖研磨成粉末

图 1-7　称取烘干后粉末的质量

图 1-8　用排水法测粉末的体积

图 1-9　观察李氏瓶的刻度

［科学视野］ 密度：材料在绝对密实状态下，单位体积的质量。按下式计算：

$$\rho = \frac{m}{V} \qquad (1-1)$$

式中　ρ——材料的密度，g/cm^3；

　　　m——材料在干燥状态下的质量，g；

　　　V——材料在绝对密实状态下的体积，cm^3。

砖、石材等块状材料的密度即可用此法测得。

（二）表观密度

［学与问］ 首先用天平称出黏土砖的质量（图1-10），然后用刻度尺量出黏土砖的长度、宽度和厚度，求出其体积，再用黏土砖的质量除以黏土砖在自然状态下的体积得到的是什么参数？

［科学视野］ 材料在自然状态下，单位体积的质量称为材料的表观密度（ρ_0）。按下式计算：

$$\rho_0 = \frac{m}{V_0} \qquad (1-2)$$

式中　ρ_0——材料的表观密度，g/cm^3 或 kg/m^3；

　　　m——材料的质量，g 或 kg；

　　　V_0——材料在自然状态下的体积，cm^3 或 m^3。

材料在自然状态下的体积是指材料及所含内部孔隙的总体积。

图1-10　称量黏土砖的质量

［探索与发现］ 材料在自然状态下的质量与其含水状态关系密切，且与材料孔隙的具体特征有关。故测定表观密度时，必须注明其含水状况。表观密度一般是指材料在气干状态（长期在空气中干燥）下的表观密度。在烘干状态下的表观密度，称为干表观密度。不含开口孔隙的表观密度称为视密度，以排水法测定其体积（对于致密材料即是近似密度）。

（三）堆积密度

［学与问］ 以某容器中河砂的质量除以该河砂的堆积体积得到的是什么参数？

［科学视野］ 粉状、颗粒状或纤维状材料在自然堆积状态下，单位体积的质量称为材料的堆积密度（ρ_0'）。按下式计算：

$$\rho_0' = \frac{m}{V_0'} \qquad (1-3)$$

式中　ρ_0'——堆积密度，kg/m^3；

　　　m——材料的质量，kg；

　　　V_0'——材料的在自然堆积状态下的体积，m^3。

材料在自然堆积状态下的体积，是指既含粉状、颗粒状或纤维状材料的固体体积及其闭口、开口孔隙的体积，又含颗粒之间空隙体积的总体积。

［探索与发现］ 粉状、颗粒状或纤维状材料的堆积体积，会因堆放的疏松状态不同而不同，必须在规定的装填方法下取值。因此，堆积密度又有松堆积密度和紧堆积密度之分。测定河砂的堆积密度见图1-11和图1-12。

图 1-11　测河砂堆积状态的体积

图 1-12　称量河砂的质量

在建筑工程中，计算材料用量、构件的自重，配料计算以及确定堆放空间时，经常要用到材料的密度、表观密度和堆积密度等数据。

二、材料的密实度和孔隙率

（一）密实度

[学与问]　用黏土砖的绝对体积除以黏土砖在自然状态下的体积得到的是什么参数？

[科学视野]　材料内部固体物质的体积占材料总体积的百分率称为材料的密实度（D）。按下式计算：

$$D = \frac{V}{V_0} \times 100\% = \frac{\rho_0}{\rho} \times 100\% \tag{1-4}$$

（二）孔隙率

[学与问]　用黏土砖在自然状态下的体积与其绝对体积之差除以黏土砖在自然状态下的体积得到的是什么参数？

[科学视野]　材料内部孔隙体积（开口孔隙体积和闭口孔隙体积）占材料总体积的百分率称为材料的孔隙率（P）。按下式计算：

$$P = \frac{V_0 - V}{V_0} \times 100\% = \left(1 - \frac{\rho_0}{\rho}\right) \times 100\% \tag{1-5}$$

[探索与发现]　材料孔隙率的大小直接影响材料的密实度。孔隙率小，则密实程度高。孔隙率相同的材料，它们的孔隙特征可以不同。孔隙特征是指材料孔隙的分布情况以及孔隙是粗大的，还是细小的，是封闭的，还是互相连通的。一般而言，孔隙率较小，密闭的微孔较多且孔隙分布均匀的材料，其吸水率较小，强度较高，导热系数较小，抗渗性较好。

根据上述密实度和孔隙率的定义，可知密实度与孔隙率的关系为：

$$D + P = 1 \tag{1-6}$$

材料的密实度和孔隙率是从不同方面反映材料的密实程度，通常采用孔隙率表示。

几种常用材料的密度、表观密度、堆积密度和孔隙率见表 1-1。

表 1-1　常用建筑材料的密度、表观密度、堆积密度和孔隙率

材料	密度 ρ（g/cm³）	表观密度 ρ_0（kg/m³）	堆积密度 ρ'_0（kg/m³）	孔隙率（%）
碎石	2.50～2.80	2400～2750	1450～1700	—
砂	2.50～2.80	2400～2750	1450～1700	—
烧结空心砖	2.50～2.70	800～1480	—	—
水泥	2.80～3.20	—	1250～1600	—
普通混凝土	2.50～2.90	2100～2600	—	5～20
钢	7.85	7850	—	0
泡沫塑料	—	20～50	—	—

三、材料的填充率和空隙率

[思考与交流]　如图 1-13 所示，一容器内装有一定量的碎石，观察容器内填充状况，讨论填充率与空隙率的关系。

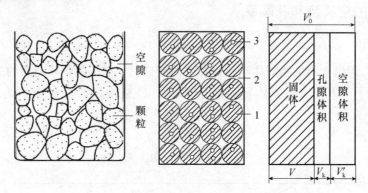

图 1-13　盛装碎石的容器及填充状况
1—颗粒；2—空隙；3—孔隙

（一）填充率

[科学视野]　粒状材料的堆积体积内，颗粒体积所占总体积的百分率称为填充率（D'）。按下式计算：

$$D' = \frac{V_0}{V'_0} \times 100\% = \frac{\rho'_0}{\rho_0} \times 100\% \qquad (1-7)$$

（二）空隙率

[科学视野]　粒状材料的堆积体积内，颗粒间空隙体积所占总体积的百分率称为空隙率（P'）。按下式计算：

$$P' = \frac{V'_0 - V_0}{V'_0} \times 100\% = \left(1 - \frac{\rho'_0}{\rho_0}\right) \times 100\% \qquad (1-8)$$

空隙率的大小反映了颗粒状材料的颗粒之间相互填充的密实程度。

在配制混凝土时，砂、石的空隙率是作为控制混凝土中骨料级配与计算混凝土砂率时的重要依据。

10

根据上述填充率和空隙率的定义，可知填充率和空隙率的关系为：

$$D' + P' = 1 \qquad\qquad (1\text{-}9)$$

四、材料与水有关的性质

[思考与交流]　用胶头滴管分别将一滴水滴到黏土砖和塑料板的表面，观察其现象，并解释原因。

（一）亲水性与憎水性

[探索与发现]　材料在空气中与水接触时，根据材料表面被水润湿的情况，分亲水性材料和憎水性材料两类。

当材料分子与水分子间的相互作用力大于水分子间的作用力时，材料表面就会被水所润湿。此时在材料、水和空气的三相体的交点处，沿水滴表面所引切线与材料表面所成的夹角 θ，称为润湿边角，如图1-14所示。θ 角愈小，表明材料愈易被润湿。实践证明，当 $\theta \leqslant 90°$ 时 [如图1-14（a）]，材料能被水润湿而表现出亲水性，这种材料称为亲水性材料；如果材料分子与水分子间的相互作用力小于水本身分子间的作用力，则表示材料不能被水润湿。此时，润湿角 $90° < \theta < 180°$，[如图1-14（b）]，材料的这种性质称为憎水性。此材料称为憎水性材料。

大多数建筑材料，如石材、砖瓦、陶器、混凝土、木材等都属于亲水性材料，而沥青、石蜡和某些高分子材料属于憎水性材料。

（二）吸水性与吸湿性

1. 吸水性

[思考与交流]　用天平称量一块黏土砖的质量，然后将黏土砖放入水中浸泡（图1-15），待其被水饱和后用干布擦去黏土砖表面的水，称量黏土砖的质量，观察其质量是否有变化，解释其原因。

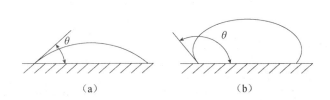

图1-14　材料润湿边角　　　　　　　图1-15　干燥的黏土砖放在水中

[科学视野]　材料在水中吸收水分的性质称为吸水性。材料的吸水性用吸水率表示。吸水率有质量吸水率和体积吸水率之分。

（1）质量吸水率：质量吸水率是指材料在吸水饱和时，其内部所吸收水分的质量占干燥材料质量的百分比。按下式计算：

$$W_m = \frac{m_1 - m}{m} \times 100\% \tag{1-10}$$

式中　W_m——材料的质量吸水率，%；

m_1——材料吸水饱和状态下的质量，g；

m——材料烘干至恒重的质量，g。

轻质多孔的材料因其质量吸水率往往超过 100%，常以体积吸水率表示其吸水性。

（2）体积吸水率：是指材料吸水饱和时，所吸收水分的体积占干燥材料自然体积的百分率。按下式计算：

$$W_V = \frac{V_w}{V_0} \times 100\% = \frac{m_1 - m}{V_0} \cdot \frac{1}{\rho_w} \times 100\% \tag{1-11}$$

式中　W_V——材料的体积吸水率，%；

V_w——材料在吸水饱和时水的体积，cm³；

V_0——干燥材料在自然状态下的体积，cm³；

ρ_w——水的密度，g/cm³。

体积吸水率与质量吸水率的关系：

$$W_V = W_m \cdot \rho_0 \cdot \frac{1}{\rho_w} \times 100\% \tag{1-12}$$

材料的吸水率与其孔隙率有关，更与其孔特征有关。因为水分是通过材料的开口孔吸入并经过连通孔渗入内部的。材料体积内与外界连通的细微孔隙愈多，其吸水率就愈大。

2. 吸湿性

[思考与交流]　家居中铺设的实木地板，在冬季供暖期为什么地板之间的缝隙会加大？而在夏季地板之间的缝隙会减小甚至会凸起？怎样做才能减少或避免此现象的发生？

[探索与发现]　干燥的材料处在较潮湿的空气中，会吸收空气中的水分；而当较潮湿的材料处在较干燥的空气中时，材料会向空气中放出水分。前者是材料的吸湿过程，后者是材料的干燥过程。

[科学视野]　材料在潮湿的空气中吸收水分的性质称为吸湿性。材料的吸湿性用含水率表示。含水率是指材料内部所含水质量占干材料质量的百分率（$W_{含}$）。按下式计算：

$$W_{含} = \frac{m_{含} - m}{m} \times 100\% \tag{1-13}$$

式中　$W_{含}$——材料的含水率，%；

$m_{含}$——材料含水时质量，g；

m——材料烘干恒重时的质量，g。

在空气中，某一材料的含水量是随空气的湿度变化而改变的。

材料的吸水性和吸湿性均会对材料的性能产生不利影响。材料吸水后会导致其自重增大，导热性增大，强度和耐久性将产生不同程度的下降。材料干湿交替还会引起其形状、尺寸的改变而影响使用。

（三）耐水性

[思考与交流]　取两块黏土砖，一块放入烘干箱中烘到恒重为止，另一块放入水中至被水饱和为止。然后用干布擦去黏土砖表面的水，再分别将两块黏土砖放在压力机上测其抗

12

压强度，结果有什么不同？解释其原因。

[科学视野]　材料长期在饱和水作用下不破坏，其强度也不明显下降的性质称为耐水性。材料的耐水性用软化系数表示。

$$K_R = \frac{f_w}{f_d} \qquad (1\text{-}14)$$

式中　K_R——材料的软化系数；

　　　f_w——材料在吸水饱和状态下的抗压强度，MPa；

　　　f_d——材料在干燥状态下的抗压强度，MPa。

[探索与发现]　软化系数反映了材料被水饱和后强度降低的程度，是材料吸水后性质变化的重要特征之一。一般材料吸水后，水分会分散在材料内微粒的表面，削弱其内部结合力，强度则有不同程度的降低。当材料内含有可溶性物质时（如石膏、石灰等），吸入的水还可能溶解部分物质，造成强度的严重降低。

材料耐水性限制了材料的使用环境，软化系数小的材料耐水性差，其使用环境尤其受到限制。软化系数的波动范围在 0~1 之间。工程中通常将软化系数大于 0.85 的材料称为耐水性材料。耐水性材料可以用于水中或潮湿环境中的重要工程。用于一般受潮较轻或次要的工程部位时，材料软化系数也不得小于 0.75。

（四）抗渗性

[实践与探究]　将水滴到黏土砖的表面，水会渗入到黏土砖的孔隙中，请设计若干组试验，探究水渗透到黏土砖另一面所需时间最短的方案。

[科学视野]　材料抵抗压力水渗透的性质称为抗渗性。材料的抗渗性可用渗透系数表示。

1. 渗透系数

渗透系数的意义是：一定厚度的材料，在单位压力水头作用下，在单位时间内透过单位面积的水量。按下式计算：

$$K = \frac{Qd}{AtH} \qquad (1\text{-}15)$$

式中　K——渗透系数，cm/h；

　　　Q——渗透水量，cm^3；

　　　d——材料的厚度，cm；

　　　A——透水面积，cm^2；

　　　t——透水时间，h；

　　　H——静水压力水头，cm。

渗透系数（K）愈大，表示渗透的水量愈多，材料的抗渗性愈差。

2. 抗渗等级

材料的抗渗等级是指用标准方法进行透水试验时，在标准试验条件下所能承受的最大水压力，并以字母 P 及可承受的水压力（以 0.1MPa 为单位）来表示抗渗等级。如 P4、P6、P8、P10 等，分别表示试件能承受 0.4MPa、0.6MPa、0.8MPa、1.0MPa 的水压而不渗透。材料的抗渗等级愈大，抗渗性能愈好。

在建筑工程中，混凝土和砂浆等材料的抗渗性常用抗渗等级来表示。

材料的抗渗性的好坏，与材料的孔隙率和孔隙特征有关。细微连通的孔隙中水易渗入，故这种孔隙愈多，材料的抗渗性愈差。封闭孔隙中水不易渗入，因此封闭孔隙率大的材料，其抗渗性仍然良好。开口大孔中水最易渗入，故其抗渗性最差。

抗渗性是决定材料耐久性的重要因素。通常情况下，材料的抗渗性愈高，水及各种腐蚀性液体或气体愈不易进入材料内部，因此材料的耐久性亦愈高。

地下建筑及水工建筑等所用材料应具有一定的抗渗性，对于防水材料则应具有很好的抗渗性。

（五）抗冻性

[思考与交流]　1. 在寒冷冬天的夜晚，将盛满水的玻璃瓶放在室外，第二天清晨玻璃瓶是否有变化？解释原因。

2. 图1-16中某建筑物的外墙体已破损，试分析破损原因。

[探索与发现]　材料在多次冻融循环作用下破坏的原因：由于材料内部毛细孔中的水结冰时体积膨胀（约9%），对材料孔壁产生很大的冻胀应力，使材料内部产生微裂缝，循环往复以致强度下降。

[科学视野]　材料在吸水饱和状态下，经受多次冻融循环作用不破坏，同时强度也不显著降低的性能，称为材料的抗冻性。

材料的抗冻性一般以抗冻等级 Fn 表示，按材料所能经受的冻融循环次数划分。如

图1-16　某建筑物外墙瓷砖脱落

F15、F25、F50、F100、F200 等，分别表示材料能经受 15、25、50、100、200 次的冻融循环作用不破坏，强度也不显著降低。

材料的抗冻性与材料的密实度、强度、孔隙构造特征、吸水饱和程度及软化系数等有关。软化系数 K_R 小于 0.80、孔隙水饱和系数大于 0.91 时，材料的抗冻性较差。一般规定材料在经受若干次反复冻融循环作用后，质量损失不超过 5%，抗压强度降低不超过 25% 时，可认为该材料的抗冻性合格；对于冬季气温在 -15℃以下的地区以及水利工程，施工时应考虑材料的抗冻性能，并进行相应的检验。

五、材料的热工性能

[思考与交流]　节能65%的建筑，一般都需要在其外墙体的表面喷涂或粘贴保温材料，为什么？

[探索与发现]　建筑材料除了需满足必要的强度及其他性能要求外，为了降低建筑物的使用能耗以及为生产和生活创造适宜的条件，常要求建筑工程中的建筑材料具有良好的热工性能，以维持室内温度。

（一）导热性

[思考与交流]　如果你双手分别握着一根粗细和长度均相等的干燥木棍和铁棍，同时

放到炉火中加热一段时间，你的双手会有什么样的感觉？为什么？

[科学视野]　材料传导热量的性质称为材料的导热性，其大小用导热系数 λ 来表示。按下式计算：

$$\lambda = \frac{Qd}{At(T_2 - T_1)} \qquad (1-16)$$

式中　λ——材料的导热系数，W/(m·K)；

　　　Q——传导的热量，J；

　　　A——热传导面积，m^2；

　　　d——材料厚度，m；

　　　t——热传导时间，s；

　$T_2 - T_1$——材料两侧温度差，K。

导热系数的物理意义：单位厚度（1m）的材料，当其相对两侧面温度差为1K时，在单位时间（1s）内通过单位面积（$1m^2$）的热量（图1-17）。

导热系 λ 愈小，材料的保温性愈好。各种材料的导热系数差别很大，大致在 0.029～3.5W/(m·K) 之间，如泡沫塑料导热系数为 0.035W/(m·K)。工程中通常把导热系数小于 0.23W/(m·K) 的材料称为保温绝热材料。

影响导热性的主要因素有材料的组成、显微结构、孔隙率、孔隙特征、含水率、导热时的温度及热流方向等等。一般地说，金属材料、无机材料、晶体材料的导热系数分别大于非金属材料、有机材料、非晶体材料。闭口孔隙率愈大，材料的导热系数愈小。

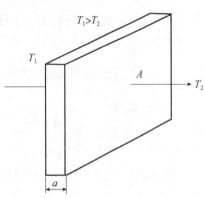

图1-17　材料传导热量的示意图

（二）热容量与比热容

[思考与交流]　利用太阳能供暖的建筑物室内的温度，往往随着日照强度和日照时间长短而变化，因此导致室内温度波动较大，如何做才能解决这个问题？

[科学视野]　材料受热时吸收热量，冷却时放出热量的性质称为材料的热容量。按下式计算：

$$Q = cm(T_2 - T_1) \qquad (1-17)$$

式中　　　c——材料的比热容，J/(g·K)；

　　　　　Q——材料的热容量，J；

　　　　　m——材料质量，g；

　$T_2 - T_1$——材料受热或冷却前后的温差，K。

比热容（c）反映出单位质量的材料，当温度升高或降低1K时所吸收或放出的热量。

材料的导热系数和热容量是设计建筑物围护结构（墙体、屋面）热工计算时的重要参数，选用导热系数小而热容量大的材料，可提高围护结构的保温隔热性能并保持室内温度的稳定。几种典型材料的热工性能指标见表1-2。

表 1-2　几种典型材料的热工性能指标

材料	导热系数 [W/(m·K)]	比热容 [J/(g·K)]	材料	导热系数 [W/(m·K)]	比热容 [J/(g·K)]
铜	350	0.38	松木（横纹）	0.15	1.63
钢	58	0.47	泡沫塑料	0.03	1.30
花岗石	3.1	0.82	冰	2.20	2.05
普通混凝土	1.6	0.86	水	0.58	4.19
烧结黏土砖	0.65	0.85	静止空气	0.023	1.00

第三节　材料的力学性质

[学与问]　在由钢筋混凝土构成的框架结构中，钢筋与混凝土的各自作用是什么？

[探索与发现]　材料的力学性质是指材料在外力作用下的变形及抵抗破坏的性质，包括材料的强度、弹性和塑性、脆性和韧性、硬度和耐磨性等。

一、材料的强度及强度等级

（一）强度

材料的强度是材料在外力作用下抵抗破坏的能力。通常情况下，当材料受外力（或荷载）作用时，其内部产生应力，外力增加，应力相应增大，直至材料内部质点间结合力不足以抵抗所作用的外力时，材料即发生破坏。材料破坏时，应力达到极限值，这个极限值就是材料的强度。

根据外力作用方式的不同，材料强度有抗拉、抗压、抗剪、抗弯（抗折）强度等，如图 1-18 所示。

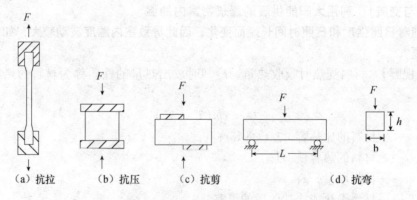

（a）抗拉　　　（b）抗压　　　（c）抗剪　　　　　（d）抗弯

图 1-18　材料受力示意图

在试验室采用破坏试验法测试材料的强度。按照国家标准规定的试验方法，将制作好的试件安放在材料试验机上，施加外力（荷载），直至破坏，根据试件尺寸和破坏时的荷载值，计算材料的强度。

材料的抗拉、抗压和抗剪强度的计算式为：

16

$$f = \frac{F}{A} \qquad (1\text{-}18)$$

式中 f——材料强度（抗拉、抗压或抗剪），N/mm^2；

　　F——材料破坏时的最大荷载，N；

　　A——试件受力面积，mm^2。

材料的抗弯强度与试件受力情况、截面形状以及支承条件有关。通常是将矩形截面的条形试件放在两个支点上，中间作用一集中荷载。

材料的抗弯强度的计算式为：

$$f_{tm} = \frac{3FL}{2bh^2} \qquad (1\text{-}19)$$

式中 f_{tm}——材料强度（抗拉、抗压或抗剪），N/mm^2；

　　F——材料破坏时的最大荷载，N；

　　L——两支点间距离，mm；

　　b、h——试件横截面的宽及高，mm。

（二）影响材料强度的主要因素

材料的强度主要取决于材料的组成和构造，不同种类的材料具有不同的抵抗外力的特性。相同种类的材料，随着其孔隙率及构造特征的不同，材料的强度也有较大差异。一般材料的孔隙率愈大，强度愈低。黏土砖、石材、混凝土和铸铁等材料的抗压强度较高，而其抗拉及抗弯强度很低；木材则顺纹抗拉强度高于抗压强度；钢材的抗拉、抗压强度都很高。另外，材料的强度与测试的外部条件也有密切关系，如试件的形状、尺寸、表面状态、含水率、温度、湿度及加荷时的速度等。所以对于各种建筑工程材料必须严格按照有关的标准、规范进行试验和测试。

（三）强度等级

由于建筑材料的强度差异较大，根据其强度的大小，划分为若干不同的等级。这对于掌握材料性质，合理选用材料，正确进行设计和控制工程质量都是十分必要的；对于生产厂家控制生产工艺，保证产品质量也是非常有益的。常用建筑材料的强度见表1-3。

表1-3　常用建筑材料的强度　　　　　　　　　　　　MPa

材料	抗压强度	抗拉强度	抗弯强度
花岗石	100 ~ 250	5 ~ 8	10 ~ 14
烧结黏土砖	7.5 ~ 30	—	1.8 ~ 4.0
普通混凝土	7.5 ~ 60	1 ~ 4	2.0 ~ 8.0
松木（顺纹）	30 ~ 50	80 ~ 120	60 ~ 100
钢材	235 ~ 1800	235 ~ 1800	—

（四）比强度

材料强度与其表观密度之比称为比强度。比强度是衡量材料轻质高强的重要指标。比强度值愈大，材料的轻质高强性能愈好。优质的结构材料，必须具有较高的比强度。

二、材料的弹性与塑性

[思考与交流]　**1.** 将一事先制作好的低碳钢试件安放在材料试验机上，施加拉力（荷载），直至破坏，观察其变化特征。

2. 如果不留意，脚踩到刚刚浇注的混凝土面层上，会有什么现象发生？为什么？

（一）弹性

[科学视野]　材料在外力作用下产生变形，当外力取消后，能够完全恢复原来形状的性质称为弹性。这种能够完全恢复的变形称为弹性变形，具有这种性质的材料称为弹性材料。弹性材料的变形特征常用弹性模量 E 表示，其值等于应力（σ）与应变（ε）之比，即：

$$E = \frac{\sigma}{\varepsilon} \tag{1-20}$$

弹性模量是衡量材料抵抗变形能力的一个重要指标。同一种材料在其弹性变形范围内，弹性模量为常数，弹性模量愈大，材料愈不易变形，亦即刚度愈好。弹性模量是结构设计的重要参数。

（二）塑性

[科学视野]　材料在外力作用下产生变形，当外力取消后，仍保持变形后的形状和尺寸，并不产生裂缝的性质称为塑性。这种变形称塑性变形，具有这种性质的材料称塑性材料。

实际上，纯弹性变形的材料是没有的，通常一些材料在受力不大时，表现为弹性变形，当外力超过一定值时，则呈现塑性变形，如低碳钢。有的材料在受力后，弹性变形和塑性变形同时产生（图 1-19）。如果取消外力，则弹性变形 ba 可以恢复，而其塑性变形 ob 则不能恢复。混凝土材料受力后的变形就属于这种类型。

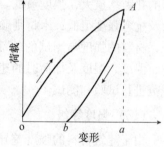

图 1-19　弹塑性材料的变形曲线

三、材料的脆性与韧性

[思考与交流]　**1.** 在砌筑墙体时，如果需要半块黏土砖，瓦工师傅往往是用砌砖刀劈向黏土砖的中线，黏土砖便立刻裂成两半，整个过程看不到有明显的塑性变形发生，解释原因。

2. 用铁锤敲击在钢锭表面上的低碳钢筋，有什么现象发生？为什么？

（一）脆性

[科学视野]　材料受外力作用，当外力达到一定值时，材料突然破坏，而无明显的塑性变形的性质称为脆性。具有这种性质的材料称为脆性材料。脆性材料的抗压强度远大于其抗拉强度，可高达数倍甚至数十倍。脆性材料抵抗冲击荷载或振动作用的能力很差，只适合用作承压构件。如黏土砖、石材、陶瓷、玻璃、普通混凝土、铸铁等都属于脆性材料。

（二）韧性

[科学视野]　材料在冲击或振动荷载作用下，能吸收较多的能量，同时产生较大变形

而不破坏的性质称为韧性。具有这种性质的材料称为韧性材料。材料的韧性用冲击韧性指标 a_k 表示。冲击韧性指标是用带缺口的试件做冲击破坏试验时，断口处单位面积所吸收的能量。其计算公式为：

$$a_k = \frac{A_k}{A} \tag{1-21}$$

式中　a_k——材料的冲击韧性指标，J/mm^2；

　　　A_k——试件破坏时所消耗的能量，J；

　　　A——试件受力净截面积，mm^2。

在建筑工程中，建筑钢材（软钢）、木材等都属于韧性材料。用作路面、桥梁、吊车梁以及有抗震要求的结构都要求材料应具有较高的韧性。

四、材料的硬度与耐磨性

[思考与交流]　**1.** 在居室内，如果不慎将一钢球坠落到实木地板上，会有什么现象发生？为什么？

2. 在土建工程中，对用作踏步、台阶等部位的材料有哪些要求？

（一）硬度

[科学视野]　硬度是材料表面抵抗压入或刻划的能力。测定材料硬度的方法有多种。常用的有刻划法和压入法两种，不同材料其硬度的测量方法不同。通常，矿物的硬度采用刻划法测定其莫氏硬度，按照硬度的递增顺序分十级：滑石、石膏、方解石、萤石、磷灰石、正长石、石英、黄玉、刚玉、金刚石。钢材、木材及混凝土等的硬度常采用布氏硬度（HB）法测定。布氏硬度（HB）法是以单位压痕面积上所受的压力来表示。

一般情况下，硬度大的材料强度高、耐磨性较强，但不宜加工。所以，工程中有时用硬度来推算材料的强度。

（二）耐磨性

[科学视野]　耐磨性是材料表面抵抗磨损的能力，通常用磨损率 N 表示：

$$N = \frac{m_1 - m_2}{A} \tag{1-22}$$

式中　N——材料的磨损率，g/cm^2；

　　　m_1——试件磨损前的质量，g；

　　　m_2——试件磨损后的质量，g；

　　　A——试件受磨面积，cm^2。

材料的硬度与耐磨性都与材料本身的组成、结构及强度有关。在土建工程中，对于用作踏步、台阶、地面、路面等部位的材料，应具有较高的耐磨性。

思考复习题

1. 试述密度、表观密度及堆积密度的区别。

2. 材料含水时对材料的性质有何影响？

3. 亲水性与憎水性材料如何区别？在使用上有何不同？

4. 影响材料导热系数的主要因素有哪些？

5. 熟悉材料的吸水性、吸湿性、耐水性、抗渗性、抗冻性、导热性的含义及其表示方法。

6. 理解强度、强度等级、比强度的概念。

7. 经测定，质量为 3.4kg，容积为 10.0L 的容量筒装满绝干石子后的总质量为 18.4kg。若向筒内注水，待石子吸水饱和后，为注满此筒共注入水 4.27kg。将上述吸水饱和的石子擦干表面后称得总质量为 18.6kg（含筒重）。求该石子的表观密度、吸水率、堆积密度、开口孔隙率。

第二章　无机气硬性胶凝材料

第一节　概　述

[思考与交流]　1. 观看图2-1、图2-2，判断青砖墙体及红砖墙体缝隙之间的白色物质是什么？它的作用是什么？

图2-1　青砖墙体

图2-2　红砖墙体

2. 某水下工程，是否可以用石灰砂浆胶结石块砌体？为什么？通常应选用什么材料胶结处于水中的石块砌体？

[探索与发现]　胶凝材料是指工程中用来将散粒材料（砂和石子）或块状材料（如砖和石块）胶结成为整体的材料。胶凝材料按其化学组成可分为有机胶凝材料和无机胶凝材料两大类。沥青及各种天然或人造树脂属于有机胶凝材料。无机胶凝材料按其硬化条件分为气硬性胶凝材料和水硬性胶凝材料。气硬性胶凝材料是指只能在空气中硬化并保持或继续发展其强度的材料，如石灰、石膏和水玻璃等。水硬性胶凝材料是指既能在空气中硬化，又能更好地在水中硬化并保持或继续发展其强度的材料，如水泥等。水是无机胶凝材料硬化的必要条件。随着拌合水的加入，无机胶凝材料经过一系列物理、化学作用，可由液态或半固态变为坚硬的固体。水硬性胶凝材料既适用于地上干燥环境，也使用于地下潮湿或水中环境。气硬性胶凝材料只适用于干燥环境，不适用于潮湿环境，更不能用于水中。

第二节　石　灰

[学与问]　在砌筑工程中，是否可以直接用磨细的生石灰粉配制石灰砂浆？

[探索与发现]　石灰是建筑上最早使用的气硬性胶凝材料之一。由于生产石灰的原料

广泛，工艺简单，成本低廉，所以至今石灰仍被广泛地应用于建筑中。

一、石灰的原材料

制备生石灰的原料（图2-3）是以碳酸钙（$CaCO_3$）为主要成分的天然岩石，最常用的是石灰石、白云石和白垩。

二、石灰的生产

1. 生石灰

生产生石灰的过程就是煅烧石灰石，使其分解为生石灰和二氧化碳的过程，其反应如下：

$$CaCO_3 \xrightarrow{900℃} CaO + CO_2 \uparrow$$

式中的 CaO 称为生石灰，是一种白色或灰色的块状物质（图2-4）。

图2-3　石灰石

图2-4　生石灰

2. 钙质石灰与镁质石灰

由于原料中常含有碳酸镁（$MgCO_3$），煅烧后生成 MgO，根据标准《建筑生石灰》（JC/T 479—1992）的规定，将 MgO 含量≤5％的称为钙质生石灰，MgO 含量＞5％的称为镁质生石灰，同等级的钙质生石灰质量优于镁质生石灰。

3. 欠火石灰与过火石灰

生石灰烧制过程中，往往由于石灰石原料的尺寸过大或窑中温度不均匀，生石灰中残留有未完全分解的 $CaCO_3$ 内核，这种石灰称为"欠火石灰"。由于 $CaCO_3$ 不溶于水，也无胶结能力，在熟化为石灰膏或消石灰时作为残渣被废弃，所以有效利用率下降。

当烧制的温度过高或时间过长，部分块状石灰的表层会被烧成十分致密的釉状物，这种石灰称为"过火石灰"。过火石灰的特点为颜色较深，密度较大，与水反应熟化的速度较慢，往往要在石灰固化后才开始熟化，从而产生局部体积膨胀，影响工程质量。

三、石灰的熟化

[实践与探究]　**1. 根据石灰熟化过程的特点，设计一套热量回收再利用的节能减排**

装置。

2. 设计一套装置，能够安全演示易燃、易爆物品与生石灰混装后，遇到水着火的试验（提示：选用敞口容器盛装生石灰；取用的生石灰和易燃、易爆物品的量要适当）。

（一）熟化过程与熟石灰

[探索与发现]　生石灰加水反应生成氢氧化钙的过程称为熟化。生成物氢氧化钙称为熟石灰。反应式如下：

$$CaO + H_2O \Longrightarrow Ca(OH)_2 + 64.9kJ/mol$$

熟化过程的特点：

1. 水化速度快，放热量大。煅烧良好的氧化钙与水接触时剧烈反应并放出大量的热量。
2. 体积膨胀。氧化钙与水反应生成氢氧化钙时，体积增大 1.5 ~ 2.0 倍。这一性质易在工程中造成事故，应予重视。

（二）石灰膏

[学与问]　制石灰膏时，石灰膏面层为什么必须储水保养？

[探索与发现]　当熟化时石灰中加入大量的水，则生成浆状石灰膏。通常在沉淀池中进行石灰膏的生产，即将块状生石灰用水冲淋，通过不大于 3cm×3cm 筛网过滤，且熟化时间不得少于 7d。沉淀池中的石灰膏面层必须储水保养，其目的是隔断与空气直接接触，防止石灰干硬固化和碳化固结，以避免影响正常使用的效果。

（三）消石灰粉

[实践与探究]　尝试用消石灰拌制的石灰砂浆砌墙，观察一段时间，看墙体是否有变化，解释原因。

[探索与发现]　当石灰熟化时加入适量（60% ~ 80%）的水，则生成粉状熟石灰，这一过程通常称为消化，其产品称为消石灰粉。消石灰粉不得直接用于砌筑砂浆中。从节能减排的角度考虑，消石灰粉的生产必须在工厂集中进行。

四、石灰的凝结硬化

[思考与交流]　石灰浆体在空气中硬化的机理是什么？为什么石灰浆体中游离的水分过多或过少时，其硬化速度都较慢？阐述石灰属于气硬性胶凝材料的原因。

[探索与发现]　石灰在空气中的凝结硬化主要包括结晶和碳化两个过程。

结晶作用指的是石灰浆体中多余的水分蒸发或被砌体吸收，使氢氧化钙以晶体形态析出，石灰浆体逐渐失去塑性，并凝结硬化产生强度的过程。

碳化作用指的是空气中的 CO_2 遇水生产弱酸，再与 $Ca(OH)_2$ 发生化学反应生成碳酸钙晶体的过程，其反应式如下：

$$Ca(OH)_2 + CO_2 + nH_2O \longrightarrow CaCO_3 + (n+1)H_2O$$

生成的 $CaCO_3$ 自身强度较高，且填充孔隙使石灰固化更加致密，强度进步提高。石灰浆体硬化过程中，如果含水量过小，处于干燥状态时，硬化反应几乎停止。若含水量过多，孔隙中几乎充满水，CO_2 气体渗透量少，碳化作用只在表层进行，所以碳化作用只有在孔壁充水，而孔中无水时才能进行较快。当材料表面形成 $CaCO_3$ 达到一定厚度时，碳化作用极为缓慢。

五、石灰的主要技术性质

（一）保水性与可塑性好

［学与问］　施工过程中，若水泥砂浆的保水性和可塑性较差，应如何改善它？

［探索与发现］　$Ca(OH)_2$ 颗粒极细，比表面积很大，颗粒表面均吸附一层水膜，使得石灰浆具有良好的保水性和可塑性。因此，建筑工程中常用来配制混合砂浆，以改善水泥砂浆保水性和可塑性差等缺陷。

（二）凝结硬化慢、强度低

［学与问］　在施工过程中，采取哪些措施可以提高石灰砂浆凝结硬化的速度和强度？

［探索与发现］　石灰浆凝结硬化时间一般需要几周，硬化后的强度一般小于1MPa。如1:3的石灰浆强度仅为 $0.2 \sim 0.3$ MPa。但通过人工碳化，可使强度大幅度提高，如碳化石灰板及其制品，强度可达 10 MPa。

（三）耐水性差

［学与问］　石灰砂浆为什么不能用于水下工程或不宜用于潮湿环境中的工程？

［探索与发现］　石灰砂浆在水中或潮湿环境中不产生强度，在流动的水中还会溶解流失，因此一般只用于干燥环境中。但固化后的石灰制品经人工碳化后，其耐水性大大提高，可以用于潮湿环境。

（四）干燥收缩大

［学与问］　在建筑工程中，为什么石灰一般不宜单独使用？如何做才能改善其缺陷？

［探索与发现］　石灰浆体中游离水，特别是吸附水蒸发，会引起硬化时体积收缩、开裂，因此石灰一般不宜单独使用，通常掺入砂子、麻刀、纸筋等以减少收缩或提高抗裂强度。

六、石灰的应用

［学与问］　在建筑工程中，石灰有哪些用途？

［探索与发现］　（一）石灰乳涂料和抹面

将熟化好的石灰膏或消石灰粉加入过量的水稀释成石灰乳，用于要求不高的室内粉刷，目前已很少使用。

（二）配制石灰水泥混合砂浆

石灰、水泥和砂按一定比例与水配制混合砂浆，用于砌筑和抹面。

（三）配制灰土或三合土

石灰与黏土按一定比例拌合，可制成石灰土，或与黏土、砂石、炉渣等填料拌制成三合土，经夯实，可增加其密实度，而且黏土颗粒表面的少量活性 SiO_2 和 Al_2O_3 与 $Ca(OH)_2$ 发生反应，生成不溶性的水化硅酸钙与水化铝酸钙，将黏土颗粒胶结起来，提高了黏土的强度和耐水性，主要用于道路工程的基层、建筑物的地基基础等。

但是，目前更常用的方法是石灰、粉煤灰和砂石混合成"三合土"作为道路垫层，其固结强度强于黏土，且能利用废渣。

（四）用于生产硅酸盐制品

将生石灰粉或消石灰粉与硅材料如天然砂、粒化高炉矿渣、炉渣粉煤灰等，加水拌合、陈伏、成型后，经蒸压或蒸养等工艺处理，可制成硅酸盐制品，如灰砂砖、粉煤灰砖、粉煤灰砌块等。

七、石灰的技术标准

[学与问]　石灰的技术标准有哪些？

（一）建筑生石灰

[科学视野]　建筑生石灰按化学成分分为钙质生石灰和镁质生石灰。其中钙质生石灰中氧化镁≤5%；镁质生石灰中氧化镁>5%。又根据 CaO 和 MgO 总含量及残渣、CO_2 含量和产浆量分为优等品、一等品和合格品三个等级，见表2-1。

表2-1　建筑生石灰的技术指标

项目		钙质生石灰			镁质生石灰		
		优等品	一等品	合格品	优等品	一等品	合格品
CaO + MgO 含量（%）	≥	90	85	80	85	80	75
未消化残渣含量(5mm 圆孔筛余)（%）	≤	5	10	15	5	10	15
CO_2（%）	≤	5	7	9	6	8	10
产浆量（L/kg）	≥	2.8	2.3	2.0	2.8	2.3	2.0

注：摘自《建筑生石灰》（JC/T 479—1992）

（二）建筑生石灰粉

[科学视野]　与生石灰一样，分为钙质生石灰粉和镁质生石灰粉；又根据 CaO 和 MgO 总含量和细度分为优等品、一等品和合格品三个等级，见表2-2。

表2-2　建筑生石灰粉的技术标准

项目		钙质生石灰粉			镁质生石灰粉		
		优等品	一等品	合格品	优等品	一等品	合格品
CaO + MgO 含量（%）	≥	85	80	75	80	75	70
CO_2（%）	≤	7	9	11	8	10	12
细度	0.9mm 筛筛余（%）　≤	0.2	0.5	1.5	0.2	0.5	1.5
	0.125mm 筛筛余（%）　≤	7.0	12.0	18.0	7.0	12.0	18.0

注：摘自《建筑生石灰粉》（JC/T 480—1992）

（三）建筑消石灰粉

[科学视野]　根据 MgO 含量分为钙质（MgO < 4%）、镁质（4%≤MgO < 24%）和白云消石灰粉（24%≤MgO < 30%）三类，并根据 CaO 和 MgO 总含量、体积安定性和细度分为优等品、一等品和合格品，见表2-3。

表 2-3　建筑消石灰粉的技术标准

项目	钙质消石灰粉			镁质生石灰粉			白云消石灰粉		
	优等品	一等品	合格品	优等品	一等品	合格品	优等品	一等品	合格品
CaO + MgO 含量（%）　≥	70	65	60	65	60	55	65	60	55
游离水（%）	0.4~2	0.4~2	0.4~2	0.4~2	0.4~2	0.4~2	0.4~2	0.4~2	0.4~2
体积安定性	合格	合格	—	合格	合格	—	合格	合格	—
细度　0.9mm 筛筛余（%）　≤	0	0	0.5	0	0	0.5	0	0	0.5
0.125mm 筛筛余（%）　≤	3	10	15	3	10	15	3	10	15

注：摘自《建筑消石灰粉》（JC/T 481—1992）

第三节　石　膏

[学与问]　在火力发电厂的烟气中通常含有大量的 SO_2，直接排放将严重污染空气，应如何回收再利用？

一、石膏的原材料

[探索与发现]　石膏是以硫酸钙为主要成分的气硬性胶凝材料，其制品具有一系列的优良性质，所以在建筑材料领域得到广泛应用。

（一）生石膏

生石膏通常指天然二水石膏，分子式为 $CaSO_4 \cdot 2H_2O$，也称为软石膏。是生产建筑石膏最主要的原料。生石膏粉加水不硬化，无胶结力。

（二）脱硫石膏

在火力发电厂的烟气中通常含有大量的 SO_2，直接排放将严重污染空气，因此，目前通常采用以石灰石浆液为脱硫剂，通过向吸收塔内喷入吸收剂浆液，与烟气充分接触混合，并对烟气进行洗涤，使得烟气中的 SO_2 与浆液中的 $CaCO_3$ 以及鼓入的空气反应，生成二水硫酸钙（$CaSO_4 \cdot 2H_2O$），称为脱硫石膏。脱硫石膏的特性与天然生石膏相似，目前已得到广泛应用。

（三）硬石膏

指天然无水石膏，分子式 $CaSO_4$。与生石膏差别不大，通常用于生产建筑石膏制品或添加剂。

二、建筑石膏的生产

[学与问]　建筑石膏是如何生产的？

[探索与发现]　将生石膏在 107~170℃条件下煅烧脱去部分结晶水而得到的半水石膏，称为建筑石膏，又称为熟石膏，分子式为 $CaSO_4 \cdot \dfrac{1}{2}H_2O$。其反应式如下：

$$CaSO_4 \cdot 2H_2O \xrightarrow{107 \sim 170℃} CaSO_4 \cdot \frac{1}{2}H_2O + 1\frac{1}{2}H_2O \uparrow$$

生石膏在加热过程中,由于温度和压力的不同,其产品的性能也不同。上述条件下生产的为 β 型半水石膏,也是最常用的建筑石膏。若将生石膏在 125℃、0.13MPa 压力的蒸压锅内蒸炼,则生成 α 型半水石膏,其晶粒较粗,拌制石膏浆体时的需水量较小,因此,硬化后强度较高,故称为高强石膏。

三、建筑石膏的凝结硬化

[实践与探究] 根据建筑石膏固有的特性,设计生产石膏板的工艺。

(一)建筑石膏的水化

[探索与发现] 建筑石膏与适量水拌合后,与水发生反应生成二水硫酸钙的过程称为水化。反应方程式如下:

$$CaSO_4 \cdot \frac{1}{2}H_2O + 1\frac{1}{2}H_2O \longrightarrow CaSO_4 \cdot 2H_2O$$

生成的二水硫酸钙与生石膏分子式相同,但由于结晶度、结晶形态和构造不同,物理力学性能也不尽相同。故二水石膏首先从饱和溶液中析晶沉淀,促使半水石膏继续溶解,这一反应过程不断进行,直至半水石膏全部水化生成二水石膏。

(二)建筑石膏的凝结硬化

随着水化反应的不断进行,游离水被水化和蒸发而不断减少,加之生成的二水石膏微粒比半水石膏细,比表面积大,吸附更多的水,从而使石膏浆体很快失去塑性而凝结;又随着二水石膏微粒结晶长大,晶体颗粒逐渐互相搭接、交错、共生,从而产生强度,即硬化。实际上,上述水化和凝结硬化过程是相互交叉而连续进行的。

四、建筑石膏的主要技术性质

(一)凝结硬化快

[实践与探究] 施工过程中或试制石膏新产品时,如果建筑石膏加水拌合后凝结硬化速度过快,不利于生产操作该怎么办?

[探索与发现] 建筑石膏加入水拌合后,10min 内便失去塑性而初凝,30min 内即终凝硬化,并产生强度。由于初凝时间短不便于施工操作,使用时一般均加入缓凝剂以延长凝结时间。常用的缓凝剂有:经石灰处理的动物胶(掺量 0.1% ~0.2%)、亚硫酸酒精废液(掺量 1%)、硼砂、柠檬酸、聚乙烯醇等。掺缓凝剂后,石膏制品的强度将有所降低。

(二)孔隙率高,保温性能好,强度低

[学与问] 建筑石膏保温性能好的机理是什么?

[探索与发现] 建筑石膏的水化理论需水量只占半水石膏重量的 18.6%,但实际上为使石膏浆体具有一定的可塑性,往往需要加水 60% ~80%,多余的水分在硬化过程中逐渐蒸发,使硬化后的石膏留有大量的孔隙,一般孔隙率为 50% ~60%,因此建筑石膏硬化后,孔隙率高,表观密度小,保温隔热性能好,并有一定的吸声效果,但强度较低。

（三）体积微膨胀

［学与问］ 建筑石膏用于墙面抹灰具有哪些优点？

［探索与发现］ 建筑石膏凝结硬化过程的体积微膨胀特性，使得石膏制品表面光滑、体形饱满、无收缩裂纹，所以可不加填料而单独使用，并可很好地填充模型，特别适用于刷面和制作建筑装饰制品。

（四）防火性能好

［学与问］ 对宾馆等人员居住较密集的场所进行装饰装修时，房间的顶棚宜选用哪些装饰材料？

［探索与发现］ 建筑石膏制品的导热系数小，传热慢，比热大，尤其是二水石膏遇火脱水，产生的水蒸气能有效阻止火势蔓延和温度升高，因此具有防火功能。此外，建筑石膏若在温度过高的环境中使用（超过65℃），二水石膏会脱水分解，使强度降低，因此建筑石膏不适宜温度过高的环境。

（五）具有一定的调湿、调温功能

［学与问］ 为什么石膏制品具有调节室内湿度和温度的功能？

［探索与发现］ 由于石膏制品吸水性强，当空气中水分含量过大即湿度过大时，能通过毛细管很快地吸水，又很快地向周围扩散，直至水分平衡，形成一个合适的室内气候，可起到调节室内湿度的作用。同时由于其导热系数小，热容量大，可改善室内物体表面的温度。

（六）耐水性和抗冻性差

［学与问］ 为什么建筑石膏耐水性和抗冻性差？

［探索与发现］ 建筑石膏硬化后，具有很强的吸湿性和吸水性，在潮湿的环境中，晶体间的粘结力削弱，强度明显降低，在水中晶体还会溶解而引起破坏，在流动的水中破坏更快；若石膏吸水后受冻，则孔隙内的水分结冰，体积膨胀，使硬化后的石膏体被破坏。所以石膏的耐水性和抗冻性均较差。

五、建筑石膏的应用

［学与问］ 建筑石膏在建筑工程中主要有哪些用途？

［探索与发现］ 建筑石膏在建筑工程中主要用作室内抹灰、粉刷，建筑装饰制品和石膏板。

（一）室内抹灰及粉刷

建筑石膏是洁白细腻的粉末，用作室内抹灰、粉刷等装修有良好的效果，比石灰洁白美观。

（二）建筑装饰制品

以杂质含量少的建筑石膏（也称为模型石膏）加入少量纤维增强材料和建筑胶水等制作成各种装饰制品。

（三）石膏板

我国目前生产的石膏板主要是纸面石膏板、石膏空心条板、石膏装饰板和纤维石膏板，而且多数用于室内的内墙隔墙和顶棚。

（四）其他用途

建筑石膏可作为生产某些硅酸盐制品时的增强剂，如粉煤灰砖、炉渣制品等。也可用作油漆或粘贴墙纸等的基层找平。

建筑石膏在运输和储存时要注意防潮，储存期一般不宜超过 3 个月，否则将使石膏制品质量下降。

六、建筑石膏的技术标准

[学与问]　建筑石膏的技术性质有哪些？

[科学视野]　建筑石膏为粉状胶凝材料，其组成中 β 型半水石膏（$\beta\text{-}CaSO_4 \cdot \frac{1}{2}H_2O$）的含量（质量分数）应不小于 60%。

建筑石膏按产品 2h 强度（抗折）分为 3.0、2.0 和 1.6 三个等级。建筑石膏的物理力学性能应符合表 2-4 的要求。

表 2-4　建筑石膏的物理力学性能

等级	细度 [0.2mm 方孔筛筛余（%）]	凝结时间（min）		2h 强度 MPa	
		初凝	终凝	抗折	抗压
3.0				≥3.0	≥6.0
2.0	≤10	≥3	≤30	≥2.0	≥4.0
1.6				≥1.6	≥3.0

注：摘自《建筑石膏》（GB/T 9776—2008）

第四节　水玻璃

一、水玻璃的组成

[学与问]　水玻璃的化学组成是什么？水玻璃的模数与水玻璃的性质有何关系？

[探索与发现]　水玻璃俗称"泡花碱"，是由不同比例的碱金属氧化物和二氧化硅所组成。常用的有钠水玻璃（$Na_2O \cdot nSiO_2$）和钾水玻璃（$K_2O \cdot nSiO_2$）两种。优质纯净的水玻璃为无色透明的黏稠液体，溶于水，当含有杂质时呈淡黄色或青灰色。建筑工程中主要使用钠水玻璃。

钠水玻璃分子式 $Na_2O \cdot nSiO_2$ 中的 n 为 SiO_2 与 Na_2O 的摩尔比，称为水玻璃的模数。n 值的大小决定着水玻璃的品质及其应用性能。n 值越大，水玻璃的黏性和强度越高，但水中的溶解能力下降。n 值越小，水玻璃的黏性和强度越低，越易溶于水。建筑工程中常用模数 n 为 2.6 ~ 2.8 的水玻璃，这类的水玻璃既易溶于水，又有较高的强度。

水玻璃溶液可与水按任意比例混合，不同的用水量可使溶液具有不同的密度和黏度。同一模数的水玻璃溶液，其密度越大，黏度越大，粘结力越强。若在水玻璃溶液中加入尿素，可在不改变黏度的情况下，提高其粘结能力。建筑工程中常用水玻璃的密度一般为 1.36 ~

$1.50 \mathrm{g/cm}^3$。

水玻璃通常采用石英粉（SiO_2）加上纯碱（Na_2CO_3）在 $1300 \sim 1400 \mathrm{℃}$ 的高温下煅烧生成固体 $Na_2O \cdot nSiO_2$，再在高温或高温高压水中溶解，制得溶液状的水玻璃制品。

二、水玻璃的凝结硬化

[学与问] 水玻璃的凝结硬化的机理是什么？

[探索与发现] 液体水玻璃在空气中吸收二氧化碳，形成无定形硅酸，并逐渐干燥硬化：

$$Na_2O \cdot nSiO_2 + CO_2 + mH_2O =\!=\!= Na_2CO_3 + nSiO_2 \cdot mH_2O$$

这个过程进行得很缓慢，为了加速硬化，可将水玻璃加热或加入硅氟酸钠（Na_2SiF_6），促使硅酸凝胶加速析出：

$$2(Na_2O \cdot nSiO_2) + Na_2SiF_6 + mH_2O =\!=\!= 6NaF + (2n+1)SiO_2 \cdot mH_2O$$

其中氟硅酸钠适宜用量为水玻璃用量的 $12\% \sim 15\%$，在此硬化过程中起主导作用的是硅胶。

三、水玻璃的主要技术性质

[学与问] 硬化后的水玻璃具有哪些性质？水玻璃在建筑工程中有何用途？

[探索与发现] （一）粘结力和强度较高

水玻璃硬化后的主要成分为硅胶（$nSiO_2 \cdot mH_2O$），其比表面积大，因而具有较高的粘结力。但水玻璃自身质量、配合料性能及施工养护对强度有显著影响。

（二）耐酸性好

可以抵抗除氢氟酸、热磷酸和高级脂肪酸以外的所有无机酸和有机酸。

（三）耐热性好

硬化后形成的二氧化硅网状骨架，在高温下强度下降很小，当采用耐热耐火骨料配制水玻璃砂浆和混凝土时，耐热度可达 $1000 \mathrm{℃}$。因此水玻璃的耐热性好。

四、水玻璃的应用

（一）涂刷材料的表面，提高抗风化能力

[学与问] 在建筑工程中，采取哪些措施可以提高清水混凝土、黏土砖的抗风化能力？

[探索与发现] 水玻璃溶液涂刷或浸渍材料后，能渗入缝隙和孔隙中，然后与二氧化碳反应生成硅酸，固化的硅凝胶能堵塞毛细孔通道，提高材料的密度和强度，从而提高材料的抗风化能力。但水玻璃不得用来涂刷或浸渍石膏制品，因为水玻璃与石膏反应生成硫酸钠（Na_2SO_4），在制品的孔隙内结晶膨胀，导致石膏制品开裂破坏。

（二）加固土壤

[学与问] 在建筑工程中，若需要在砂土上建造简易的房屋，应采取哪些措施加固其地基基础？

[资料卡片] 将水玻璃与氯化钙溶液交替注入土壤中，两种溶液迅速反应生成硅胶和

硅酸钙凝胶，起到胶结和填充孔隙的作用，使土壤的强度和承载力提高。常用来加固粉土、砂土和填土的地基基础。

（三）配制速凝防水剂

［学与问］　在建筑工程中，为快速堵漏、填缝应选用什么胶凝材料？

［资料卡片］　水玻璃可与多种矾配制成速凝防水剂，用于堵漏、填缝等局部抢修。这类多矾防水剂的凝结速度很快，一般为几分钟，其中四矾防水剂不超过 1 分钟，故工地上使用时必须做到即配即用。

多矾防水剂常用胆矾（$CuSO_4 \cdot 5H_2O$）、红矾（$K_2Cr_2O_7$）、明矾（硫酸铝钾）、紫矾等四种矾。

（四）配制耐酸凝胶、耐酸砂浆和耐热混凝土

［学与问］　有耐酸要求的工程应选用哪种胶凝材料？

［资料卡片］　耐酸凝胶是用水玻璃和耐酸粉料（常用石英粉）配制而成的，与耐酸砂浆和混凝土一样，主要用于有耐酸要求的工程，如硫酸池等。

（五）配制耐热凝胶、耐热砂浆和耐热混凝土

［学与问］　砌筑高炉基础和其他有耐热要求的结构部位，应选用哪种胶凝材料？

［资料卡片］　水玻璃凝胶主要用于耐火材料的砌筑和修补，水玻璃耐热砂浆和耐热混凝土主要用于高炉基础和其他有耐热要求的结构部位。

思考复习题

1. 什么是气硬性胶凝材料、水硬性胶凝材料？两者在哪些性能上有显著的差异？

2. 石灰的主要用途有哪些？

3. 为什么建筑石膏制品不耐水？

4. 水玻璃的模数、密度对其性能有什么影响？

5. 某多层住宅楼室内抹灰采用的是石灰砂浆，交付使用后出现墙面普遍鼓包开裂，试分析其原因。欲避免这种情况发生，应采取什么措施？

第三章　水　泥

[学与问]　在建筑工程中，通常使用量最大的无机胶凝材料是哪一种类？试说出其具体应用的领域和应用的形式。

[探索与发现]　水泥呈粉末状（图3-1），与适量水拌合成塑性浆体后，经过一系列物理化学作用，由可塑性的浆体变成坚硬的石状体，并能将砂、石等散粒材料胶结成为整体。它属于水硬性胶凝材料，既可以用于地上工程，也可以用于水中及地下工程。

水泥是最重要的建筑工程材料之一，它广泛应用于工业与民用建筑、水利、道路、铁路、海港和国防等工程，既可以用来配制成多品种、多强度等级的混凝土（图3-2）、钢筋混凝土、预应力钢筋混凝土构件及结构，也可以用于配制砂浆（图3-3），以及用作灌浆材料等。

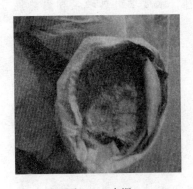

图3-1　水泥　　　　　　　　图3-2　混凝土　　　　　　图3-3　水泥砂浆

水泥的种类繁多，按组成水泥的基本物质——熟料的矿物成分，一般可分为硅酸盐水泥、铝酸盐水泥、硫铝酸盐水泥、铁铝酸盐水泥等，其中通用硅酸盐系列水泥应用最为广泛。

通用硅酸盐水泥是以硅酸盐水泥熟料和适量石膏及规定的混合材料制成的水硬性胶凝材料。按其性能和用途不同，又可以分为通用水泥、专用水泥和特性水泥三大类。

通用水泥是指大量用于一般建筑工程中的硅酸盐系列水泥，按混合材料的品种和掺量不同，分为硅酸盐水泥、普通硅酸盐水泥、矿渣硅酸盐水泥、火山灰质硅酸盐水泥、粉煤灰硅酸盐水泥和复合硅酸盐水泥。专用水泥是指有专门用途的水泥，如砌筑水泥、道路水泥等。特性水泥是指某种性能比较突出的水泥，如快硬硅酸盐水泥、白色硅酸盐水泥、低热硅酸盐水泥等。

本章以通用硅酸盐水泥为主要内容，在此基础上介绍其他品种水泥。

第一节　硅酸盐水泥

一、硅酸盐水泥的生产和矿物成分

［学与问］　什么叫硅酸盐水泥？硅酸盐水泥熟料的主要矿物成分有哪些？它们单独与水作用时有何特性？

［科学视野］　由硅酸盐水泥熟料、不掺混合料或掺石灰石量≤5%或掺粒化高炉矿渣量≤5%、适量石膏磨细制成的水硬性胶凝材料，称为硅酸盐水泥（国外统称为波特兰水泥）。硅酸盐水泥分为两种类型：不掺混合料的称为Ⅰ型硅酸盐水泥，代号P·Ⅰ；在硅酸盐水泥熟料中，掺加不超过水泥重量5%的石灰石或粒化高炉矿渣混合材料的称为Ⅱ型硅酸盐水泥，代号P·Ⅱ。

（一）硅酸盐水泥的生产

［探索与发现］　生产硅酸盐水泥的原料主要是石灰质原料（图3-4）和黏土质原料（图3-5）两类。石灰质原料主要提供 CaO，常采用石灰石、白垩、石灰质凝灰岩等。黏土质原料主要提供 SiO_2、Al_2O_3 及 Fe_2O_3，常采用黏土、黏土质页岩、黄土等。有时两种原料化学成分不能满足要求，还需加入少量校正原料来调整，常采用黄铁矿渣等。

图3-4　石灰石　　　　　　　　　　　　　　图3-5　黏土

在水泥生产过程中，为了调节水泥的凝结时间还要加入二水石膏或半水石膏或无水石膏以及它们的混合物或工业副产品石膏等石膏缓凝剂。

通用硅酸盐水泥的生产工艺概括起来就是"两磨一烧"，如图3-6所示。

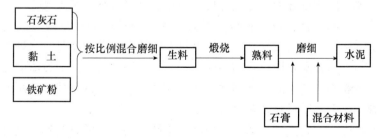

图3-6　硅酸盐水泥生产工艺流程图

生产水泥时首先将原料按适当比例混合后磨细，然后将制成的生料入窑进行高温煅烧（约1450℃），再将烧好的熟料配以适当的石膏和混合材料在磨机中磨成细粉，即得到水泥。

（二）硅酸盐水泥的组成

硅酸盐水泥由硅酸盐水泥熟料、石膏缓凝剂和混合材料三部分组成，如表3-1所示。

表3-1　硅酸盐水泥的组成

品种	代号	组分（质量分数）				
		熟料＋石膏	粒化高炉矿渣	火山灰质混合材料	粉煤灰	石灰石
硅酸盐水泥	P·Ⅰ	100	—	—	—	—
	P·Ⅱ	≥95	≤5	—	—	—
		≥95	—	—	—	≤5

1. 硅酸盐水泥熟料

以适当成分的生料煅烧至部分熔融，所得以硅酸钙为主要成分的产物，称为硅酸盐水泥熟料。生料中的主要成分 CaO、SiO_2、Al_2O_3 和 Fe_2O_3，经高温煅烧后，反应生成硅酸盐水泥熟料，其中四种主要矿物：硅酸三钙（$3CaO \cdot SiO_2$，简写式 C_3S）、硅酸二钙（$2CaO \cdot SiO_2$，简写式为 C_2S）、铝酸三钙（$3CaO \cdot Al_2O_3$，简写式 C_3A）和铁铝酸四钙（$4CaO \cdot Al_2O_3 \cdot Fe_2O_3$，简写式 C_4AF）。硅酸盐水泥熟料的化学成分和矿物组分含量如表3-2所示。

表3-2　硅酸盐水泥熟料的化学成分及矿物成分含量

原料化学成分	含量（%）	矿物成分名称	矿物成分	含量（%）
CaO	62～67	硅酸三钙	$3CaO \cdot SiO_2$	37～60
SiO_2	19～24	硅酸二钙	$2CaO \cdot SiO_2$	15～37
Al_2O_3	4～7	铝酸三钙	$3CaO \cdot Al_2O_3$	7～15
Fe_2O_3	2～5	铁铝酸四钙	$4CaO \cdot Al_2O_3 \cdot Fe_2O_3$	10～18

2. 石膏

石膏是通用硅酸盐水泥中必不可少的组成材料，主要作用是调节水泥凝结时间，常采用天然的或合成的二水石膏（$CaSO_4 \cdot 2H_2O$）。

3. 混合材料

混合材料是指在水泥生产过程中，为改善水泥性能，调节水泥强度等级而加入到水泥中的矿物质材料。按其性能可分为活性混合材料和非活性混合材料两大类。

（1）活性混合材料。活性混合材料是指具有火山灰性或潜在水硬性，或兼有火山灰性和水硬性的矿物质材料。火山灰性是指一种材料磨成细粉，单独不具有水硬性，但在常温下与石灰混合后能形成具有水硬性化合物的性能；潜在水硬性是指工业废渣磨成细粉与石膏一起加水拌合后，在潮湿空气中能够凝结硬化并在水中继续硬化的性能。常用的活性混合材料有粒化高炉矿渣、火山灰质材料及粉煤灰等。

①粒化高炉矿渣。粒化高炉矿渣是高炉冶炼生铁所得以硅酸钙与铝酸钙为主要成分的熔融物，经淬冷成粒后的产品。淬冷的目的在于阻止其中的矿物成分结晶，使其在常温下成为不稳定的玻璃体（Al_2O_3、CaO、SiO_2 一般占90%以上），从而具有较高的潜在活性。

②火山灰质混合材料。火山灰质混合材料是指具有火山灰性的天然或人工的矿物质材料，一般以 Al_2O_3、SiO_2 为主要成分。其品种很多，天然的有火山灰、凝灰岩、浮石、沸石、硅藻土等；人工的有烧页岩、烧黏土、煤渣、煤矸石、硅灰等。

③粉煤灰。粉煤灰是从燃煤发电厂的烟囱气体中收集的粉末，又称飞灰，它以 Al_2O_3 和 SiO_2 为主要成分，含有少量 CaO，具有火山灰性。其活性主要取决于玻璃体的含量以及无定形 Al_2O_3 和 SiO_2 含量，同时颗粒形状及大小对其活性也有较大的影响，细小球形玻璃体含量越高，其活性越高。

（2）非活性混合材料。非活性混合材料是指在水泥中主要起填充作用而又不损害水泥性能的矿物材料。如石灰石、石英石及慢冷矿渣等。

二、硅酸盐水泥的水化和凝结硬化

[学与问]　**1.** 硅酸盐水泥的主要水化产物是什么？硬化水泥石的结构怎样？

2. 制造硅酸盐水泥时为什么必须掺入适量石膏？石膏掺得太少或过多时，将产生什么情况？

[探索与发现]　水泥加水拌合后，成为可塑性的水泥浆，随着水泥水化反应的进行逐渐变稠失去塑性，这一过程称为凝结。此后，随着水化反应的继续，浆体逐渐变为具有一定强度的固体水泥石，这一过程称为硬化。可见，水化是水泥产生凝结硬化的前提，而凝结硬化则是水泥水化的必然结果。

（一）硅酸盐水泥的水化

硅酸盐水泥与水接触后，其熟料颗粒表面的四种矿物立即与水发生水化反应，生成水化产物并放出一定热量。各矿物的水化反应如下：

$$2(3CaO \cdot SiO_2) + 6H_2O = 3CaO \cdot 2SiO_2 \cdot 3H_2O + 3Ca(OH)_2$$

（硅酸三钙）　　　　　　　　　（水化硅酸钙凝胶）　　　　　　（氢氧化钙晶体）

$$2(2CaO \cdot SiO_2) + 4H_2O = 3CaO \cdot 2SiO_2 \cdot 3H_2O + Ca(OH)_2$$

（硅酸二钙）　　　　　　　　　（水化硅酸钙凝胶）　　　　　　（氢氧化钙晶体）

$$3CaO \cdot Al_2O_3 + 6H_2O = 3CaO \cdot Al_2O_3 \cdot 6H_2O$$

（铝酸三钙）　　　　　　　　　（水化铝酸钙晶体）

$$4CaO \cdot Al_2O_3 \cdot Fe_2O_3 + 7H_2O = 3CaO \cdot Al_2O_3 \cdot 6H_2O + CaO \cdot Fe_2O_3 \cdot H_2O$$

（铁铝酸四钙）　　　　　　　　（水化铝酸钙晶体）　　　　　　（水化铁酸钙凝胶）

上述反应中，硅酸三钙的水化反应快，水化放热量大，生成水化硅酸钙胶体（简写 C—S—H）几乎不溶于水，而以胶体微粒析出，并逐渐凝聚成为凝胶。经电子显微镜观察，水化硅酸钙的颗粒尺寸与胶体相当，实际呈结晶度较差的箔片状和纤维颗粒，由这些颗粒构成的网状结构具有很高的强度。反应生成的氢氧化钙在溶液中很快达到饱和，呈六方板状晶体析出。硅酸三钙早期与后期强度均高。

硅酸二钙水化反应的产物与硅酸三钙相同，只是数量上有所不同，而它水化反应慢，水化放热小。由于水化反应速度慢，因此早期强度低，但后期强度增进率大，一年后可赶上甚至超过硅酸三钙的强度。

铝酸三钙的水化反应速度极快，水化放热量最大，其部分水化产物——水化铝酸三钙晶体在氢氧化钙的饱和溶液中能与氢氧化钙进一步反应，生成水化铝酸四钙晶体，两者的强度均较低。

铁铝酸四钙水化反应快，水化放热中等，生成的水化产物为水化铝酸钙立方晶体与水化铁酸一钙凝胶，强度较低。

上述熟料矿物水化与凝结硬化特性见表3-3。

表3-3　熟料矿物水化与凝结硬化特性

性能指标		熟料矿物			
		$3CaO \cdot SiO_2$	$2CaO \cdot SiO_2$	$3CaO \cdot Al_2O_3$	$4CaO \cdot Al_2O_3 \cdot Fe_2O_3$
水化速度		快	慢	最快	快
水化放热量		大	小	最大	中
强度	早期	高	低	低	低
	后期	高	高	低	低
耐化学侵蚀		中	最好	差	好
干缩性		中	中	大	小

由上所述可知，正常煅烧的硅酸盐水泥熟料经磨细后与水拌合时，由于铝酸三钙的剧烈水化，会使浆体迅速凝结，无法正常施工，因此，在水泥生产时必须加入适量的石膏调凝剂，使水泥的凝结时间满足工程施工的要求。水泥中适量的石膏与水化铝酸三钙反应生成高硫型水化硫铝酸钙，又称钙矾石或 AFt，其反应式如下：

$$3CaO \cdot Al_2O_3 \cdot 6H_2O + 3(CaSO_4 \cdot 2H_2O) + 20H_2O \Longrightarrow 3CaO \cdot Al_2O_3 \cdot 3CaSO_4 \cdot 32H_2O$$
　　　　　　　　　　　（二水石膏）　　　　　　　　　　　　　　　（水化硫铝酸钙）

水化硫铝酸钙是难溶于水的针状晶体，它沉淀在熟料颗粒的周围，阻碍了水分的进入，因此起到了延缓水泥凝结的作用。

水泥的水化实际上是复杂的化学反应，上述反应是几个典型的水化反应式，若忽略一些次要的或少量的成分以及混合材料的作用，硅酸盐水泥与水反应后，生成的主要水化产物有：水化硅酸钙凝胶、水化铁酸钙凝胶、氢氧化钙晶体、水化铝酸钙晶体、水化硫铝酸钙晶体。在完全水化的水泥中，水化硅酸钙约占70%，氢氧化钙约占20%，钙矾石和单硫型水化硫铝酸钙约占7%。

（二）硅酸盐水泥的凝结硬化过程

随着水化反应的进一步进行，包在水泥颗粒表面的水化物膜层增厚，自由水不断减少，颗粒间空隙逐渐减小，包有凝胶膜层的水泥颗粒逐渐接近，相互连接，形成凝聚结构。凝聚结构的形成，使水泥浆体开始失去可塑性，表现为初凝。

随着水化物的不断增多，颗粒之间的空隙不断减小，凝胶和晶体互相贯穿形成的凝聚结晶网状结构不断加强，水泥浆完全失去可塑性并开始产生强度，表现为终凝。上述由初凝到终凝的过程称为水泥的凝结硬化。

水泥水化达到终凝后，水化速度逐渐减慢，水化产物不断增多并填充到毛细孔中，使结构更加致密，强度相应提高。

由此可见，水泥的水化反应是由颗粒表面逐渐深入到内层的，水泥颗粒周围的水化产物数量越多，水泥颗粒内部的水化越困难，经过长时间的水化硬化以后，多数颗粒仍有尚未水化的内核。因此硬化后的水泥石由水泥水化产物（凝胶、晶体）、未水化的水泥颗粒内核、毛细孔、水等组成。水泥水化产物数量越多，毛细孔越少，则水泥石的强度越高。

水泥石强度发展的规律是：3～7d 内强度增长最快，28d 内强度增长较快，超过 28d 后强度将继续发展但增长较慢。

（三）影响硅酸盐水泥凝结硬化的主要因素

[学与问] 影响硅酸盐水泥凝结硬化的主要因素有哪些？

[探索与发现] 从硅酸盐水泥熟料的单矿物水化及凝结硬化特性不难看出，熟料的矿物成分直接影响着水泥水化与凝结硬化，除此以外，水泥的凝结硬化还与下列因素有关：

1. 水泥细度。水泥颗粒愈细，与水起反应的表面积愈大，水化作用的发展就迅速而充分，使凝结硬化的速度加快，早期强度大。但颗粒过细的水泥硬化时产生的收缩也愈大，而且磨制水泥能耗多、成本高，一般认为，水泥颗粒小于 $40\mu m$ 才具有较高的活性。

2. 温度与湿度。水泥水化反应随着温度的升高而加快。温度低，则水化反应减慢，强度增长缓慢。当温度低于 0℃时，水化反应基本停止，强度不但不增长，甚至会因水结冰而导致水泥石结构的破坏。在实际工程中，常通过蒸汽养护、蒸压养护来加快水泥制品的凝结硬化过程。

水的存在是水泥水化反应的必要条件。如果环境干燥，水泥中的水分很快蒸发，以致水泥不能充分水化，硬化就将停止并产生干燥、收缩、裂纹；反之，水泥在潮湿的环境下，水化得以充分进行，保证强度的正常增长。所以，水泥混凝土在浇筑后的一段时间里应注意保持在正常的温度、湿度下养护。

3. 石膏掺量。水泥中掺入适量的石膏，主要是为了延缓水泥的凝结硬化速度。当不掺石膏或掺量较少时，凝结硬化速度很快，但水化并不充分。当掺入适量石膏（一般为水泥质量的 3%～5%），石膏与 C_3A 反应生成难溶的高硫型水化硫铝酸钙覆盖在水泥颗粒表面，延缓了水化的进行，从而延缓了水泥浆的凝结速度。但石膏掺量过多时，不仅缓凝作用不大，而且造成体积安定性不良。

4. 养护龄期。水泥的水化硬化是一个较长时间不断进行的过程，随着水泥颗粒内各熟料的矿物水化程度的提高，凝胶体不断增加，毛细孔隙相应减少，从而随着龄期的增长使水泥石的强度逐渐提高。

5. 外加剂的影响

硅酸盐水泥的水化、凝结硬化在很大程度上受到 C_3S、C_3A 的制约，因此凡对 C_3S 和 C_3A 的水化能产生影响的外加剂，都能改变硅酸盐水泥的水化、凝结硬化性能。例如，加入促凝剂（$CaCl_2$、Na_2SO_4 等）就能促进水泥水化、凝结硬化，提高早期强度。

三、硅酸盐水泥的技术性质

[学与问] 硅酸盐水泥的主要技术性质有哪些？

[科学视野] 为了控制水泥生产质量、方便用户的比较与选用，国家制定了《通用硅酸盐水泥》（GB 175—2007/XG1—2009）的标准，对硅酸盐水泥的主要性质做出下列规定：

（一）密度与堆积密度

硅酸盐水泥的密度为 3.0～3.20g/cm^3，堆积密度为 900～1200kg/m^3。

（二）细度

细度是指水泥颗粒的粗细程度，水泥细度通常采用筛析法或比表面积法测定。国家标准规定，硅酸盐水泥的比表面积不小于 $300m^2/kg$。水泥细度是鉴定水泥品质的选择性指标，但水泥的粗细将会影响其水化速度与早期强度，过细的水泥将对混凝土的性能产生不良影响。

（三）标准稠度及其用水量

水泥净浆标准稠度是指水泥标准稠度净浆对标准试杆（或试锥）的沉入具有一定阻力。通过试验不同含水量水泥净浆的穿透性，以确定水泥标准稠度净浆中所需加入的水量。它以水与水泥质量之比的百分数表示。依据《水泥标准稠度用水量、凝结时间、安定性检验方法》（GB 1346—2011）进行测定（图 3-7）。硅酸盐水泥的标准稠度用水量一般为24%～30%。

（a）搅拌水泥净浆

（b）测标准稠度用水量

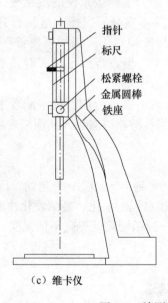
（c）维卡仪

（d）试针与圆模

图 3-7　检测标准稠度及其用水量

（四）凝结时间

凝结时间是指试针沉入水泥标准稠度净浆至一定深度所需的时间。凝结时间分为初凝时间和终凝时间。初凝时间是指水泥加水到水泥浆开始失去塑性所需的时间；终凝时间是指水泥自加水到水泥浆完全失去塑性所需的时间。

水泥凝结时间的测定，是以标准稠度的水泥净浆，在规定温度和湿度条件下，用凝结时间测定仪测定。国家标准规定，硅酸盐水泥的初凝时间不得早于 45min，终凝时间不得迟于 390min。

水泥的凝结时间对水泥混凝土和砂浆的施工有重要意义。初凝时间不宜过短，以便于施工时有足够的时间来完成混凝土和砂浆拌合物的运输、浇捣或砌筑等操作；终凝时间不宜过长，是为了使混凝土和砂浆在浇捣或砌筑完毕后能尽快凝结硬化，以利于下一道工序及早进行。

（五）安定性

水泥安定性是指水泥浆体硬化后体积变化的均匀性。安定性不良会导致水泥石产生膨胀性裂缝，降低建筑物质量，引起严重事故。

引起水泥石体积安定性不良的原因，一般是熟料中所含的游离氧化钙、游离氧化镁或掺入的石膏过多。熟料中所含的游离氧化钙或氧化镁都是经过高温煅烧生成，因此水化活性小，在水泥硬化后产生体积膨胀，使水泥石开裂。当石膏掺量过多时，在水泥硬化后，它还会继续与固态的水化铝酸钙反应生成高硫型水化硫铝酸钙，体积约增大 1.5 倍，引起水泥石开裂。沸煮能加速游离氧化钙的水化，国家标准规定通用水泥用沸煮法检验安定性；游离氧化镁的水化比游离氧化钙更缓慢，沸煮法已不能检验，《通用硅酸盐水泥》（GB 175—2007/XG1—2009）规定硅酸盐水泥 MgO 含量不得超过 5%，若水泥经压蒸法检验合格，则 MgO 含量可放宽到 6%；由石膏造成的安定性不良，需经长期浸在常温水中才能发现，不便于检验，所以国家标准规定硅酸盐水泥中的 SO_3 含量不得超过 3.5%。

通用水泥用沸煮法检验须合格。测试方法有试饼法与雷氏法，有争议时以雷氏法为准。试饼法是通过观察水泥标准稠度净浆制成的试饼沸煮 3h 后的外形变化，如试饼无裂纹、无翘曲则水泥的体积安定性合格（图 3-8），否则为不合格。

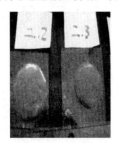  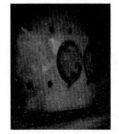

（a）水泥试饼　　　　（b）试饼在沸煮箱中　　　　（c）沸煮后的试饼

图 3-8　试饼法检测水泥的体积安定性

（六）强度

水泥的强度是评定其质量的重要指标，也是划分水泥强度等级的依据。根据国家标准《水泥胶砂强度检验方法（ISO 法）》（GB/T 17671—1999）规定，将水泥、标准砂和水按 1:3.0:0.50 的比例，并按规定的方法制成 40mm×40mm×160mm 的标准试件，在标准养护条件下养护至规定的龄期（3d 和 28d），并测定其 3d、28d 的抗压强度和抗折强度（图

3-9）。根据试验结果，将硅酸盐水泥强度等级分为 42.5、42.5R、52.5、52.5R、62.5、62.5R。其中 R 为早强型水泥。各强度等级、各龄期强度不得低于表 3-4 的数值。

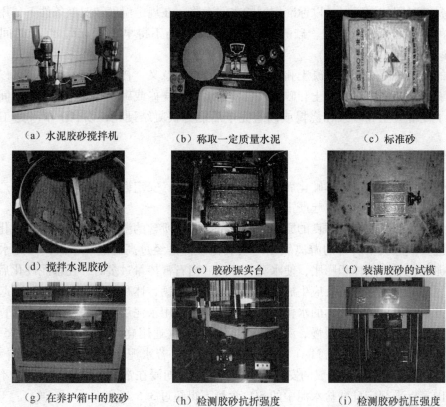

（a）水泥胶砂搅拌机　　　　　（b）称取一定质量水泥　　　　　（c）标准砂

（d）搅拌水泥胶砂　　　　　　（e）胶砂振实台　　　　　　　　（f）装满胶砂的试模

（g）在养护箱中的胶砂　　　　（h）检测胶砂抗折强度　　　　　（i）检测胶砂抗压强度

图 3-9　检验水泥强度

表 3-4　硅酸盐水泥各强度等级、各龄期的强度值（GB 175—2007/XG1—2009）

强度等级	抗压强度（MPa）		抗折强度（MPa）	
	3d	28d	3d	28d
42.5	≥17.0	≥42.5	≥3.5	≥6.5
42.5R	≥22.0		≥4.0	
52.5	≥23.0	≥52.5	≥4.0	≥7.0
52.5R	≥27.0		≥5.0	
62.5	≥28.0	≥62.5	≥5.0	≥8.0
62.5R	≥32.0		≥5.5	

（七）碱含量

水泥中含碱量按 $Na_2O + 0.658K_2O$ 计算的质量百分数来表示。水泥中碱性氧化物过多，对混凝土的耐久性极为不利。如果混凝土中的骨料含有能与碱性氧化物反应的所谓碱活性物质，如活性氧化硅等，在水泥浆体硬化以后，在骨料与水泥凝胶体界面处二者反应，生成膨胀性的碱性硅酸盐凝胶，导致混凝土开裂破坏。

国家标准规定若使用活性骨料，用户要求提供低碱水泥时，水泥中的碱含量应不大于0.60%或由买卖双方协商确定。

（八）水化热

水泥在水化过程中放出的热称为水泥的水化热，通常以 kJ/kg 表示。大部分水化热是伴随着强度的增长在水化初期放出的。水泥的水化热大小和释放速率与水泥熟料的矿物成分、混合材料的品种与数量、水泥的细度及养护条件等有关，另外，加入外加剂可改变水泥的释热速率。大型基础、水坝、桥墩、厚大构件等大体积混凝土构筑物，由于水化热聚集在内部不易散发，内部温度上升可达 50～60℃，甚至更高，内外温差产生的应力和温降收缩产生的应力会促使混凝土产生裂缝，因此，大体积混凝土工程不宜采用水化热较大、放热较快的水泥，如硅酸盐水泥。

四、水泥石的腐蚀与防止

[实践与探究]　通过试验揭示软水、盐类、酸类及强碱对硅酸盐水泥石的腐蚀。

[探索与发现]　硅酸盐水泥硬化后，在通常使用条件下具有优良的耐久性。但在某些侵蚀性液体或气体等介质的作用下，水泥石结构会逐渐遭到破坏，这种现象称为水泥石的腐蚀。

（一）水泥石的几种主要腐蚀类型

1. 软水腐蚀（溶出性侵蚀）

软水是指水中重碳酸盐含量较少的水。雨水、雪水、工厂冷凝水及相当多的河水、江水、湖泊水等都属于软水。当水泥石长期处于软水中，由于水泥石中的 $Ca(OH)_2$ 可微溶于水，$Ca(OH)_2$ 首先被溶出，在静水及无水压的情况下，由于周围的水容易被 $Ca(OH)_2$ 饱和，使溶解作用停止，因此溶出仅限于表层，对整个水泥石影响不大。但在流动水及压力水作用下，溶出的 $Ca(OH)_2$ 不断被流水带走，水泥石中的 $Ca(OH)_2$ 不断溶出，孔隙率不断增加，侵蚀也就不断进行，当水泥石中的 $Ca(OH)_2$ 浓度下降到一定程度时，将使水泥石中C—S—H 等水化产物分解，造成水泥石的强度下降以致结构破坏。而水泥石处于硬水中时，水泥石中 $Ca(OH)_2$ 会与硬水中的重碳酸盐反应，其反应方程式为：

$$Ca(OH)_2 + Ca(HCO_3)_2 === 2CaCO_3\downarrow + 2H_2O$$

生成几乎不溶于水的碳酸钙，积聚在水泥石的表面孔隙内，起到阻止腐蚀的作用。

2. 酸类腐蚀

（1）碳酸腐蚀

在某些工业污水和地下水中常溶解有较多的二氧化碳，这种水对水泥石的腐蚀作用称为碳酸腐蚀。首先，水泥石中的 $Ca(OH)_2$ 与溶有 CO_2 的水反应，生成不溶于水的碳酸钙；接着碳酸钙又与碳酸水反应生成易溶于水的碳酸氢钙。其反应式如下：

$$Ca(OH)_2 + CO_2 + H_2O === CaCO_3\downarrow + 2H_2O$$
$$CaCO_3 + CO_2 + H_2O === Ca(HCO_3)_2$$

上式是可逆反应，如果环境水中碳酸含量较少，则生成较多的碳酸钙，只有少量的碳酸氢钙，对水泥石腐蚀作用不大；当水中碳酸浓度较高，则上式反应向右进行，生成大量溶于水的碳酸氢钙，使水泥石中的氢氧化钙大量分解遭到破坏。

（2）一般酸的腐蚀

水泥的水化产物呈碱性，因此酸类对水泥石一般都会有不同程度的腐蚀作用。因为它们与水泥石中的 $Ca(OH)_2$ 反应后的生成物，或易溶于水，或体积膨胀，都对水泥石结构产生破坏作用。例如：盐酸和硫酸分别与水泥石中的 $Ca(OH)_2$ 反应：

$$Ca(OH)_2 + 2HCl = CaCl_2 + 2H_2O$$
$$Ca(OH)_2 + H_2SO_4 = CaSO_4 + 2H_2O$$

反应生成的氯化钙易溶于水，生成的石膏继而又产生硫酸盐腐蚀作用。

除了碳酸、硫酸、盐酸等无机酸之外，环境中的有机酸对水泥石也有腐蚀作用，例如醋酸、蚁酸、乳酸等，这些酸类可能与水泥石中的 $Ca(OH)_2$ 反应，或者生成易溶于水的物质，或者生成体积膨胀性的物质，从而对水泥石起腐蚀作用。

3. 盐类腐蚀

在水中通常溶有大量的盐类，某些溶解于水中的盐类会与水泥石相互作用产生置换反应，生成一些易溶或无胶结能力或产生膨胀的物质，从而使水泥石结构破坏。最常见的盐类腐蚀是硫酸盐腐蚀和镁盐腐蚀。

硫酸盐腐蚀是由于海水、湖水、地下水及工业污水中，常含有较多的硫酸盐，它们与水泥石中的氢氧化钙起置换反应生成硫酸钙，产生体积膨胀。硫酸钙与水泥石中的固态水化铝酸钙作用将生成高硫型水化硫铝酸钙，体积急剧膨胀（1.5~2.0 倍），使水泥石结构破坏，反应式如下：

$$3CaO \cdot Al_2O_3 \cdot 6H_2O + 3(CaSO_4 \cdot 2H_2O) + 20H_2O = 3CaO \cdot Al_2O_3 \cdot 3CaSO_4 \cdot 32H_2O$$

由于生成的高硫型水化硫铝酸钙属于针状晶体，其危害作用很大，所以被称为"水泥杆菌"。

镁盐腐蚀主要是在海水及地下水中含有的镁盐与水泥石的氢氧化钙发生反应，反应式如下：

$$MgCl_2 + Ca(OH)_2 = Mg(OH)_2 \downarrow + CaCl_2$$
$$MgSO_4 + Ca(OH)_2 + 2H_2O = Mg(OH)_2 \downarrow + CaSO_4 \cdot 2H_2O$$

生成的氢氧化镁松软、无胶结能力，氯化钙易溶于水，使水泥石孔隙率不断增加，生成的二水石膏还可能引起硫酸盐腐蚀作用。因此，硫酸镁对水泥石起着镁盐和硫酸盐的双重腐蚀作用。

4. 强碱腐蚀

水泥石本身具有相当高的碱度，因此弱碱溶液一般不会腐蚀水泥石，但是，当铝酸盐含量较高的水泥石遇到强碱（如氢氧化钠）作用后会出现被腐蚀破坏现象。氢氧化钠与水泥熟料中未水化的铝酸三钙作用，生成易溶于水的铝酸钠。如：

$$3CaO \cdot Al_2O_3 + 6NaOH = 3Na_2O \cdot Al_2O_3 + 3Ca(OH)_2$$

当水泥石被氢氧化钠浸润后又在空气中干燥，与空气中的二氧化碳作用生成碳酸钠，它在水泥石毛细孔中结晶沉积，会使水泥石胀裂。

（二）防止水泥石腐蚀的措施

[实践与探究] 探究防止水泥石腐蚀的措施。

[探索与发现] 从以上几种腐蚀作用可以看出，水泥石受到腐蚀的内在原因是存在着易被腐蚀的组分，主要有 $Ca(OH)_2$ 和水化铝酸钙，同时水泥石本身结构不密实，存在很多

毛细孔通道、微裂缝等缺陷，使得侵蚀性介质能够进入水泥石内部。因此，为了防止或减轻水泥石受到腐蚀可采取以下措施：

1. 根据环境特点，合理选择水泥品种。如果采用水化产物中 $Ca(OH)_2$ 和水化铝酸钙含量少的水泥品种，可提高对多种腐蚀作用的抵抗能力，如矿渣硅酸盐水泥、粉煤灰硅酸盐水泥等。

2. 提高水泥石的密实度。合理进行混凝土的配合比设计，通过降低水胶比、选择良好级配的骨料、掺外加剂等方法提高密实度，使腐蚀性介质不易进入水泥石内部。

3. 在混凝土表面施加保护层。采用耐腐蚀的涂料或隔离层，隔断腐蚀性介质与水泥石的接触，避免或减轻腐蚀作用。

五、硅酸盐水泥的特性与应用

[学与问]　硅酸盐水泥有哪些特性？如何根据其特性加以选用？

[探索与发现]　（一）凝结硬化快，早期强度与后期强度均高。硅酸盐水泥中熟料多，快硬、早强，适用于现浇混凝土工程、预应力混凝土工程、高强混凝土工程及冬期施工工程等。

（二）水化热高。硅酸盐水泥中熟料多，C_3S 和 C_3A 含量高，因此水化放热速度快、放热量大，所以适用于冬期施工，但不适用于大体积混凝土工程，对于一些高强度等级的混凝土工程，也要注意水化热可能产生的不利影响。

（三）抗冻性好。硅酸盐水泥石具有较高的密实度，因此抗冻性好，适用于严寒地区遭受反复冻融作用的混凝土工程。

（四）耐腐蚀性差。硅酸盐水泥水化产物中有较多的 $Ca(OH)_2$ 和水化铝酸钙，因此耐腐蚀性差，不适用于受流动软水和压力水作用的工程，也不宜用于受海水及其他腐蚀性介质作用的工程。

（五）耐热性差。水泥石中的水化产物在 $250 \sim 300℃$ 时产生脱水，体积收缩，强度开始降低，当温度达到 $700 \sim 1000℃$ 时，水化产物分解，水泥石的结构几乎完全破坏，所以硅酸盐水泥不适用于耐热、耐高温的混凝土工程。

（六）抗碳化性好。水泥石中的 $Ca(OH)_2$ 与空气中的 CO_2 作用称为碳化。硅酸盐水泥水化后，水泥石中含有较多的 $Ca(OH)_2$，因此抗碳化能力好。

（七）干缩小。硅酸盐水泥硬化时干燥收缩小，不易产生干缩裂纹，故适用于干燥环境。

六、普通硅酸盐水泥

[学与问]　什么是普通硅酸盐水泥？其主要技术指标有哪些？

[科学视野]　按国家标准《通用硅酸盐水泥》（GB 175—2007/XG1—2009）规定：由硅酸盐水泥熟料，加入 >5% 且 ≤20% 的活性混合材料及适量石膏，磨细制成的水硬性胶凝材料，称为普通硅酸盐水泥，简称普通水泥，代号 P·O。其组成见表3-5。

表 3-5　普通硅酸盐水泥的组成

品种	代号	组分（质量分数）			
		熟料＋石膏	粒化高炉矿渣	火山灰质混合材料	粉煤灰
普通硅酸盐水泥	P·O	≥80 且 <95	>5 且 ≤20		

活性混合材料的最大掺量不得超过 20%，其中允许用不超过水泥质量 8% 的非活性混合材料来代替或不超过水泥质量 5% 的窑灰代替。普通硅酸盐水泥各强度等级、各龄期强度值见表 3-6。

表 3-6　普通硅酸盐水泥各强度等级、各龄期的强度值

强度等级	抗压强度（MPa）		抗折强度（MPa）	
	3d	28d	3d	28d
42.5	≥17.0	≥42.5	≥3.5	≥6.5
42.5R	≥22.0		≥4.0	
52.5	≥23.0	≥52.5	≥4.0	≥7.0
52.5R	≥27.0		≥5.0	
62.5	≥28.0	≥62.5	≥5.0	≥8.0
62.5R	≥32.0		≥5.5	

由组成可知，普通硅酸盐水泥与硅酸盐水泥的差别仅在于其中含有少量的混合材料，而绝大部分仍是硅酸盐水泥熟料，故其特性与硅酸盐水泥基本相同。但由于掺入少量混合材料，因此与同强度等级的硅酸盐水泥相比，普通硅酸盐水泥早期水化速度稍慢两三天，强度稍低、抗冻性稍差、水化热稍小、耐热性稍好。

普通硅酸盐水泥的初凝时间不得早于 45min，终凝时间不得大于 600min；细度采用筛分析法测定（图 3-10）；其余技术性质要求同硅酸盐水泥。普通硅酸盐水泥是我国水泥的主要品种之一，产量占水泥总产量的 40% 以上。

（a）负压筛　　　（b）筛前的水泥　　　（c）筛后筛余量　　　（d）称量筛余量

图 3-10　普通硅酸盐水泥细度试验

第二节　掺大量混合材料的硅酸盐水泥

[学与问]　掺大量混合材料的硅酸盐水泥有哪几种？其组成是什么？

一、矿渣硅酸盐水泥、火山灰质硅酸盐水泥、粉煤灰硅酸盐水泥和复合硅酸盐水泥的组成

[科学视野]　按国家标准《通用硅酸盐水泥》（GB 175—2007/XG1—2009）规定，由硅酸盐水泥熟料，加入质量分数 >20% 的单个或两个及以上不同品种的混合材料及石膏，组成上述四个品种的硅酸盐水泥，见表 3-7。

表 3-7 掺大量混合材料的四种硅酸盐水泥的组成

品种	代号	组分（质量分数）				
		熟料＋石膏	粒化高炉矿渣	火山灰质混合材料	粉煤灰	石灰石
矿渣硅酸盐水泥	P·S·A	≥50且＜80	＞20且≤50	—	—	—
	P·S·B	≥30且＜50	＞50且≤70	—	—	—
火山灰质硅酸盐水泥	P·P	≥60且＜80	—	＞20且≤40	—	—
粉煤灰硅酸盐水泥	P·F	≥60且＜80	—	—	＞20且≤40	—
复合硅酸盐水泥	P·C	≥50且＜80	＞20且≤50			

（一）矿渣硅酸盐水泥

由硅酸盐水泥熟料、粒化高炉矿渣掺量＞20%且≤70%和适量石膏磨细制成的水硬性胶凝材料，称为矿渣硅酸盐水泥，简称矿渣水泥，代号P·S·A和P·S·B。P·S·A型矿渣水泥的矿渣掺量为＞20%且≤50%；P·S·B型矿渣水泥的矿渣掺量为＞50%且≤70%。其中允许用不超过水泥质量8%的其他活性混合材料或非活性混合材料或窑灰中的任何一种材料代替。矿渣硅酸盐水泥的早期强度较低，后期强度增进率高，水化热低，抗淡水溶蚀和硫酸盐侵蚀能力强，具有较好的耐热性，与钢筋的粘结力高，但是在大气中的稳定性、抗冻性和抗干湿循环作用的能力逊于硅酸盐水泥。矿渣硅酸盐水泥广泛用于地面和地下建筑物，特别适用于水工和海工混凝土结构、大体积混凝土结构和有耐热要求的建筑物。矿渣硅酸盐水泥也是我国水泥的主要品种之一，产量占水泥总产量的40%以上。

（二）火山灰质硅酸盐水泥

由硅酸盐水泥熟料、火山灰质混合材料掺量为＞20%且≤40%和适量石膏磨细制成的水硬性胶凝材料，称为火山灰质硅酸盐水泥，简称火山灰水泥，代号P·P。火山灰质硅酸盐水泥的水化硬化较慢，早期强度较低，但后期强度增进率高，可以赶上硅酸盐水泥。火山灰质硅酸盐水泥的水化热低，抗渗性好，抗淡水溶蚀能力强，但其需水量大，收缩大，抗冻性差。

（三）粉煤灰硅酸盐水泥

由硅酸盐水泥熟料、粉煤灰掺量为＞20%且≤40%和适量石膏磨细制成的水硬性凝胶材料，称为粉煤灰硅酸盐水泥，简称粉煤灰水泥，代号P·F。粉煤灰硅酸盐水泥的水化热低，抗渗性差，抗淡水溶蚀能力强，但其干燥收缩小，抗裂性能好。

（四）复合硅酸盐水泥

由硅酸盐水泥熟料、两种或两种以上规定的活性混合材料或（和）非活性混合材料与适量石膏磨细制成的水硬性胶凝材料，称为复合硅酸盐水泥，简称复合水泥，代号P·C。混合材料总掺加量为＞20%且≤50%。水泥中允许用不超过8%的窑灰代替部分混合材料；掺粒化高炉矿渣时混合材料掺量不得与矿渣硅酸盐水泥中的粒化高炉矿渣掺量重复。近年来复合硅酸盐水泥的产量逐渐增加。

二、四种硅酸盐水泥的主要技术指标及特性与应用

（一）四种硅酸盐水泥的主要技术指标

［学与问］ 四种硅酸盐水泥的主要技术指标有哪些？

［科学视野］ 按国家标准《通用硅酸盐水泥》（GB 175—2007/XG1—2009）规定，矿

渣硅酸盐水泥、火山灰质硅酸盐水泥、粉煤灰硅酸盐水泥和复合硅酸盐水泥各强度等级、各龄期强度值见表3-8。

表3-8 矿渣硅酸盐水泥、火山灰质硅酸盐水泥、
粉煤灰硅酸盐水泥和复合硅酸盐水泥各强度等级、各龄期强度值

强度等级	抗压强度（MPa）		抗折强度（MPa）	
	3d	28d	3d	28d
32.5	≥10.0	≥32.5	≥2.5	≥5.5
32.5R	≥15.0		≥3.5	
42.5	≥15.0	≥42.5	≥3.5	≥6.5
42.5R	≥19.0		≥4.0	
52.5	≥21.0	≥52.5	≥4.0	≥7.0
52.5R	≥23.0		≥4.5	

矿渣硅酸盐水泥、火山灰质硅酸盐水泥、粉煤灰硅酸盐水泥和复合硅酸盐水泥的初凝时间不得早于45min，终凝时间不迟于600min，细度为80μm方孔筛筛余≤10%或45μm方孔筛筛余≤30%，水泥中氧化镁含量≤6.0%（矿渣硅酸盐水泥中矿渣质量分数＞50%时，不作此项限定），矿渣硅酸盐水泥中的三氧化硫含量≤4.0%，其余技术性质指标同硅酸盐水泥。

（二）特性与应用

[学与问] 掺大量混合材料的四种水泥有哪些共性和特性？

[探索与发现] 1. 掺大量混合材料的四种水泥的共性

（1）早期强度低、后期强度发展高。其原因是这四种水泥的熟料含量比硅酸盐水泥、普通硅酸盐水泥少，且二次水化反应（即活性混合材料与熟料水化生成的氢氧化钙的反应）慢，故早期（3d、7d）强度低。后期由于二次反应的不断进行和水泥熟料的不断水化，水化产物不断增多，强度可以赶上或超过同等级的硅酸盐水泥或普通硅酸盐水泥。活性混合材料的掺量愈多，早期强度愈低，但后期强度增长愈多。

这四种水泥不适合用于早期强度要求高的混凝土工程，如冬期施工现浇混凝土工程等。

（2）对温度敏感，适合高温养护。这四种水泥在低温下水化明显减慢，强度较低。如果采用高温养护，可加快水泥熟料的水化速率，同时也可加快活性混合材料与熟料水化生成的氢氧化钙的二次反应速率，故可大大提高水泥石的早期强度，且不影响常温下后期强度的发展。

（3）耐腐蚀性好。这四种水泥中熟料数量相对较少，水化后水泥石中的氢氧化钙和水化铝酸钙的数量少，且活性混合材料的二次水化反应使水泥石中的氢氧化钙的数量进一步降低，因此耐腐蚀性好，适合用于有硫酸盐、镁盐、软水等侵蚀作用的环境，如水工、海港、码头等混凝土工程。但当侵蚀介质的浓度过高或耐腐蚀性要求高时，仍不宜使用。

（4）水化热小。四种水泥中的熟料含量少，因而水化放热量少，尤其是早期放热速度慢，放热量少，适合用于大体积混凝土工程。

（5）抗冻性差。矿渣和粉煤灰易泌水形成连通孔隙，火山灰一般需水量较大，会增加

内部孔隙含量，故这四种水泥的抗冻性均较差。

（6）抗碳化性差。由于这四种水泥在水化后，水泥石中的氢氧化钙的数量少，故抵抗碳化能力差。因而不适合用于二氧化碳浓度含量高的工业厂房，如铸造、翻砂车间等。

2. 四种水泥的特性

（1）矿渣硅酸盐水泥。由于粒化高炉矿渣玻璃体对水的吸附能力差，即对水分的保持能力差，与水拌合时易产生泌水造成较多的连通孔隙，因此矿渣硅酸盐水泥的抗渗性差，且干缩较大。矿渣本身耐热性较好，且矿渣硅酸盐水泥水化后氢氧化钙的含量少，故矿渣硅酸盐水泥的耐热性较好。

（2）火山灰质硅酸盐水泥。火山灰质混合材料的内部含有大量的微细孔隙，故火山灰质硅酸盐水泥的保水性高；其水化后形成较多的水化硅酸钙凝胶，使水泥石结构致密，因而其抗渗性较好；其干缩大，水泥石易产生微细裂纹，且空气中的二氧化碳能使水化硅酸钙凝胶分解成为碳酸钙和氧化硅的混合物，使水泥石的表面产生起粉现象。火山灰质硅酸盐水泥的耐磨性也较差。火山灰质硅酸盐水泥适合用于有抗渗要求的混凝土工程，不宜用于干燥环境中的地上混凝土工程，也不宜用于有耐磨性要求的混凝土工程。

（3）粉煤灰硅酸盐水泥。粉煤灰是表面致密的球形的颗粒。其吸附水的能力差，即保水性差，泌水性大，在施工阶段易使制品表面因大量泌水产生收缩裂纹，因而粉煤灰硅酸盐水泥抗渗性差；粉煤灰硅酸盐水泥的干缩较小，这是因为粉煤灰的比表面积小，拌合需水量小的缘故。粉煤灰硅酸盐水泥的耐磨性也较差。

粉煤灰硅酸盐水泥适合用于早期强度低、后期强度高的混凝土工程，不宜用于有抗渗性要求的混凝土工程，且不宜用于干燥环境中的混凝土工程及有耐磨性要求的混凝土工程。

（4）复合硅酸盐水泥。由于掺入了两种或两种以上规定的混合材料，其效果不只是各类混合材料的简单混合，而是互相取长补短，产生单一混合材料不能起到的优良效果，因此，复合硅酸盐水泥的性能介于普通硅酸盐水泥和以上3种混合材料硅酸盐水泥之间。

通用硅酸盐水泥的特性与选用见表3-9和表3-10。

表3-9　通用硅酸盐水泥的性质

项目	硅酸盐水泥	普通硅酸盐水泥	矿渣硅酸盐水泥	火山灰质硅酸盐水泥	粉煤灰硅酸盐水泥	复合硅酸盐水泥
性质	1. 早期、后期强度高 2. 耐腐蚀性差 3. 水化热大 4. 抗碳化性好 5. 抗冻性好 6. 耐磨性好 7. 耐热性差	1. 早期强度稍低，后期强度高 2. 耐腐蚀性稍好 3. 水化热较大 4. 抗碳化性好 5. 抗冻性好 6. 耐磨性较好 7. 耐热性稍好 8. 抗渗性好	早期强度低，后期强度高			早期强度较高
			1. 对温度敏感，适合高温养护；2. 耐腐蚀性好；3. 水化热小；4. 抗冻性较差；5. 抗碳化性能较差			
			1. 泌水性大、抗渗性差 2. 耐热性较好 3. 干缩较大	1. 保水性好、抗渗性好 2. 干缩大 3. 耐磨性差	1. 泌水性大、易产生失水裂纹、抗渗性差 2. 干缩小，抗裂性好 3. 耐磨性差	干缩较大

表 3-10　通用硅酸盐水泥的选用

		混凝土工程特点及所处环境条件	优先选用	可以选用	不宜选用
普通混凝土	1	在一般气候环境中的混凝土	普通水泥	矿渣水泥、火山灰质水泥、粉煤灰水泥、复合水泥	—
	2	在干燥环境中的混凝土	普通水泥	矿渣水泥	火山灰质水泥、粉煤灰水泥
	3	在高温环境中或长期处于水中的混凝土	矿渣水泥、普通水泥、火山灰质水泥、粉煤灰水泥、复合水泥	普通水泥	—
	4	厚大体积的混凝土	矿渣水泥、火山灰质水泥、粉煤灰水泥、复合水泥	普通水泥	硅酸盐水泥
有特殊要求的混凝土	1	要求快硬、高强（＞C40）的混凝土	硅酸盐水泥	普通水泥	矿渣水泥、火山灰质水泥、粉煤灰水泥、复合水泥
	2	严寒地区的露天混凝土、寒冷地区处于水位升降范围内的混凝土	普通水泥	矿渣水泥（强度＞32.5）	火山灰质水泥、粉煤灰水泥
	3	严寒地区处于水位升降范围内的混凝土	普通水泥（强度＞42.5）	—	矿渣水泥、火山灰质水泥、粉煤灰水泥、复合水泥
	4	有抗渗要求的混凝土	普通水泥、火山灰质水泥		矿渣水泥、粉煤灰水泥
	5	有耐磨性要求的混凝土	硅酸盐水泥、普通水泥	矿渣水泥（强度＞32.5）	火山灰质水泥、粉煤灰水泥
	6	受侵蚀性介质作用的混凝土	矿渣水泥、火山灰质水泥、粉煤灰水泥、复合水泥	—	硅酸盐水泥、普通水泥

（三）包装、标志、运输与贮存

1. 包装

水泥可以散装或袋装，袋装水泥每袋净含量为 50kg，且应不少于标志质量的 99%；随机抽取 20 袋总质量（含包装袋）应不少于 1000kg。其他包装形式由供需双方协商确定，但有关袋装质量要求，应符合上述规定。

2. 标志

水泥包装袋上应清楚标明：执行标准、水泥品种、代号、强度等级、生产者名称、生产许可证标志（QS）及编号、出厂编号、包装日期、净含量。包装袋两侧应根据水泥的品种采用不同的颜色印刷水泥名称和强度等级，硅酸盐水泥和普通硅酸盐水泥采用红色，矿渣硅酸盐水泥采用绿色；火山灰质硅酸盐水泥、粉煤灰硅酸盐水泥和复合硅酸盐水泥采用黑色或蓝色。

散装发运应提交与袋装标志相同内容的卡片。

3. 运输和贮存

水泥在运输与贮存时不得受潮和混入杂物，不同品种和强度等级的水泥在贮运过程中避免混杂。

［资料卡片］

第三节　其他品种水泥

一、道路硅酸盐水泥

凡以适当成分的生料烧至部分熔融，所得以硅酸钙为主要成分和较多量的铁铝酸钙的硅酸盐水泥熟料，称为道路硅酸盐水泥熟料。由道路硅酸盐水泥熟料、0～10%活性混合材料和适量石膏磨细制成的水硬性胶凝材料称为道路硅酸盐水泥（简称道路水泥）。

国家标准《道路硅酸盐水泥》（GB 13693—2005）规定，道路水泥中铝酸三钙含量不超过5.0%，铁铝酸四钙含量不低于16.0%，游离 CaO 含量不大于1.0%。道路硅酸盐水泥强度较高，特别是抗折强度高、耐磨性好、干缩率低，抗冲击性、抗冻性和抗硫酸盐侵蚀能力比较好。道路水泥强度等级按规定的抗压和抗折强度来划分，各强度等级的各龄期强度应不低于表3-11所规定的数值。

表3-11　道路水泥的强度等级、各龄期强度值（GB 13693—2005）

强度等级	抗压强度（MPa）		抗折强度（MPa）	
	3d	28d	3d	28d
32.5	16.0	32.5	3.5	6.5
42.5	21.0	42.5	4.0	7.0
52.5	26.0	52.5	5.0	7.5

道路水泥特别适用于水泥混凝土路面（图3-11）、机场跑道、车站及公共广场等工程的面层混凝土中应用。

二、白色硅酸盐水泥

凡以适当成分的生料烧至部分熔融，所得以硅酸钙为主要成分、氧化铁含量很少的白色硅酸盐水泥熟料、适量石膏及混合材料（石灰石或窑灰）磨细制成的水硬性胶凝材料称为白色硅酸盐水泥，简称白水泥，代号 P·W。

白水泥的生产工艺和矿物成分与普通水泥相似，但制造上的主要区别在于严格控制水泥原料中铁的含量，并严防在生产过程中混入铁

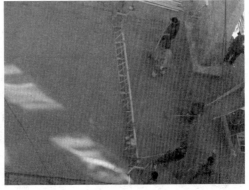

图3-11　混凝土路面的施工

质。白水泥中的三氧化二铁含量一般小于0.5%，并尽可能除掉其他着色氧化物（MnO_2、TiO_2）。

国家标准《白色硅酸盐水泥》（GB/T 2015—2005）规定：白水泥的细度为80μm方孔筛筛余不超过10%；初凝应不早于45min，终凝应不迟于600min；安定性（沸煮法）合格；白水泥中SO_3含量应不超过3.5%。白水泥强度等级按规定的抗压和抗折强度来划分，各强度等级的各龄期强度应不低于表3-12所规定的数值。

表3-12　白色硅酸盐水泥的强度等级、各龄期强度值（GB/T 2015—2005）

强度等级	抗压强度（MPa）		抗折强度（MPa）	
	3d	28d	3d	28d
32.5	12.0	32.5	3.0	6.0
42.5	17.0	42.5	3.5	6.5
52.5	22.0	52.5	4.0	7.0

三、铝酸盐水泥

凡以铝酸钙为主要成分的铝酸盐水泥熟料，磨细制成的水硬性胶凝材料称为铝酸盐水泥，代号CA。根据需要也可以在磨制Al_2O_3含量大于68%的水泥时，掺加适量α-Al_2O_3粉。

根据国家标准《铝酸盐水泥》（GB 201—2000）规定：铝酸盐水泥按Al_2O_3含量百分数分为四类。

1. CA-50　50%≤Al_2O_3<60%；
2. CA-60　60%≤Al_2O_3<68%；
3. CA-70　68%≤Al_2O_3<77%；
4. CA-80　Al_2O_3≥77%。

（一）铝酸盐水泥的矿物成分、水化与硬化

生产铝酸盐水泥的原料主要有铝矾土（提供Al_2O_3）和石灰石（提供CaO），经高温煅烧得到以铝酸钙为主要成分的熟料，其中最主要的矿物成分是铝酸一钙（$CaO \cdot Al_2O_3$，简写CA），此外还有二铝酸一钙（$CaO \cdot 2Al_2O_3$，简写CA_2）、硅铝酸二钙（$2CaO \cdot Al_2O_3 \cdot SiO_2$，简写$C_2AS$）及七铝酸十二钙（$12CaO \cdot 7AlO_3$，简写$C_{12}A_7$）。由于水泥中$Al_2O_3$，含量较高，通常又称为高铝水泥。

铝酸盐水泥的水化主要是铝酸一钙（CA）的水化过程，这个水化过程受外界温度影响较大：

当温度低于20℃时，主要水化物为$CaO \cdot Al_2O_3 \cdot 10H_2O$；温度在20～30℃时，主要水化物为$2CaO \cdot Al_2O_3 \cdot 8H_2O$；温度大于30℃时，主要水化物为$3CaO \cdot Al_2O_3 \cdot 6H_2O$，此时形成的$C_3AH_6$属于立方体，强度较低。所以，铝酸盐水泥不宜在30℃以上的温度条件下养护。

铝酸盐水泥硬化迅速，水化物CAH_{10}和C_2AH_8为片状或针状晶体，它们相互交织成坚固的结晶连生体骨架，所生成的氢氧化铝凝胶填塞于骨架之间，形成比较密实的结构，因此

强度较高。水化 5~7d 后，水化物的数量很少增长，故铝酸盐水泥的早期强度增长很快，后期增进很小。

需要指出的是 CAH_{10} 和 C_2AH_8 都是不稳定的，会逐步转化为 C_3AH_6，这个过程会由于温度的升高而加速，晶体转变的结果，使水泥石内析出了游离水，增大了孔隙率；同时也由于 C_3AH_6 本身强度较低，所以水泥石的强度明显下降，后期强度可能比最高强度降低 40% 以上。

（二）铝酸盐水泥的技术性质

按照国家标准《铝酸盐水泥》（GB 201—2000）的规定，铝酸盐水泥的细度要求比表面积不小于 $300m^2/kg$ 或 0.045mm 方孔筛筛余不大于 20%；凝结时间：CA-50、CA-70、CA-80 的初凝时间不得早于 30min，终凝不得迟于 6h，CA-60 的初凝时间不得早于 60min，终凝时间不得迟于 18h。

各类型铝酸盐水泥各龄期强度应符合表 3-13 的要求。

表 3-13　各类型铝酸盐水泥龄期强度值（GB 201—2000）

水泥类型	抗压强度（MPa）				抗折强度（MPa）			
	6h	1d	3d	28d	6h	1d	3d	28d
CA-50	20[①]	40	50	—	3.0[①]	5.5	6.5	—
CA-60	—	20	45	85	—	2.5	5.0	10.0
CA-70	—	30	40	—	—	5.0	6.0	—
CA-80	—	25	30	—	—	4.0	5.0	—

①当用户需要时，生产厂应提供结果

（三）铝酸盐水泥的特性与应用

与硅酸盐水泥相比，铝酸盐水泥具有以下特性及相应的应用：

1. 快硬早强。24h 即可达其极限强度的 80%，宜用于紧急抢修工程和早期强度要求较高的特殊工程及寒冷地区的冬期施工工程。但必须顾及到铝酸盐水泥的强度可能有较大的下降，因此不适合用于长期承载的承重构件。受长期荷载作用时，应按最低稳定强度设计。

2. 水化热大。铝酸盐水泥的放热量大且放热速度快，1d 可放出总水化热量的 70%~80%，因此从硬化开始应立即浇水养护，且不宜用于大体积混凝土工程。

3. 抗硫酸盐侵蚀性好。铝酸盐水泥水化时几乎不含有 $Ca(OH)_2$，且硬化后结构致密，因此它具有较好的抗硫酸盐腐蚀能力，适用于硫酸盐侵蚀的部位，如用于工业烟囱内衬。铝酸盐水泥抗碱性极差，不得用于接触碱性溶液的工程，同时要避免骨料中含碱性化合物。

4. 耐热性好。能承受 1300~1400℃ 高温，可配制耐热混凝土或不定形耐火材料。

5. 长期强度要降低。一般降低 40%~50%。

铝酸盐水泥使用时还应注意：

在施工过程中，为了防止"闪凝"，一般不得将铝酸盐水泥与硅酸盐水泥、石灰等能析出氢氧化钙的胶凝物质混合，使用前拌合设备必须冲洗干净；若用蒸汽养护加速混凝土硬化时，养护温度不得高于 50℃；用于钢筋混凝土时，钢筋保护层厚度不得小于 60mm；未经试验，不得加入任何外加物。

四、硫铝酸盐水泥

硫铝酸盐水泥是以适当成分的生料，经锻烧所得以无水硫铝酸钙（$3CaO \cdot 3Al_2O_3 \cdot CaSO_4$）和硅酸二钙为主要矿物成分的水泥熟料和石灰石（<10%）、适量石膏共同磨细制成，具有水硬性胶凝材料，代号 R·SAC。

硫铝酸盐水泥分为快硬硫铝酸盐水泥、低碱度硫铝酸盐水泥和自应力硫铝酸盐水泥。

硫铝酸盐水泥系列单独使用或配合 ZB 型硫铝酸盐水泥专用外加剂使用，广泛应用于抢修抢险工程、预制构件、GRC 制品、低温施工工程、抗海水腐蚀工程等。

五、中热硅酸盐水泥、低热硅酸盐水泥、低热矿渣硅酸盐水泥

中热硅酸盐水泥、低热硅酸盐水泥是以适当成分的硅酸盐水泥熟料，加入适量石膏磨细制成的水硬性胶凝材料。具有中等水化热的称为中热硅酸盐水泥，简称中热水泥，代号 P·MH；具有低水化热的称为低热硅酸盐水泥，简称低热水泥，代号 P·LH。

低热矿渣硅酸盐水泥是以适当成分硅酸盐水泥熟料，加入 20%～60% 粒化高炉矿渣、适量石膏磨细制成的具有低水化热的水硬性胶凝材料，简称低热矿渣水泥，代号 P·SLH。允许用不超过混合材料总量 50% 的粒化电炉磷渣或粉煤灰代替部分粒化高炉矿渣。

《中热硅酸盐水泥　低热硅酸盐水泥　低热矿渣硅酸盐水泥》（GB 200—2003）规定，这三种水泥的初凝时间不得早于 60min，终凝时间不得迟于 12h；比表面积不低于 250m²/kg；水泥中 SO_3 含量不大于 3.5%。按照 28d 抗压强度值，中热水泥和低热水泥强度等级均为 42.5 级、低热矿渣水泥强度等级为 32.5 级，此外各龄期的水化热应不大于规定的数值。低热水泥、中热水泥、低热矿渣水泥的水化放热速度慢，且放热量小，主要用于大体积混凝土工程。

思考复习题

1. 何谓硅酸盐水泥熟料？其主要矿物成分有哪些？各矿物成分有何特性？
2. 硅酸盐水泥熟料矿物水化产物有哪些？硅酸盐水泥中的适量石膏起什么作用？
3. 何谓活性混合材料和非活性混合材料？
4. 掺活性混合材料的水泥水化反应有何特点？硅酸盐水泥常掺入哪几种活性混合材料？它们对水泥的性质有何影响？
5. 硅酸盐水泥凝结硬化后生成的水泥石由哪些部分构成？
6. 为什么生产硅酸盐水泥时掺适量石膏对水泥石不起破坏作用，而硬化水泥石在有硫酸盐的环境介质中生成石膏时就有破坏作用？
7. 硅酸盐水泥侵蚀的主要类型有哪几种？为什么硅酸盐水泥（P·I）的水泥石易受侵蚀？
8. 在下列混凝土工程中，分别选用适宜的水泥品种，并说明选用的理由？
（1）早期强度要求高、抗冻性好的混凝土；
（2）抗软水和硫酸盐腐蚀较强、耐热的混凝土；

（3）抗淡水腐蚀强、抗渗性高的混凝土；

（4）抗硫酸盐腐蚀较高、干缩小、抗裂性较好的混凝土；

（5）夏季现浇混凝土；

（6）紧急军事工程；

（7）大体积混凝土；

（8）水中、地下的建筑物；

（9）在我国北方，冬期施工混凝土；

（10）位于海水下的建筑物；

（11）填塞建筑物接缝的混凝土。

第四章 混 凝 土

第一节 概 述

一、混凝土的分类

[学与问] 什么是混凝土？在建筑工程中常用的混凝土有哪些种类？

[探索与发现] 混凝土是指用胶凝材料将粗、细骨料胶结成整体的复合固体材料的总称。胶凝材料是指在建筑材料中，经过一系列物理作用、化学作用，能从浆体变成坚固的石状体，并能将其他固体物料胶结成整体而具有一定机械强度的物质。

混凝土的种类很多，分类方法也很多。

（一）按所用的胶凝材料的品种分类

通常根据主要胶凝材料的品种，并以其名称命名，如水泥混凝土、聚合物混凝土、沥青混凝土、石膏混凝土、水玻璃混凝土等。

（二）按表观密度分类

1. 重混凝土。表观密度大于 $2800kg/m^3$ 的混凝土称为重混凝土，通常采用重晶石和铁矿石配制而成。重混凝土具有防御 X 射线和 γ 等射线的性能。

2. 普通混凝土。干表观密度为 $2000 \sim 2800kg/m^3$ 的混凝土称为普通混凝土（简称混凝土），主要以砂、石子（或卵石）、水泥、矿物掺合料和水配制而成，是建筑工程中最常用的混凝土品种。

3. 轻混凝土。表观密度小于 $2000kg/m^3$ 的混凝土称为轻混凝土，包括轻骨料混凝土、多孔混凝土和大孔混凝土等。

（三）按生产和施工方法分类

混凝土按生产和施工方法可分为：泵送混凝土、喷射混凝土、碾压混凝土、预拌混凝土、压力灌浆混凝土等。

（四）按用途分类

混凝土按用途可分为：结构、装饰、防水、道路、防辐射、耐热、大体积、膨胀混凝土等。

二、普通混凝土

[学与问] 普通混凝土是由哪些材料组成的？普通混凝土有哪些优点和缺点？

[探索与发现] 普通混凝土，是指以水泥、矿物掺合料为胶凝材料，砂子和石子（或

卵石）为骨料，经加水搅拌、浇筑成型、凝结固化成具有一定强度的"人工石材"
（图4-1），即水泥混凝土。另外，还常加入适量的外加剂。

在混凝土中，砂、石起骨架作用，称为骨料。水泥、矿物掺合料与水形成胶凝浆体，胶凝浆体包裹在骨料表面并填充其空隙。在硬化前，胶凝浆体起润滑作用，赋予拌合物一定的和易性，便于施工。胶凝浆体硬化后，则将骨料胶结为一个坚实的整体。

图4-1　普通混凝土

（一）普通混凝土的优点

（1）原材料来源丰富。混凝土中的70%以上的砂、石骨料资源丰富，易于就地取材。

（2）混凝土拌合物具有可塑性，可以按工程结构要求浇筑成不同形状和尺寸的整体结构或预制构件。

（3）匹配性好。硬化后的混凝土与钢筋、钢纤维等相互粘结牢固，工作整体性强。

（4）可调整性强。改变组成材料的品种和数量，可以制得具有不同物理力学性质的混凝土。

（5）强度高，耐久性较好，在一般环境中使用时维护费用低。

（二）普通混凝土的缺点

普通混凝土的缺点是自重大、比强度小、抗拉强度低、变形能力差、易开裂。

为了满足不同建筑工程对混凝土性能的不同要求，就必须研究影响混凝土和易性、强度、耐久性、变形性的主要因素，研究配合比设计原理、混凝土质量波动规律以及相关的检验评定标准等。

第二节　普通混凝土的组成材料

[学与问]　为了保证混凝土的质量，应如何合理选择混凝土的原材料？

[探索与发现]　普通混凝土的性能主要取决于原材料的组成、性质和材料的相对含量。因此，只有了解材料的性质、作用原理和质量要求，才能合理选择混凝土的原材料，配制出符合设计要求的混凝土。

一、胶凝材料

胶凝材料是指混凝土中水泥和矿物掺合料的总称。

1. 水泥

水泥是混凝土中最重要的组分。水泥品种的选择，应当根据混凝土工程性质与特点，工程的环境条件及施工条件，结合各种水泥特性进行合理的选择。配制普通混凝土一般可采用硅酸盐水泥、普通硅酸盐水泥、矿渣硅酸盐水泥、火山灰质硅酸盐水泥、粉煤灰硅酸盐水泥和复合硅酸盐水泥。必要时也可以选择其他品种水泥。

水泥强度等级的选择应当与混凝土的设计强度等级相适应。经验证明，一般以水泥强度等级（以 MPa 为单位）为混凝土强度等级的 1.5 ~ 2.0 倍为宜，对于高强混凝土可取 0.9 ~ 1.5 倍。

2. 矿物掺合料

矿物掺合料是指以氧化硅、氧化铝为主要成分，在混凝土中可以代替部分水泥、改善混凝土性能，且具有火山灰活性的粉体材料。如粉煤灰、粒化高炉矿渣粉、沸石粉、硅粉及其他矿物掺合料。

二、细骨料

公称粒径在 0.15 ~ 5.00mm 之间的岩石颗粒称为细骨料，但不包括软质、风化的岩石颗粒。砂按产源分为天然砂和机制砂两类。常用的有河砂、机制砂、淡化海砂和山砂等。通常根据技术要求分为Ⅰ类、Ⅱ类和Ⅲ类。Ⅰ类用于强度等级大于 C60 的混凝土；Ⅱ类用于 C30 ~ C60 的混凝土；Ⅲ类用于小于 C30 的混凝土。配制混凝土时，对所采用的细骨料的质量要求主要有以下几方面：

1. 砂中有害杂质的含量

为保证混凝土的质量，砂中有害杂质的含量应符合国家技术规范《建设用砂》（GB/T 14684—2011）的规定，见表 4-1。

表 4-1　砂中有害杂质含量限值

类别	Ⅰ类	Ⅱ类	Ⅲ类
云母含量（按质量计,%）	≤1.0	≤2.0	
硫化物及硫酸盐含量（按 SO_3 质量计,%）	≤0.5		
有机物含量（用比色法试验）	合格		
轻物质（按质量计,%）	≤1.0		
氯化物含量（以氯离子质量计,%）	≤0.01	≤0.02	≤0.06
含泥量（按质量计,%）	≤1.0	≤3.0	≤5.0
泥块含量（MB 值≤1.4 或试验合格）	0	≤1.0	≤2.0
贝壳含量（按质量计,%）[a]	≤3.0	≤5.0	≤8.0

a 该指标仅适用于海砂，其他砂种不作要求。

云母为表面光滑的层、片状物质，与水泥粘结性差，会影响混凝土的强度和耐久性；一些有机物、硫化物及硫酸盐，对水泥有腐蚀作用；砂中不应含有活性氧化硅，因为砂中含有的活性氧化硅，能与水泥中的碱（K_2O 及 Na_2O）起反应，产生碱 - 骨料反应，使混凝土发生膨胀开裂。此外，由于氯离子对钢筋有严重腐蚀作用，当采用海砂配制钢筋混凝土时，海砂中氯离子含量应符合表 4-1 的要求。对素混凝土，海砂中的氯离子含量不予限制。

2. 砂的颗粒形状及表面特征

河砂、海砂等颗粒圆滑，拌制的混凝土流动性好，但海砂中常含有贝壳碎片及可溶性盐类，影响混凝土强度的性能，所以配制混凝土时多采用河砂。人工砂颗粒多棱角、表面粗糙，与水泥石粘结性能好，故拌制的混凝土强度较高。

3. 坚固性

根据《建设用砂》（GB/T 14684—2011）的规定，天然砂的坚固性采用硫酸钠溶液浸泡→

烘干→浸泡循环试验法检验。测定 5 个循环浸渍后砂的质量损失率指标应符合表 4-2 的要求。

表 4-2　天然砂的坚固性指标

类别	砂的等级		
	Ⅰ类	Ⅱ类	Ⅲ类
循环后质量损失（%）	≤8		≤10

4. 砂的粗细程度与颗粒级配

砂的粗细程度是指不同粒径的砂粒（图 4-2）混合体平均粒径大小。通常用细度模数（Mx）表示，其值并不等于平均粒径，但能较准确反应砂的粗细程度。细度模数（Mx）愈大，表示砂愈粗，单位重量总表面积愈小；Mx 愈小，则砂比表面积愈大。在混凝土中，砂子的表面需要由胶凝浆体包裹，砂子的总表面积愈大，则需要包裹砂粒表面的胶凝浆体就愈多。因此，一般来说用粗砂拌制混凝土比用细砂所需的胶凝浆体（或水泥浆）省。

砂的颗粒级配，即表示砂中大小颗粒的搭配情况。在混凝土中砂粒之间的空隙是由胶凝浆体所填充，为达到节约水泥和提高强度的目的，就应尽量减小砂粒之间的空隙。从图 4-3 可以看到：如果是同样粗细的砂，同一种粒径的砂空隙最大［图 4-3（a）］；两种粒径的砂搭配起来，空隙就减少了［图 4-3（b）］；三种粒径的砂搭配，空隙就更小了［图 4-3（c）］。由此可见，要想减少砂粒间的空隙，就必须有大小不同的颗粒搭配。

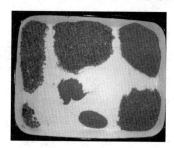

图 4-2　不同粒径的砂

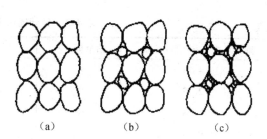

（a）　　　　　（b）　　　　　（c）

图 4-3　砂颗粒级配示意图

在拌制混凝土时，砂的颗粒级配和粗细程度应同时考虑。当砂中含有较多的粗粒径砂，并以适当的中粒径砂及少量细粒径砂填充其空隙，则可达到空隙及总表面积均较小，这样的砂比较理想，不仅胶凝浆体用量较少，而且还可以提高混凝土的密实度与强度。

［实践与探究］　通过河砂筛分析试验，判断某指定河砂的颗粒级配情况。

［探索与发现］　按规定的方法取样（砂），并将试样缩分至约 1100g，放在温度为（105±5）℃的烘箱中烘至恒重，待冷却至室温后，筛除大于 9.50mm 的颗粒，并分为大致相等的两份备用。称取试样 500g，精确至 1g，将试样倒入按孔径大小从上至下组合的套筛（孔径分别为 4.75mm、2.36mm、1.18mm、0.60mm、0.30mm、0.15mm 的标准筛）上，然后将套筛置于摇筛机上，摇 10min，取下套筛，按筛孔大小顺序再用手筛，筛至每分钟通过量小于试样总量 0.1% 时为止，通过的试样并入下一号筛中，并和下一号筛中的试样一起过筛，按这样顺序进行，直至各号筛全部筛完为止（图 4-4）。称取各号筛的筛余量，精确至 1g，计算各号筛的分计筛余百分率 a_i（%），即各号筛的筛余量与试样总量之比，精确至 0.1%。然后计算累计筛余百分率 A_i（%），即该号筛

的筛余百分率加上该号筛以上各筛余百分率之和，精确至0.1%。各筛上的筛余量 $m_i(g)$ 与各筛上的分计筛余百分率 $a_i(\%)$ 及累计筛余百分率 $A_i(\%)$ 的计算关系见表4-3。

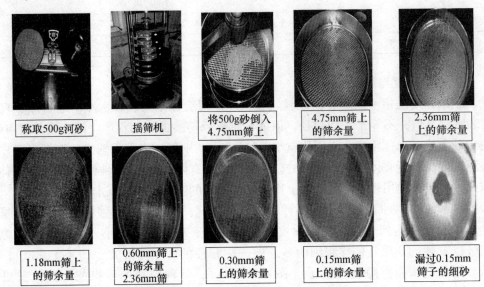

图4-4 对河砂进行筛分析试验

表4-3 分计筛余率与累计筛余率的关系

筛孔尺寸（方孔筛）（mm）	筛余量（g）	分计筛余率 $a_i(\%)$	累计筛余率 $A_i(\%)$
4.75	m_1	$a_1 = (m_1/m) \times 100$	$A_1 = a_1$
2.36	m_2	$a_2 = (m_2/m) \times 100$	$A_2 = a_1 + a_2$
1.18	m_3	$a_3 = (m_3/m) \times 100$	$A_3 = a_1 + a_2 + a_3$
0.60	m_4	$a_4 = (m_4/m) \times 100$	$A_4 = a_1 + a_2 + a_3 + a_4$
0.30	m_5	$a_5 = (m_5/m) \times 100$	$A_5 = a_1 + a_2 + a_3 + a_4 + a_5$
0.15	m_6	$a_6 = (m_6/m) \times 100$	$A_5 = a_1 + a_2 + a_3 + a_4 + a_5 + a_6$
底盘	$m_底$		
总质量		$m = m_1 + m_2 + m_3 + m_4 + m_5 + m_6 + m_底$	

砂的颗粒级配和粗细程度，常用上述筛分析的方法进行测定。用细度模数（M_x）表示砂的粗细，用级配区表示砂的颗粒级配。

细度模数（M_x）根据下式计算（精确至0.01）：

$$M_x = \frac{(A_2 + A_3 + A_4 + A_5 + A_6) - 5A_1}{100 - A_1} \quad (4-1)$$

细度模数（M_x）愈大，表示砂愈粗。普通混凝土用砂的细度模数（M_x）范围一般为3.7~1.6，其中：

M_x 在3.7~3.1为粗砂；

M_x 在3.0~2.3为中砂；

M_x 在 2.2~1.6 为细砂。

砂的颗粒级配根据 0.60mm 筛孔对应的累计筛余率 A_4，分成 Ⅰ区、Ⅱ区、Ⅲ区三个级配区，见表 4-4。

表 4-4　砂的颗粒级配区范围

筛孔尺寸（方孔筛）（mm）	累计筛余率（%）		
	Ⅰ区	Ⅱ区	Ⅲ区
9.50	0	0	0
4.75	10~0	10~0	10~0
2.36	35~5	25~0	15~0
1.18	65~35	50~10	25~0
0.60	85~71	70~41	40~16
0.30	95~80	92~70	85~55
0.15	100~90	100~90	100~90

级配良好的粗砂应落在Ⅰ区；级配良好的中砂应落在Ⅱ区；细砂则在Ⅲ区。实际使用的砂颗粒级配可能不完全符合要求，除了 4.75mm 和 0.60mm 对应的累计筛余率外，其余各档允许有 5% 的超界，当某一筛档累计筛余率超界 5% 以上时，说明砂级配很差，视作不合格。

以累计筛余百分率为纵坐标，筛孔尺寸为横坐标，根据表 4-4 砂的颗粒级配区范围可绘制Ⅰ、Ⅱ、Ⅲ级配区的筛分曲线，如图 4-5 所示。在级配曲线上可以直观地分析砂的颗粒级配优劣。

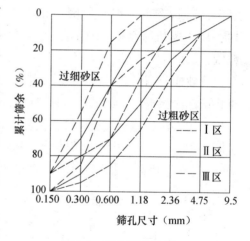

图 4-5　砂级配曲线图

【例 4-1】　某工程用砂，经烘干、称量、筛分析，测得各号筛子上的筛余量列于表 4-5。试评定该砂的粗细程度（M_x）和级配情况。

表 4-5　筛分析试验结果

筛孔尺寸（mm）	4.75	2.36	1.18	0.60	0.30	0.15	盘底	合计
筛余量（g）	28.5	57.6	73.1	156.6	118.5	55.5	9.7	499.5

【解】　①分计筛余百分率和累计筛余百分率计算结果列于表 4-6。

表 4-6　分计筛余百分率和累计筛余百分率计算结果

分计筛余百分率（%）	a_1	a_2	a_3	a_4	a_5	a_6
	5.71	11.53	14.63	31.35	23.72	11.11
累计筛余百分率（%）	A_1	A_2	A_3	A_4	A_5	A_6
	5.71	17.24	31.87	63.22	86.94	98.05

②计算细度模数：

$$M_x = \frac{(A_2 + A_3 + A_4 + A_5 + A_6) - 5A_1}{100 - A_1}$$

$$= \frac{(17.24 + 31.87 + 63.22 + 86.94 + 98.05) - 5 \times 5.71}{100 - 5.71}$$

$$= 2.85$$

③确定级配区，绘制级配曲线：该砂样在0.60mm筛上的累计筛余百分率$A_4 = 63.22$落在Ⅱ区，其他各筛上的累计筛余百分率也落在Ⅱ区规定的范围内，因此可以判定该砂为Ⅱ区砂。级配曲线见图4-6。

④结果评定：该砂的细度模数$M_x = 2.85$，属于中砂；Ⅱ区砂，级配合格。

5. 砂的饱和面干吸水率

在自然状态下将约1100g的砂均匀拌合后分为大致相等的两份备用。

将一份试样倒入搪瓷盆中，注入洁净水，使水面高出试样表面20mm左右，水温控制在（23±5）℃，用玻璃棒连续搅拌5min，以排除气泡，静置24h。浸泡完成后，在水澄清的状态下，细心地倒去试样上部的清水，不得将细粉部分倒走。在盘中摊开试样，用吹风机缓缓吹拂暖风，并不断翻动试样，使表面水分均匀蒸发，不得将砂样颗粒吹出。

将砂样分两层装入饱和面干试模（图4-7）中，并各插捣13次，刮平试模上口后，垂直将试模徐徐提起，如试样呈图4-8（a）状，说明试样仍含有表面水，应再行暖风干燥，并按上述方法试验，直至试模提起后，试样呈图4-8（b）状态为止。若试模提起后，试样呈图4-8（c）状，说明试样过干，此时应喷洒水50mL，在充分拌均后，静置于加盖容器中30min，再按上述方法进行试验，直至达到图4-8（b）状为止。

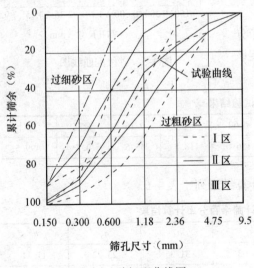

图4-6 砂级配曲线图

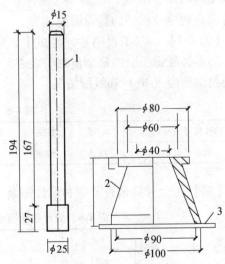

图4-7 饱和面干试模及捣棒（mm）

1—捣棒；2—试模；3—玻璃棒

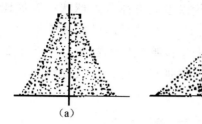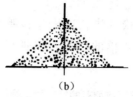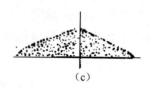

（a）   （b）   （c）

图4-8　试样的塌陷情况

立即称取饱和面干试样500g，精确至0.1g，倒入已知质量的烧杯（或搪瓷盘）中，置于（105±5）℃的干燥箱中烘干至恒量，在干燥器内冷却至室温后，称取干样的质量（m_0），精确至0.1g。

试样吸水率按下式计算，精确至0.01%。

$$Q_x = \frac{m_1 - m_0}{m_0} \times 100\% \tag{4-2}$$

式中　Q_x——吸水率，%；

　　　m_1——饱和面干试样质量，g；

　　　m_0——烘干试样质量，g。

取两次试验的结果的算术平均值作为吸水率值，精确至0.1%，如果两次试验结果之差大于平均值的3%，则这组数据作废，应重新试验。

三、粗骨料

[学与问]　建筑工程中普通混凝土常用的粗骨料有哪几种类型？其主要技术指标有哪些？

[探索与发现]　颗粒粒径大于5.00mm的岩石颗粒为粗骨料。混凝土工程中常用的有碎石和卵石两大类。碎石是由天然岩石或大卵石经破碎、筛分而得的；卵石是由天然岩石经自然风化、水流搬运和分选、堆积形成的粒径大于5.00mm的岩石颗粒。

为了保证混凝土质量，《普通混凝土用砂、石质量及检验方法标准》（JGJ 52—2006）中提出了具体要求，主要有以下几项：

1. 有害杂质。粗骨料中的有害杂质主要有：泥、黏土块、硫酸盐及硫化物、有机物质等，其含量应符合表4-7的规定。它们的危害作用与在细骨料中相同。

表4-7　碎石或卵石中泥、黏土块和有害物质含量

类别	混凝土强度等级		
	≥C60	C55～C30	≤C25
含泥量（按质量计，%）	≤0.5	≤1.0	≤2.0
黏土块含量（按质量计，%）	≤0.20	≤0.5	≤0.7
硫化物及硫酸盐含量（以SO_3质量计，%）	≤1.0		
有机物含量（用比色法试验）	颜色应不深于标准色。当颜色深于标准色时，应配制成混凝土进行强度对比试验，抗压强度比应不低于0.95		

2. 颗粒形态及表面特征。粗骨料的颗粒形状以近立方体或近球状体为最佳，但在岩石破碎生产碎石的过程中往往产生一定量的针、片状，使骨料的空隙率增大，并降低混凝土的强度，特别是抗折强度。针状是指长度大于该颗粒所属粒级平均粒径2.4倍的颗粒；片状是指厚度小于平均粒径0.4倍的颗粒。粗骨料中针、片状颗粒含量，应符合表4-8中的规定。

表4-8　碎石或卵石的针、片状颗粒的含量

类别	混凝土强度等级		
	≥C60	C55～C30	≤C25
针、片状颗粒含量（按质量计,%）	≤8	≤15	≤25

粗骨料的表面特征指表面粗糙程度。碎石表面比卵石粗糙，且多棱角，因此，拌制的混凝土拌合物流动性较差，但与水泥粘结强度较高，配合比相同时，混凝土强度相对较高。卵石表面较光滑，少棱角，因此拌合物的流动性较好，但粘结性能较差，强度相对较低。若保持流动性相同，卵石可比碎石用水量少，因此卵石混凝土强度并不一定低。

3. 粗骨料最大粒径（D_{max}）

混凝土所用粗骨料的公称粒级上限称为最大粒径。粗骨料的粒径越大，则其总表面积越小。因此，保证一定厚度润滑层所需的胶凝浆体或砂浆的数量也相应减少，所以粗骨料的最大粒径应在条件许可下，尽量选用得大些，有利于节约水泥。由试验研究证明，最佳的最大粒径取决于混凝土的胶凝材料用量。在胶凝材料用量少的混凝土中，采用大粒径粗骨料是有利的。粗骨料最大粒径的选用，要受结构上诸因素和施工条件等方面的限制。我国钢筋混凝土施工规范规定：混凝土用粗骨料的最大粒径不得大于构件最小截面尺寸的1/4，同时不得大于钢筋最小净距离的3/4；对于混凝土实心板，最大粒径不宜超过板厚的1/3，且不得大于40mm；对于大体积混凝土，粗骨料最大公称粒径不宜小于31.5mm。

4. 粗骨料的颗粒级配

[实践与探究]　通过对粗骨料进行筛分析试验，判断某指定碎石的颗粒级配情况。

[探索与发现]　粗骨料的级配原理和要求与细骨料基本相同。级配试验采用筛分法测定，即用方孔筛筛孔边长为2.36mm、4.75mm、9.5mm、16.0mm、19.0mm、26.5mm、31.5mm、37.5mm、53.0mm、63.0mm、75.0mm和90mm等十二种筛进行筛分。

碎石的颗粒级配可分为连续级配和间断级配。连续级配是碎石粒级呈连续性，即颗粒由小到大，每级碎石占一定比例。用连续级配的骨料配制的混凝土拌合物和易性较好，不易发生离析现象。连续级配是工程上最常用的级配。

间断级配也称单粒级级配。间断级配是人为地剔除骨料中某些粒级颗粒，从而使骨料级配不连续，大骨料空隙由小几倍的小粒径颗粒填充，以降低碎石的空隙率。由间断级配制成的混凝土，可以节约水泥。由于其颗粒粒径相差较大，混凝土拌合物容易产生离析现象，导致施工困难。

碎石、卵石颗粒级配范围应符合表4-9的要求。

表 4-9　碎石和卵石的颗粒级配范围

级配情况	公称粒级（mm）	累计筛余（%）											
		筛孔尺寸（方孔筛）（mm）											
		2.36	4.75	9.50	16.0	19.0	26.5	31.5	37.5	53.5	63.0	75.0	90
连续级配	5～10	95～100	80～100	0～15	0	—	—	—	—	—	—	—	—
	5～16	95～100	85～100	30～60	0～10	0	—	—	—	—	—	—	—
	5～20	95～100	90～100	40～80	—	0～10	0	—	—	—	—	—	—
	5～25	95～100	90～100	—	30～70	—	0～25	0	—	—	—	—	—
	5～31.5	95～100	95～100	70～90	—	15～45	—	0～5	0	—	—	—	—
	5～40	—	70～90	—	30～65	—	—	0～5	0	—	—	—	
间断级配	10～20	—	95～100	85～100	—	0～15	—	0	—	—	—	—	—
	16～31.5	—	95～100	—	85～100	—	—	0～15	—	0	—	—	—
	20～40	—	—	95～100	—	80～100	—	—	0～10	—	0	—	—
	31.5～63	—	—	—	95～100	—	75～100	45～75	—	0～10	0	—	
	40～80	—	—	—	—	95～100	—	70～100	—	30～60	0～10	0	

5. 粗骨料的强度

[实践与探究]　设计试验，测试粗骨料的强度。

[探索与发现]　为保证混凝土的强度要求，粗骨料都必须是质地致密、具有足够的强度。《普通混凝土用砂、石质量及检验方法标准》（JGJ 52—2006）规定，粗骨料的强度可用岩石的抗压强度和压碎指标表示。

岩石立方体抗压强度试验，是用母岩制成 50mm×50mm×50mm 立方体或直径与高度均为 50mm 的圆柱体试样，浸泡水中 48h，待吸水饱和后进行抗压试验。

石子抗压强度与设计要求的混凝土强度等级之比，不应低于 1.5，且不小于 45MPa（饱水）。

《普通混凝土用砂、石质量及检验方法标准》（JGJ 52—2006）规定，压碎指标是将一定质量风干状态下 10.0～20.0mm 的石子装入一定规格的金属圆桶内，放到试验机上在 160～300s 内均匀地加荷到 200kN，稳定 5s，卸荷后称取试样质量（m_0），再用孔径为 2.50mm 的筛子筛除被压碎的细粒，称取试样的筛余量（m_1），用下式计算压碎指标：

$$\delta_a = \frac{m_0 - m_1}{m_0} \times 100\% \tag{4-3}$$

式中　δ_a——压碎指标值，%；

　　　m_0——试样质量，g；

　　　m_1——压碎试验后试样的筛余量，g。

压碎值越小，表示石子的强度越高。反之亦然。各类别粗骨料的压碎指标值应符合表4-10的要求。

表 4-10　碎石的压碎指标

岩石品种	混凝土强度等级	碎石压碎值指标（%）
沉积岩	C60~C40	≤10
	≤C35	≤16
变质岩或深成的火成岩	C60~C40	≤12
	≤C35	≤20
喷出的火成岩	C60~C40	≤13
	≤C35	≤30

6. 粗骨料的坚固性

粗骨料的坚固性是指在气候、外力和其他物理力学因素作用（如冻融循环作用）下骨料抗碎裂的能力。坚固性试验是用硫酸钠溶液法检验，试样经 5 次干湿循环后，其质量损失应≤8%（严寒及寒冷地区）。

四、混凝土拌合用水

[学与问]　什么样的水可以用来拌制和养护混凝土？为什么海水一般不得直接用于拌制钢筋混凝土？

[探索与发现]　根据《混凝土用水标准》（JGJ 63—2006）的规定，混凝土用水是混凝土拌合用水和混凝土养护用水的总称，包括：饮用水、地表水、再生水、混凝土企业设备洗刷水和海水等，但未经处理的海水严禁用于钢筋混凝土和预应力混凝土。拌制和养护混凝土用水，不得含有影响水泥正常凝结与硬化的有害杂质，如油脂、糖类等。在无法获得水源的情况下，海水可用于素混凝土，但不宜用于装饰混凝土。

第三节　普通混凝土的技术性质

[学与问]　普通混凝土的主要技术性质有哪些？什么是混凝土拌合物的和易性？如何测定混凝土拌合物的和易性？

[探索与发现]　混凝土在未凝结硬化以前，称为混凝土拌合物。它必须具有良好的和易性，便于施工，以保证能获得良好的浇灌质量；混凝土凝结硬化以后，应具有足够的强度，以保证建筑物能安全地承受设计荷载，并应具有必要的耐久性。

一、混凝土拌合物的和易性

1. 和易性的概念

和易性，也称工作性，是指混凝土拌合物易于施工操作（拌合、运输、浇灌、捣实）并能获得质量均匀、成型密实的性能。和易性是一项综合技术性能，包括流动性，黏聚性和保水性等三方面的内容。

流动性是指混凝土拌合物在本身自重或施工机械振捣的作用下，能产生流动，并均匀密实地填满模板的性能。流动性的大小取决于混凝土拌合物中用水量或水泥浆含量的多少。

黏聚性是指混凝土拌合物在施工过程中其组成材料之间有一定的黏聚力，不产生分层离析现象。

保水性是指混凝土拌合物在施工过程中，具有一定的保水能力，不致产生严重泌水现象。水泥浆析出量大，保水性差，严重时粗骨料表面稀浆流失而裸露。水泥浆析出量小则保水性好。

和易性良好的混凝土是指既具有满足施工要求的流动性，又具有良好的黏聚性和保水性。良好的和易性既是施工的要求也是获得质量均匀密实混凝土的基本保证。

2. 和易性测定及评价指标

混凝土拌合物的和易性是一项极其复杂的综合指标。至今为止，尚没有能够全面反映混凝土拌合物和易性的测定方法。在工地和试验室，通常是测定混凝土拌合物的流动性，并辅以直观经验评定黏聚性和保水性（图4-9）。

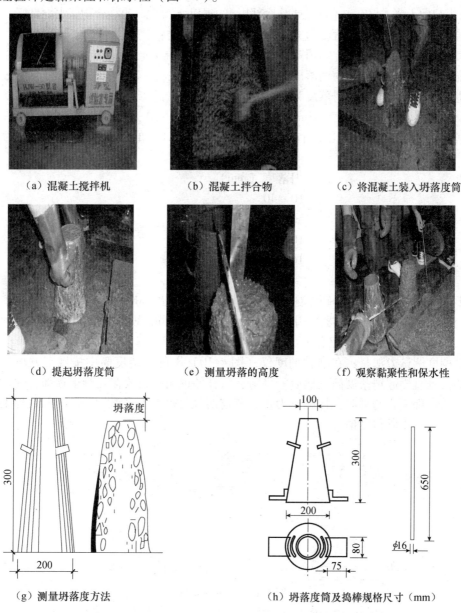

（a）混凝土搅拌机　　　　（b）混凝土拌合物　　　　（c）将混凝土装入坍落度筒

（d）提起坍落度筒　　　　（e）测量坍落的高度　　　　（f）观察黏聚性和保水性

（g）测量坍落度方法　　　　（h）坍落度筒及捣棒规格尺寸（mm）

图4-9　测定混凝土拌合物的和易性

（1）坍落度

将混凝土拌合物分三次装入坍落度筒中，每层插捣 25 次，装满刮平后，垂直提起坍落度筒，混凝土拌合物由于自重将会向下坍落。测量坍落的高度（以毫米计），即为坍落度。坍落度愈大，则混凝土拌合物的流动性愈大，流动性愈好。

在做坍落度试验的同时，应观察混凝土拌合物的黏聚性和保水性。黏聚性的检验方法是用捣棒在已坍落的混凝土锥体侧面轻轻敲打，如果锥体倒塌、部分崩裂或出现离析现象，则表明黏聚性不好。

保水性是以混凝土拌合物中水泥浆析出的程度来评定。坍落度筒提起后如有较多的水泥浆从底部析出，锥体部分的混凝土也因失浆而骨料外露，则表明此混凝土拌合物的保水性能不好。如坍落度筒提起后无浆或仅有少量水泥浆从底部析出，则表示此混凝土拌合物保水性良好。

根据混凝土拌合物的坍落度值大小将混凝土分为四类：

①大流动性混凝土：拌合物坍落度为≥160mm 的混凝土；

②流动性混凝土：拌合物坍落度为 100～150mm 的混凝土；

③塑性混凝土：拌合物坍落度为 10～90mm 的混凝土；

④干硬性混凝土：坍落度 <10mm［且须用维勃稠度（s）表示其稠度］。

根据《普通混凝土配合比设计规程》（JGJ 55—2011）的规定，将坍落度分为 5 个等级，即：

等级	坍落度（mm）
S1	10～40
S2	50～90
S3	100～150
S4	160～210
S5	≥220

对于坍落度小于 10mm 的干硬性混凝土，坍落度值已不能准确反映其流动性大小。当两种混凝土坍落度值均为零时，但在振捣器作用下的流动性可能完全不同，故一般采用维勃稠度法测定。

（2）维勃稠度（V.B 稠度值）

维勃稠度测试方法是：在维勃稠度仪（图 4-10）上的坍落度筒中按规定方法装满混凝土拌合物，垂直提起坍落度筒。然后，将附有滑杆的透明圆板放在混凝土顶部，开动马达振动至圆板的全部面积与混凝土接触时为止。测定所经过的时间秒数（s）作为混凝土拌合物的稠度值，称为维勃稠度值。

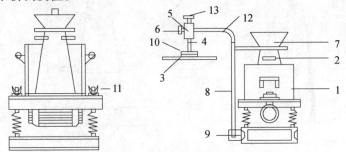

图 4-10 维勃稠度仪

1—容器；2—坍落度筒；3—圆盘；4—滑棒；5—套筒；6，13—螺栓；
7—漏斗；8—支柱；9—定位螺栓；10—荷重；11—元宝螺栓；12—旋转架

根据《普通混凝土配合比设计规程》（JGJ 55—2011）的规定，将维勃稠度分为 5 个等级：

等级	维勃稠度（s）
V_0	≥31
V_1	30～21
V_2	20～11
V_3	10～6
V_4	5～3

维勃稠度适用于坍落度小于 10mm 的干硬性混凝土拌合物的稠度测定。

（3）流动性（坍落度）的选择

混凝土拌合物的坍落度，主要依据构件截面大小，钢筋疏密和捣实方法来确定。当截面尺寸较小或钢筋较密，或采用人工插捣时，坍落度可选择大些。反之，如构件截面尺寸较大，钢筋较疏，或采用振动器振捣时，坍落度可选择小些。

一般情况下，坍落度可按表 4-11 选用。

表 4-11　混凝土浇筑时的坍落度

构件种类	坍落度（mm）
基础或地面等的垫层、无配筋的大体积结构（挡土墙、基础等）或配筋稀疏的结构	10～30
板、梁和大型及中型截面的柱子等	30～50
配筋密列的结构（薄壁、斗仓、筒仓、细柱等）	50～70
配筋特密的结构	70～90

3. 影响和易性的因素

（1）单位用水量

单位用水量是混凝土流动性的决定因素。用水量增大，流动性随之增大。但用水量大带来的不利影响是保水性和黏聚性变差，易产生泌水分层离析，从而影响混凝土的匀质性、强度和耐久性。大量的试验研究证明：在原材料品质一定的条件下，单位用水量一旦选定，单位水泥用量增减 $50～100kg/m^3$，混凝土的流动性基本保持不变，这一规律称为固定用水量定则。这一定则对普通混凝土的配合比设计带来极大便利，即可通过固定用水量保证混凝土坍落度的同时，调整胶凝材料用量，即调整水胶比，来满足强度和耐久性要求。在进行混凝土配合比设计时，单位用水量可根据施工要求的坍落度和粗骨料的种类、规格，根据《普通混凝土配合比设计规程》（JGJ 55—2011）按表 4-12 选用，再通过试配调整，最终确定单位用水量。

表 4-12　混凝土单位用水量选用表　　　　　　　　　　　　　　　　　　　kg/m^3

项目	指标	卵石最大粒径（mm）				碎石最大粒径（mm）			
		10	20	31.5	40	16	20	31.5	40
坍落度（mm）	10～30	190	170	160	150	200	185	175	165
	35～50	200	180	170	160	210	195	185	175
	55～70	210	190	180	170	220	205	195	185
	75～90	215	195	185	175	230	215	205	195

项目	指标	卵石最大粒径（mm）				碎石最大粒径（mm）			
		10	20	31.5	40	16	20	31.5	40
维勃稠度 （mm）	16~20	175	160	—	145	180	170	—	155
	11~15	180	165	—	150	185	175	—	160
	5~10	185	170		155	190	180	—	165

注：1. 本表用水量系采用中砂时的平均值，如采用细砂时，每立方米混凝土用水量可增加 5~10kg，采用粗砂时，则可减少 5~10kg；

2. 掺用各种外加剂或掺合料时，可相应增减用水量；

3. 本表不适用于水胶比小于 0.4 时的混凝土以及采用特殊成型工艺的混凝土。

（2）浆骨比

浆骨比是指水泥浆用量与砂石用量之比值。在混凝土硬化之前，水泥浆主要赋予流动性；在混凝土硬化以后，主要赋予粘结强度。在水胶比一定的前提下，浆骨比越大，混凝土流动性越大。通过调整浆骨比的大小，既可以满足流动性要求，又能够保证良好的黏聚性和保水性。浆骨比不宜太大，否则易产生流浆现象，使黏聚性下降。浆骨比也不宜太小，否则因骨料间缺少粘结体，拌合物易发生崩塌现象。因此，合理的浆骨比是混凝土拌合物和易性的重要保证。

（3）水胶比（W/B）

水胶比即用水量与胶凝材料用量之比（质量比）。在胶凝材料与骨料用量不变的情况下，水胶比增大，相当于单位用水量增大，胶凝材料浆体很稀，拌合物流动性也随之增大，反之亦然。用水量增大带来的负面影响是严重降低混凝土强度及保水性，增大泌水，同时使黏聚性也下降。但水胶比也不宜太小，否则因流动性过低影响混凝土振捣密实，易产生麻面和空洞。合理的水胶比是混凝土拌合物流动性、保水性和黏聚性的重要保证。

（4）砂率（β_s）

砂率是指混凝土中砂的用量占砂、石总用量的百分率，表达式为：

$$\beta_s = \frac{m_s}{m_s + m_g} \times 100\% \tag{4-4}$$

式中　m_s——每立方米混凝土的细骨料用量，kg；

　　　m_g——每立方米混凝土的粗骨料用量，kg；

　　　β_s——砂率。

在混凝土中，砂是用来填充石子的空隙。在胶凝材料浆体用量一定的条件下，若砂率过大，则骨料的总表面积及空隙率增大，混凝土拌合物就显得干稠，流动性小。如要保持一定的流动性，则要多加胶凝材料浆体，耗费水泥。若砂率过小，砂浆量不足，不能在粗骨料的周围形成足够的砂浆层起润滑和填充作用，也会降低拌合物的流动性，同时会使黏聚性、保水性变差，使混凝土拌合物显得粗涩、离析，水泥浆流失，甚至出现溃散现象。因此，砂率既不能过大，也不能过小，应通过试验确定最佳（合理）砂率，也可参照表 4-13 选用。

最佳（合理）砂率（图 4-11）：当采用最佳（合理）砂率时，在用水量和水泥用量一定的情况下，能使混凝土拌合物获得最大的流动性且能保持良好的黏聚性和保水性或采用最佳砂率时，能使混凝土拌合物获得所要求的流动性及良好的黏聚性与保水性，而水泥用量最小。

表 4-13　混凝土砂率选用表　　　　　　　　　　　　　　　　　　　%

水胶比（W/B）	卵石最大粒径（mm）			碎石最大粒径（mm）		
	10	20	40	16	20	40
0.4	26~32	25~31	24~30	30~35	29~34	27~32
0.5	30~35	29~34	28~33	33~38	32~37	30~35
0.6	33~38	32~37	31~36	36~41	35~40	33~38
0.7	36~41	35~40	34~39	39~44	38~43	36~41

注：1. 表中数值系中砂的选用砂率，对细砂或粗砂，可相应地减小或增大砂率；

2. 本砂率适用于坍落度为 10~60mm 的混凝土，坍落度大于 60mm 或小于 10mm 时，应相应增大或减小砂率；按每增大 20mm，砂率增大 1% 的幅度予以调整；

3. 只用一个单粒级粗骨料配制混凝土时，砂率值应适当增大；

4. 掺有各种外加剂或掺合料时，其合理砂率值应经试验或参照其他有关规定选用；

5. 对薄壁构件砂率取偏大值。

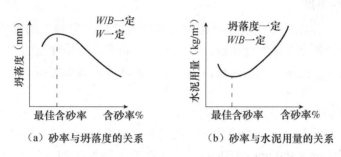

（a）砂率与坍落度的关系　　　（b）砂率与水泥用量的关系

图 4-11　砂率与混凝土流动性和水泥用量的关系

（5）水泥品种及细度

水泥品种不同时，达到相同流动性的需水量往往不同，从而影响混凝土拌合物的流动性。另一方面，不同水泥品种对水吸附程度往往不等，从而影响混凝土拌合物的黏聚性和保水性。如火山灰质水泥、矿渣水泥配制的混凝土拌合物的流动性比普通水泥小。在流动性相同的情况下，矿渣水泥的保水性能较差，黏聚性也较差。同品种水泥愈细，流动性愈差，但黏聚性和保水性愈好。

（6）时间和温度

混凝土拌合物随着时间的延长而逐渐变得干稠，流动性减小。因为拌合物所处环境温度的升高，水分蒸发及水化反应加快，坍落度损失也变快。

（7）骨料的品种和粗细程度

卵石表面光滑，碎石粗糙且多棱角，因此卵石配制的混凝土拌合物的流动性较好，但黏聚性和保水性则相对较差。河砂与人工砂的差异与上述相似。对级配符合要求的砂石料来说，粗骨料粒径愈大，砂子的细度模数愈大，则流动性愈大，但黏聚性和保水性有所下降，特别是砂的粗细，在砂率不变的情况下，影响更显著。

（8）外加剂

在拌制混凝土时，加入少量的外加剂能使混凝土拌合物在不增加水泥用量的条件下，获得良好的和易性，并且因改变了混凝土结构而提高了混凝土强度和耐久性。

4. 混凝土拌合物和易性的调整和改善措施

（1）当混凝土拌合物流动性小于设计要求时，为了保证混凝土的强度和耐久性，不能单独加水，必须保持水胶比不变，增加胶凝浆体用量。

（2）当坍落度大于设计要求时，可在保持砂率不变的前提下，增加砂石用量。实际上相当于减少胶凝浆体数量。

（3）改善骨料级配，既可以增加混凝土流动性，也能改善混凝土的黏聚性和保水性。但骨料占混凝土用量的75%左右，实际操作难度往往较大。

（4）掺减水剂或引气剂，是改善混凝土和易性的最有效措施。

（5）尽可能选用最佳砂率。当黏聚性不良时可适当增大砂率。

二、混凝土的强度

[学与问] 硬化混凝土的强度主要包括哪几种强度？其中最主要的强度指标是什么？

（一）混凝土的强度

[探索与发现] 强度是硬化混凝土最重要的技术性质，混凝土的其他性质与强度均有密切关系，混凝土的强度也是配合比设计、施工控制和质量检验评定的主要指标。混凝土的强度主要有抗压强度、抗拉强度、抗折强度和抗剪强度等，其中抗压强度值最大，也是最主要的强度指标。

1. 混凝土的立方体抗压强度和强度等级

根据我国《普通混凝土力学性能试验方法标准》（GB/T 50081—2002）规定，立方体试件的标准尺寸为150mm×150mm×150mm；标准养护条件为（20±2）℃，相对湿度95%以上；标准龄期为28d。在上述条件下测得的抗压强度值称为混凝土立方体抗压强度，以f_{cu}表示。其测试方法见图4-12。

（a）检测混凝土抗压强度　　　（b）试件破坏后残存的图片

图4-12　混凝土受压试验

测定混凝土立方体试件抗压强度，也可以按粗骨料最大粒径的尺寸而选用不同的试件尺寸。但在计算其抗压强度时，应乘以换算系数，以得到相当于标准试件的试验结果。对于边长为100mm的立方体试件，换算系数为0.95；边长为200mm的立方体试件，换算系数为1.05。

根据《混凝土结构设计规范》（GB 50010—2010）的规定，混凝土的强度等级应按立方体抗压强度标准值（$f_{cu,k}$）确定。混凝土立方体抗压强度标准值系指标准方法制作养护的边长为150mm 的立方体试件，在 28d 龄期用标准方法测得的抗压强度总体分布中的一个值，强度低于该值的百分率不超过 5%，即具有 95% 保证率的抗压强度。钢筋混凝土结构用的混凝土分为 C15、C20、C25、C30、C35、C40、C45、C50、C55、C60、C65、C70、C75、C80 共 14 个等级。

为了正确进行设计和控制工程质量，根据《混凝土质量控制标准》（GB 50164—2011）的规定，强度等级采用符号 C 和相应的标准值表示，普通混凝土划分为 C7.5、C10、C15、C20、C25、C30、C35、C40、C45、C50、C55、C60 共 12 个强度等级。如 C30 表示立方体抗压强度标准值为 30MPa，且混凝土立方体抗压强度 ≥30MPa 的概率要求 95% 以上。

2. 轴心抗压强度（f_{cp}）

为了使测得的混凝土强度接近于混凝土结构的实际情况，在钢筋混凝土结构计算中，计算轴心受压构件（例如柱子、衍架的腹杆等）时，都是采用混凝土的轴心抗压强度作为依据。我国现行标准《普通混凝土力学性能试验方法标准》（GB/T 50081—2002）规定，测定轴心抗压强度采用 150mm × 150mm × (300～450)mm 棱柱体作为标准试件，经标准养护到28d 测试而得。试验证明，棱柱体强度（f_{cp}）与立方体强度（f_{cu}）的比值为 0.7～0.8。这是因为抗压强度试验时，试件在上下两块钢压板的摩擦力约束下，侧向变形受到限制，即"环箍效应"，其影响高度约为试件边长（横向）的 0.866 倍。因此立方体试件整体受到环箍效应的限制，测得的强度相对较高。而棱柱体试件的中间区域未受到"环箍效应"的影响，如图 4-13 所示，属纯压区，测得的强度相对较低。当钢压板与试件之间涂上润滑剂后，摩擦力减小，环箍效应减弱，立方体抗压强度与棱柱体抗压强度趋于相等。

3. 抗拉强度

混凝土的抗拉强度很小，只有抗压强度的 1/20～1/10，混凝土强度等级愈高，其比值愈小。为此，在钢筋混凝土结构设计中，一般不考虑承受拉力，而是通过配置钢筋，由钢筋来承担结构的拉力。但抗拉强度对混凝土抗裂性具有重要作用，它是结构设计中裂缝宽度和裂缝间距计算控制的主要指标。

用轴向拉伸试验测定混凝土的抗拉强度，由于荷载不易对准轴线而产生偏拉，且夹具处由于应力集中常发生局部破坏，因此试验测试非常困难，测试值的准确度也较低，故国内外普遍采用劈裂法间接测定混凝土的抗拉强度，即劈裂抗拉强度。

我国现行标准规定，采用标准试件 150mm 立方体，在上下两相对面的中心线上施加均布线荷载，如图 4-14 所示，使试件内竖向平面上产生均布拉应力，此拉应力可通过弹性理

图 4-13　轴心抗压强度试验后的试件

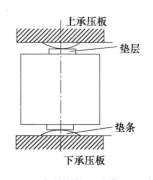

图 4-14　劈裂抗拉试验装置示意图

论计算得出，计算式如下：

$$f_{st} = \frac{2P}{\pi A} = 0.637 \frac{P}{A}$$ (4-5)

式中　f_{st}——混凝土劈裂抗拉强度，MPa；

　　　P——破坏荷载，N；

　　　A——试件劈裂面面积，mm^2。

劈裂法不但大大简化了试验过程，而且能较准确地反映混凝土的抗拉强度。

4. 影响混凝土强度的主要因素

影响混凝土强度的因素很多，从内因来说主要有水泥强度、水胶比和骨料质量；从外因来说，则主要有施工条件、养护温度、湿度、龄期、试验条件和外加剂等。

（1）水泥强度和水胶比

水泥是混凝土中的活性组分，其强度大小直接影响着混凝土强度的高低。在配合比相同的条件下，所用的水泥强度等级越高，制成的混凝土强度也越高。当用同一品种、同一强度等级的水泥，且掺合料品种和用量一定时，混凝土的强度主要取决于水胶比。因为水泥水化时所需的结合水，一般只占水泥重量的23%左右，但在拌制混凝土拌合物时，为了获得必要的流动性，常需用较多的水（约占水泥重量的40%～70%）。混凝土硬化后，多余的水分蒸发或残存在混凝土中，形成毛细管、气孔或水泡，它们减少了混凝土的有效承压面积，并可能在受力时在气孔或水泡周围产生应力集中，使混凝土强度下降。在保证施工质量的条件下，水胶比愈小，混凝土的强度就愈高。但是，如果水胶比太小，拌合物过于干稠，无法保证浇灌质量，使混凝土中出现较多的蜂窝、孔洞，因而降低混凝土的强度和耐久性。试验证明，混凝土强度，随水胶比增大而降低，呈曲线关系，而混凝土强度与胶水比呈直线关系，如图4-15所示。

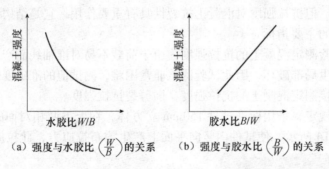

（a）强度与水胶比 $\left(\frac{W}{B}\right)$ 的关系　　（b）强度与胶水比 $\left(\frac{B}{W}\right)$ 的关系

图4-15　混凝土强度与水胶比及胶水比的关系

通过大量试验资料的数理统计分析，建立了混凝土强度经验公式：

$$f_{cu,o} = \alpha_a f_b \left(\frac{B}{W} - \alpha_b \right)$$ (4-6)

式中　$f_{cu,o}$——混凝土的立方体抗压强度，MPa；

　　　f_b——胶凝材料实测强度，MPa；

　　　$\frac{B}{W}$——混凝土的胶水比；

　　　α_a、α_b——回归系数，碎石 $\alpha_a = 0.53$，$\alpha_b = 0.20$；卵石 $\alpha_a = 0.49$，$\alpha_b = 0.13$。

混凝土经验公式为配合比设计和质量控制带来极大便利。例如，当选定水泥强度等级、水胶比和骨料种类时，可以推算混凝土 28d 强度值。又例如，根据设计要求的混凝土强度值，在原材料选定后，可以估算应采用的水胶比。

【例 4-2】 已知某混凝土所用胶凝材料实测强度为 45.6MPa，水胶比 0.50，碎石。试估算该混凝土 28d 的强度。

【解】 因为 $\dfrac{W}{B} = 0.50$，所以 $\dfrac{B}{W} = \dfrac{1}{0.50} = 2$

碎石：$\alpha_a = 0.53$，$\alpha_b = 0.20$

代入公式：

$$f_{cu,o} = \alpha_a f_b \left(\frac{B}{W} - \alpha_b \right) = 0.53 \times 45.6 (2 - 0.20) = 43.5 \text{MPa}$$

答：估算该混凝土 28d 强度值为 43.5MPa。

（2）骨料

[实践与探究]　在水泥强度、水泥用量、水胶比和砂率均相同的条件下，探索碎石混凝土强度与卵石混凝土的强度的比值。

[探索与发现]　骨料，特别是粗骨料的种类和表面状态，直接影响混凝土强度。碎石表面粗糙，水泥石与其表面粘结强度较大；而卵石表面光滑，粘结力小。因此，在水泥强度和水胶比相同的条件下，碎石混凝土强度往往高于卵石混凝土的强度。

[实践与探究]　用针、片状含量较高的粗骨料拌制混凝土，将带来什么样的后果？

[探索与发现]　当粗骨料中针、片状含量较高时，将降低混凝土强度，对抗折强度的影响更显著。所以，在骨料选择时要尽量选用接近球状体的颗粒。

（3）施工质量

[实践与探究]　不同的施工质量，对混凝土强度有何影响？

[探索与发现]　施工质量的好坏对混凝土强度有非常重要的影响。施工质量包括配料准确，搅拌均匀，振捣密实，养护适宜等。任何一道工序忽视了规范管理和操作，都会导致混凝土强度的降低。

（4）养护的温度和湿度

[实践与探究]　探索负温或高温以及干燥环境对混凝土强度的影响。

[探索与发现]　混凝土强度的增长，是水泥的水化、凝结和硬化的过程，必须在一定的温度和湿度条件下进行。在保证足够湿度情况下，不同养护温度，其结果也不相同。温度高，水泥凝结硬化速度快，早期强度高，所以在混凝土制品厂常采用蒸汽养护的方法提高构件的早期强度，以提高模板和场地周转率。低温时水泥混凝土硬化比较缓慢，当温度低至 0℃ 以下时，水化基本停止，且存在冰冻破坏的危险。水泥的水化必须在有水的条件下进行，因此，混凝土浇筑完毕后，必须加强养护，保持适当的温度和湿度，以保证混凝土不断地凝结硬化。根据有关规定和经验，在混凝土浇筑完毕后 12h 内应开始对混凝土加以覆盖或浇水，对硅酸盐水泥、普通硅酸盐水泥和矿渣硅酸盐水泥的混凝土浇水养护不得少于 7d；对掺有缓凝剂、膨胀剂、大量掺有混合材料或有防水抗渗要求的混凝土浇水养护不得少于 14d。

（5）龄期

[实践与探究]　通过试验，探索混凝土强度与养护龄期的关系。

[探索与发现]　龄期是指混凝土在正常养护条件下所经历的时间。随着龄期的延长，水泥水化程度提高，凝胶体增多，自由水和孔隙率减少，密实度提高，混凝土强度也随之提高。最初 7 ~ 14d 内，强度增长较快，28d 以后增长较慢。但只要温度、湿度适宜，其强度仍随龄期增长。普通水泥制成的混凝土，在标准养护条件下，其强度的发展，大致与其龄期的对数成正比（龄期不小于三天）。

$$f_{cu,n} = f_{28} \cdot \frac{\lg n}{\lg 28} \tag{4-7}$$

式中　$f_{cu,n}$——n 天龄期混凝土的抗压程度，MPa；

f_{28}——28 天龄期混凝土的抗压强度，MPa；

$\lg n$，$\lg 28$——n（n 不小于 3）和 28 的常用对数。

在实际工程中，可根据温度、龄期对混凝土强度的影响曲线，从已知龄期的强度估计另一龄期的强度。

（6）试验条件

[实践与探究]　在不同试验条件下，测试混凝土的强度，其结果如何？

[探索与发现]　试验条件对混凝土强度的测定有直接影响。如试件尺寸、形状、表面的平整度，加荷速度、温度以及湿度等，测定时，要严格遵照试验规程的要求进行，保证试验的准确性。

①试件尺寸：实践表明，试件的尺寸愈小，测得的强度值相对愈高。这是因为试件在压力机上加压时，在沿着加荷方向发展纵向变形同时，也按泊松比效应产生横向变形。压力机上下两块压板的弹性模量比混凝土大 5 ~ 10 倍，而泊松比不大于 2 倍，致使压板的横向应变小于混凝土试件的横向应变，上下压板相对试件的横向膨胀产生约束作用。愈接近试件端面，约束作用就愈大。在距离端面大约 $\frac{\sqrt{3}}{2}a$（a 为试件横向尺寸）的范围以外，这种约束作用才消失。试件尺寸较大时，环箍效应相对较小，测得抗压强度值就偏低。反之试件尺寸较小时，测得的抗压强度值就偏高。

另外，大尺寸试件中，裂缝、孔隙等缺陷存在的几率增大，由于这些缺陷能减少受力面和引起应力集中，使测得的抗压强度值偏低。

②试件形状：主要指棱柱体和立方体试件之间的强度差异。由于"环箍效应"的影响，棱柱体强度较低。

③表面状态：表面平整，则受力均匀，强度较高；而表面粗糙或凸凹不平，则受力不均匀，强度偏低。若试件表面涂润滑剂及其他油脂物质时，"环箍效应"减弱，强度较低。

④含水状态：混凝土含水率较高时，由于软化作用，强度较低；而混凝土干燥时，则强度较高。

⑤加载速度：根据混凝土受压破坏理论，混凝土破坏是在变形达到极限值时发生的。当加载速度较快时，材料的变形增长落后于荷载的增加速度，故破坏时的强度值偏高；相反，当加载速度很慢时，混凝土产生徐变，则使强度偏低。

（7）外加剂

在混凝土中掺入减水剂，可在保证相同流动性的前提下，减少用水量，降低水胶比，从而提高混凝土的强度。掺入早强剂，则可有效加速水泥水化速度，提高混凝土早期强度，但对28d强度不一定有利，后期强度还有可能下降。

综上所述，混凝土的试验条件，将在一定程度上影响混凝土强度测试结果，因此，试验时必须严格执行有关规定，熟练掌握试验操作技能。

5. 提高混凝土强度的措施

[实践与探究]　探究提高混凝土强度的措施。

[探索与发现]　（1）采用高强度等级水泥。硅酸盐水泥和普通硅酸盐水泥的早期强度比其他水泥的早期强度高。如采用高强度等级硅酸盐水泥或普通硅酸盐水泥，则可提高混凝土的早期强度。

（2）尽可能降低水胶比，或采用干硬性混凝土。

（3）选用优质砂、石骨料及合理砂率。

（4）采用机械搅拌和机械振捣，确保搅拌均匀性和振捣密实性，加强施工管理。

（5）改善养护条件，保证在规定的温度和湿度的条件下养护，必要时采用湿热处理，提高混凝土早期强度。

（6）掺入减水剂或早强剂，提高混凝土的强度或早期强度。

（7）掺入硅灰或超细矿渣粉等，提高混凝土的强度和耐久性。

（二）混凝土的变形性能

[思考与交流]　**混凝土在硬化过程中和凝结硬化以后，往往要产生哪些变形？其后果对混凝土的耐久性有何影响？**

[资料卡片]　混凝土在硬化过程中和凝结硬化以后，所受多种因素影响而产生变形。主要包括化学收缩、干湿变形、温度变形及荷载作用下的变形。

1. 化学收缩

混凝土在硬化过程中，由于水泥水化产物的体积小于反应前水和水泥的总体积，从而引起混凝土产生收缩，这种收缩称为化学收缩。其收缩量是随着混凝土龄期的延长而增大，大致与时间的对数成正比，一般在混凝土成型后40d内收缩量增加较快，以后逐渐趋向稳定。化学收缩是不可恢复的，可使混凝土内部产生微细裂缝。

2. 干湿变形

混凝土的干湿变形主要取决于周围环境湿度的变化，表现为干缩湿胀。混凝土在干燥空气中存放时，混凝土内部吸附水分蒸发而引起凝胶体失水产生紧缩以及毛细管内游离水分蒸发，毛细管内负压增大，也使混凝土产生收缩。如干缩后的混凝土再次吸水变湿后，一部分干缩变形是可以恢复的。混凝土在水中硬化时，体积不变，甚至有轻微膨胀。这是由于凝胶体中胶体粒子的吸附水膜增厚，胶粒子间距离增大所致。混凝土的湿胀变形量很小，一般无破坏作用。但干缩变形对混凝土危害较大，干缩可能使混凝土表面出现拉应力而导致开裂，严重影响混凝土的耐久性。

影响混凝土干缩的主要因素有：水泥品种和细度、水泥用量和用水量等。矿渣硅酸盐水泥比普通硅酸盐水泥干缩大；水泥越细，收缩也越大；水泥用量多或水胶比大，收缩也大；

混凝土中砂石用量多，收缩小；砂石越干净，捣固越好，收缩也越小。

3. 温度变形

混凝土与其他材料一样，也具有热胀冷缩的性质，混凝土的热胀冷缩的变形，称为温度变形。混凝土温度膨胀系数约为 $10 \times 10^{-6} \mathrm{m}/(\mathrm{m} \cdot \text{℃})$。即温度每升高1℃，长度为1m的混凝土将产生 0.01mm 的膨胀变形。温度变形对大体积混凝土（混凝土结构实体最小几何尺寸不小于1m的大体量混凝土）极为不利。混凝土在硬化初期，水泥水化放出较多的热量，而混凝土是热的不良导体，散热很慢，使混凝土内部温度升高，但外部混凝土温度则随气温下降，致使内外温差达 50～70℃，造成内部膨胀及外部收缩，使外部混凝土产生很大的拉应力，严重时使混凝土产生裂缝。因此，对大体积混凝土工程，应设法降低混凝土的发热量，如采用低热水泥，减少水泥用量，采用人工降温措施以及对表层混凝土加强保温保湿等，以减小内外温差，防止裂缝的产生和发展。对纵向长度较大的混凝土及钢筋混凝土结构，应考虑混凝土温度变形所产生的危害，每隔一段长度应设置温度伸缩缝以及在结构内部配置温度钢筋等措施。

4. 荷载作用下的变形

（1）在短期荷载作用下的变形。混凝土在外力作用下的变形包括弹性变形和塑性变形两部分。塑性变形主要由水泥凝胶体的塑性流动和各组成间的滑移产生，所以混凝土是一种弹塑性材料，在短期荷载的作用下，其应力-应变关系为一条曲线，如图4-16所示。

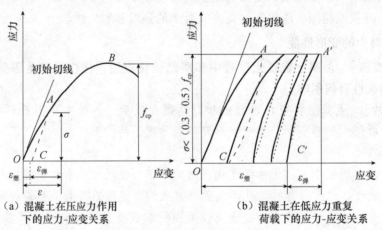

（a）混凝土在压应力作用下的应力-应变关系　　（b）混凝土在低应力重复荷载下的应力-应变关系

图4-16　混凝土在荷载作用下的应力-应变关系

（2）混凝土的静力弹性模量：弹性模量为应力与应变的比值。而对混凝土这一弹塑性材料来说，不同应力水平的应力与应变之比值为变数。应力水平愈高，塑性变形比重愈大，故测得的比值愈小。因此，我国《普通混凝土力学性能试验方法标准》（GB/T 50081—2002）规定，混凝土的弹性模量是以棱柱体（150mm×150mm×300mm）试件的抗压强度的1/3作为控制值，在此应力水平下重复加荷-卸荷至少2次以上，以基本消除塑性变形后测得的应力-应变之比值，是一个条件弹性模量，在数值上近似等于初始切线的斜率。表达式为：

$$E_{s} = \frac{\sigma}{\varepsilon} \qquad (4-8)$$

式中　E_s——混凝土静力弹性模量，MPa；

　　　σ——混凝土的应力取 1/3 的棱柱体轴心抗压强度，MPa；

　　　ε——混凝土应力为 σ 时的弹性应变，m/m，无量纲。

影响混凝土弹性模量的主要因素有：①混凝土强度愈高，弹性模量愈大。C10～C60 混凝土的弹性模量约在 $1.75 \times 10^4 \sim 3.60 \times 10^4$ MPa。②骨料含量愈高，骨料自身的弹性模量愈大，则混凝土的弹性模量愈大。③混凝土水胶比愈小，混凝土愈密实，弹性模量愈大。④混凝土养护龄期愈长，弹性模量愈大。

（3）徐变。混凝土在长期荷载作用下，沿着作用力方向的变形会随着时间延续而增加，即荷载不变但变形仍随时间增大，一般要延续 2～3 年才逐渐趋于稳定。这种在长期荷载作用下依赖时间延长而增加的变形，称为徐变，亦称为蠕变。徐变产生的原因主要是凝胶体的黏性流动和滑移。加荷早期的徐变增加较快，后期减缓。混凝土在卸荷后，一部分变形瞬时恢复，这一变形小于最初加荷时产生的弹塑性变形。在卸荷后一定时间内，变形还会缓慢恢复一部分，称为徐变恢复。最后残留不能恢复的变形称为残余变形。加荷初期，由于毛细孔较多，凝胶体在荷载的作用下移动，故初期徐变增长较快，以后由于内部移动和水化的进展，毛细孔逐渐减少，同时水化产物结晶程度也不断提高，使得黏性流动困难，造成徐变越来越慢。混凝土徐变一般可达数年，其徐变一般可达 $300 \times 10^{-6} \sim 1500 \times 10^{-6}$ m/m，即 0.3～1.5mm/m。

对于水泥混凝土结构来说，徐变是一个很重要的性质。徐变可使钢筋混凝土构件截面中应力重新分布，从而消除或减少内部应力集中现象；对于大体积混凝土能消除一部分温度应力；但对于预应力混凝土构件，要求尽可能少徐变值，因为徐变会造成预应力损失。

影响混凝土徐变主要因素：①水泥用量愈大（水胶比一定时），即水泥石相对含量愈大，其徐变愈大。②水胶比愈大，水泥石中未填满的孔隙较大，故徐变愈大。③龄期长、结构致密、强度高，则徐变小。④骨料用量多，弹性模量大，级配好，最大粒径大，则徐变小。⑤应力水平愈高，徐变愈大。此外还与试验时应力种类、试件尺寸、温度等有关。

（三）混凝土的耐久性

［学与问］　什么是混凝土的耐久性？提高混凝土耐久性的措施有哪些？

［探索与发现］　混凝土抵抗环境介质作用并长期保持其原有的设计性能和良好的使用功能的性质称为混凝土的耐久性。根据《混凝土结构设计规范》（GB 50010—2010）的规定：混凝土结构耐久性的综合评价指标主要包括抗渗性、抗冻性、抗碳化性能、抗腐蚀性能以及抗碱-骨料反应等。

1. 混凝土的抗渗性

［实践与探究］　设计一个试验，探究压力水对混凝土渗透性有何影响。

［探索与发现］　混凝土的抗渗性是指混凝土抵抗压力水渗透作用的能力。抗渗性是混凝土耐久性最主要的技术指标。因为混凝土抗渗性好，即混凝土密实性高，外界腐蚀性介质不易侵入混凝土内部，从而抗腐蚀性能就好。同样，水不易进入混凝土内部，冰冻破坏作用和风化作用就小。因此混凝土的抗渗性可以认为是混凝土耐久性指标的综合体现。对一般混凝土结构，特别是地下建筑、水池、水塔、水管、水坝、排污管渠、油罐以及港工、海工混凝土结构，更应保证混凝土具有足够的抗渗性能。

混凝土的抗渗性用抗渗等级来表示。抗渗等级是根据《普通混凝土长期性能和耐久性能试验方法标准》（GB/T 50082—2009）的规定，通过试验确定。根据《混凝土质量控制标准》（GB 50164—2011）的规定，混凝土的抗渗等级是以 28d 龄期的标准试件，按标准的试验方法进行试验时所能承受的最大水压力划分为 P4、P6、P8、P10 和 P12 共 5 个等级。它们分别表示混凝土抵抗 0.4、0.6、0.8、1.0 和 1.2MPa 的水压而不渗漏。其中，抗渗等级不低于 P6 的混凝土称为抗渗混凝土。

影响混凝土抗渗性的主要因素有：

（1）水胶比和水泥用量

水胶比越大，多余的水分蒸发留下的毛细孔通道就越多，故混凝土的抗渗性能就越差。特别是当水胶比大于 0.6 时，抗渗性能急剧下降。因此，为了保证混凝土的耐久性，对水胶比必须加以限制。如某些工程从强度计算角度看，可以选用较大水胶比，但为了保证耐久性又必须选用较小水胶比，此时只能提高强度、服从耐久性要求。

控制混凝土水胶比及保证足够的水泥用量是提高混凝土抗渗性及耐久性的关键。《普通混凝土配合比计规程》（JGJ 55—2011）规定：除配制 C15 及其强度等级的混凝土外，混凝土的最小胶凝材料用量应符合表 4-14 的规定。

表 4-14　混凝土的最小胶凝材料用量

最大水胶比	最小胶凝材料用量（kg/m³）		
	素混凝土	钢筋混凝土	预应力混凝土
0.60	250	280	300
0.55	280	300	300
0.50	320		
≤0.45	330		

（2）骨料含泥量和级配

骨料含泥量高，则总表面积增大，混凝土达到同样流动性所需用水量增加，毛细孔道增多；另一方面，含泥量大的骨料界面粘结强度降低，也将降低混凝土的抗渗性能。若骨料级配差，则骨料空隙率大，填满空隙所需水泥浆增大，同样也导致毛细孔道增加，影响抗渗性能。如果水泥浆不能完全填满骨料空隙，则抗渗性能更差。

（3）施工质量和养护条件

搅拌均匀、振捣密实是混凝土抗渗性能的重要保证。适当的养护温度和浇水养护是保证混凝土抗渗性能的基本措施。如果振捣不实留下蜂窝、空洞，抗渗性能就严重下降，如果温度过低产生冻害或温度过高产生温度裂缝，抗渗性能严重降低。如果浇水养护不足，混凝土产生干缩裂缝，也严重降低混凝土抗渗性能，施工养护是一个极其重要的环节。

此外，水泥品种、混凝土拌合物的黏聚性和保水性等，对混凝土抗渗性能也有显著影响。

2. 混凝土的抗冻性

[实践与探究]　探索在负温、正温交替变换的条件下，混凝土的强度和质量有何种变化。

[探索与发现]　混凝土的抗冻性是指混凝土在吸水饱和状态下，能经受多次冻融循环

作用而不破坏，同时强度也不显著降低的性能。

混凝土抗冻性一般以抗冻等级表示。抗冻等级是采用龄期28d的试块在吸水饱和后，承受反复冻融循环，以抗压强度下降不超过25%，而且质量损失不超过5%时所能承受的最大冻融循环次数来确定的。根据《普通混凝土长期性能和耐久性能试验方法标准》（GB/T 50082—2009）的规定进行。根据《混凝土质量控制标准》（GB 50164—2011）的规定，混凝土的抗冻等级分为 F10、F15、F25、F50、F100、F150、F200、F250、F300 共九个等级，分别表示混凝土能够承受反复冻融循环次数为 10、15、25、50、100、150、200、250 和 300 次，抗压强度下降不超过25%，而且质量损失不超过5%。其中，抗冻等级不低于F50的混凝土称为抗冻混凝土。

混凝土受冻融作用破坏的原因，是混凝土内部孔隙中的水，在负温下结冰时产生9%左右的体积膨胀，使混凝土内部产生膨胀应力，当这种膨胀应力超过混凝土局部的抗拉强度时，就可能产生微细裂缝，在反复冻融作用下，混凝土内部的微细裂缝逐渐增多和扩大，最终导致混凝土强度下降，或混凝土表面产生酥松剥落，直至完全破坏。

影响混凝土抗冻性的因素有：

（1）混凝土的自身强度。强度越高，抵抗冻融破坏的能力就越强，抗冻性就越好。

（2）孔隙特征。连通毛细孔易吸水饱和，冻害严重。若为封闭孔，则不易吸水，冻害就小。若为粗大孔洞，混凝土若离开水面孔洞中的水就流失，冻害小。

（3）吸水饱和程度。饱水程度越高，冻结后产生的冻胀作用就越大，抗冻性越差。

（4）水胶比。水胶比与孔隙率成正比，水胶比越大，则开口孔隙率大，抗冻性越差。

（5）外加剂。在混凝土中掺入引气剂，可在水泥石中形成互不连通的微细气泡，既可减少毛细管渗水通道，又因气泡具有一定的适应变形能力，对冰冻的破坏起一定的缓冲作用，从而有效地提高混凝土的抗冻性。

从上述分析可知，要提高混凝土的抗冻性，关键是提高混凝土的密实性，即降低水胶比；加强施工养护，提高混凝土的强度和密实性，同时也可掺入引气剂等改善孔隙结构。

3. 混凝土的抗碳化性能

[学与问] 碳化作用对混凝土性能有何影响（包括有利影响和不利影响）？

[探索与发现] （1）混凝土碳化机理

混凝土的碳化是指水泥石中的氢氧化钙与空气中的 CO_2 作用，生成碳酸钙和水的反应，其反应式如下：

$$Ca(OH)_2 + CO_2 + H_2O \Longrightarrow CaCO_3 + 2H_2O$$

碳化使混凝土的碱度下降，故也称混凝土中性化。碳化过程是由表及里逐步向混凝土内部发展的，碳化深度大致与碳化时间的平方根成正比。

（2）碳化对混凝土性能的影响

碳化作用对混凝土的负面影响主要有两个方面，一是碳化作用使混凝土的收缩增大，导致混凝土表面产生拉应力，从而降低混凝土的抗拉强度和抗折强度，严重时直接导致混凝土开裂。由于开裂降低了混凝土的抗渗性能，使得 CO_2 和其他侵蚀性介质更易进入混凝土内部，加速碳化作用，降低耐久性。二是碳化作用使混凝土的碱度（pH 值一般在 12.6 ~ 13 之间）降低（pH 值低于 10），失去混凝土强碱环境对钢筋的保护作用，导致钢筋锈蚀膨胀，严重时，使混凝土保护层沿钢筋纵向开裂，直至剥落，进一步加速碳化和腐蚀，严重影响钢筋混凝土结构的力学性能和耐久性能。

碳化作用生成的 $CaCO_3$ 能填充混凝土中的孔隙,使密实度提高;另一方面,碳化作用释放出的水分有利于促进未水化水泥颗粒的进一步水化。因此,碳化作用能适当提高混凝土的抗压强度,对混凝土结构工程而言,碳化作用造成的危害远大于抗压强度的提高。

（3）影响混凝土碳化速度的主要因素

①水泥品种。掺大量混合材料的水泥,因其氢氧化钙含量较少,碳化比普通水泥快。

②水胶比。水胶比大的混凝土,因连通孔隙较多,二氧化碳易于进入,碳化也快。

③环境湿度。在相对湿度为 50%~75% 的环境时,碳化最快。相对湿度小于 20% 时,由于缺少水环境,碳化终止;当相对湿度达 100% 或水中混凝土,由于 CO_2 不易进入混凝土孔隙内,碳化也将停止。

4. 混凝土碱-骨料反应

[学与问] 混凝土碱-骨料反应将带来什么样的后果?怎样才能消除混凝土碱-骨料反应?

[探索与发现] 混凝土碱-骨料反应是指混凝土中所含的碱（Na_2O 或 K_2O）与骨料中的活性 SiO_2 发生化学反应,在混凝土表面生成复杂的碱-硅酸凝胶,这种凝胶吸水膨胀,导致混凝土开裂而破坏。碱-骨料反应的反应速度很慢,需几年或几十年,因而对混凝土的耐久性十分不利。因此,对于有预防混凝土碱-骨料反应设计要求的工程,混凝土中最大碱含量不应大于 $3.0kg/m^3$,并宜掺用适量粉煤灰等矿物掺合料;对于矿物掺合料含碱量,粉煤灰含碱量可取实测值的 1/6,粒化高炉矿渣粉含碱量可取实测值的 1/2。

5. 提高混凝土耐久性的主要措施

[学与问] 提高混凝土耐久性的主要措施有哪些?

[探索与发现] （1）合理选择水泥品种;

（2）适当控制混凝土的水胶比及水泥用量;

（3）选用质量良好的砂、石骨料和级配;

（4）掺入引气剂或减水剂;

（5）加强混凝土的施工质量控制。

第四节　混凝土外加剂

[学与问] 什么是混凝土外加剂?常用的混凝土外加剂有哪些品种?为什么将外加剂列为混凝土的第五组分材料?

[探索与发现] 外加剂是指能有效改善混凝土某项或多项性能的一类化学品,它们在混凝土临拌前或搅拌时加入,能显著改变新拌混凝土和硬化混凝土的性能。外加剂掺量不大,通常不多于水泥用量的 5%。近几年,外加剂的用量显著增加。目前我国商品混凝土搅拌站生产的混凝土都掺用外加剂;在北美、欧洲、日本等发达国家,绝大多数混凝土都掺加外加剂。因此,外加剂已成为混凝土中的一个必要组分。

市场上有各种各样的外加剂商品销售,它们通常根据其作用划分品种。这里主要介绍 4 种外加剂,即减水剂、早强剂、缓凝剂与引气剂,同时还会简要地介绍其他几种外加剂。

一、减水剂

减水剂也称塑化剂，为有机高分子表面活性剂。表面活性剂的分子具有两极结构，其一端是易溶于油而难溶于水的非极性亲油基团，如长链烷基原子团等；另一端为易溶于水而难溶于油的极性亲水基团，如羟基、羧基、磺酸基等。它可以增大新拌水泥浆体或混凝土拌合物的流动性，或者配制出用水量减小（水胶比降低）而流动性不变的混凝土，因此具有提高混凝土强度或节约水泥的作用。

当水泥与水拌合后，水泥颗粒并没有均匀地悬浮在水中，而是聚集成一个个胶束沉积下来［图4-17（a）］，称为絮凝。胶束内包裹着一定量的水分，影响了浆体的流动性。为了使混凝土拌合物能够正常地浇筑和成型密实，在搅拌时必须增加用水量，但这不是水泥水化所需要的，因为多余的水分会给硬化后的混凝土带来各种不利的影响。当减水剂加入时，由于它的两极分子结构，很快吸附在水泥颗粒或早期水化产物的表面，定向排列，形成单分子吸附膜，使它们带上了相同的电荷，产生负电位（大小为几毫伏），水泥颗粒因此相互排斥离开［图4-17（b）］，絮凝的胶束被打散，释放出原来包裹的水分［图4-17（c）］。游离的水分润滑作用增大，使水泥浆或混凝土拌合物的流动性增大。

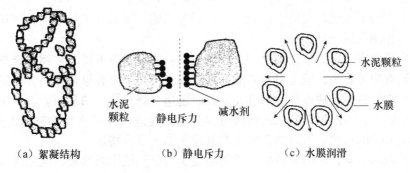

（a）絮凝结构　　　（b）静电斥力　　　（c）水膜润滑

图4-17　减水剂作用示意图

新型的聚羧酸盐减水剂分子为"梳型结构"，它是在一条长的主链上连接有许多短的支链。当减水剂加入到新拌混凝土时，主链吸附在水泥颗粒表面，支链伸向溶液中，阻碍水泥颗粒发生絮凝，从而产生减水的作用。这种立体阻碍作用称为"空间位阻"效应。

另一重要影响是被吸附的减水剂分子层在水泥和水之间所起的屏蔽作用，延长了水泥水化反应的潜伏期，从而降低了 C_3S 初期的水泥水化速率。因此减水剂也可以作为一种延缓与初期强度发展的外加剂，这种作用带来的好处下面还要讨论。减水剂分为普通减水剂和高效减水剂。

（一）普通减水剂

普通减水剂的减水率小于10%，主要成分为木质磺酸盐及其衍生物、羟基、羧酸及其衍生物或多元醇等。

（二）高效减水剂

高效减水剂也称超塑化剂，减水率大于12%，有的高达30%以上。主要品种为 β-萘磺酸甲醛高缩合物、磺化三聚氰胺甲醛缩合物和聚羧酸盐等。

虽然高效减水剂与普通减水剂的作用机理近似，但它的减水作用的效果要显著得多，这是由于其长链大分子对水泥的分散作用更为强烈。高效减水剂的应用，成为混凝土技术发展一个重要的里程碑，应用它可以配制出流动性满足施工要求、水胶比低、且强度很高的高强混凝土，可以配制出自行流动、密实成型的自密实混凝土以及能够充分满足不同工程特定性能需要和匀质性良好的高性能混凝土等。

二、早强剂

早强剂可以促进水泥的水化与硬化、加速混凝土早期的强度发展，因而适用于低气温条件下混凝土的浇筑，以满足及早拆模和缩短养护期的需要。

常用的早强剂有氯化钙或氯化钠、硫酸钠、三乙醇胺等。由于氯盐来源广泛且非常有效，一直很流行。它可缩短混凝土的初凝时间，也缩短其终凝时间。实验表明：掺有水泥用量2%的氯化钙，混凝土的早期强度可以大幅度地提高，但提高的幅度随时间延长而减小，其长期强度与不掺者接近。氯化钙早强作用的机理还不清楚，似乎氯化钙也参与 C_3A 和石膏的水化反应，并作为 C_3S 和 C_2S 水化反应的催化剂。实践表明：CSH 凝胶由于氯化钙的存在而被改性。在一定水化程度下，含氯化钙的水泥浆体里形成的凝胶比表面积更大，这会增大收缩与徐变。由于氯离子的存在，一个重要问题是它使混凝土中的钢材易于锈蚀，因此现已不允许用于钢筋混凝土和预应力混凝土，以后开发的一系列无氯早强剂，例如甲酸钙、亚硝酸钙等，其作用与氯化钙相近。

硫酸钠也是国内常用的早强剂之一，实践证明：它对于改善掺有矿物掺合料的混凝土的早期强度发展有明显效果，但是对纯硅酸盐水泥混凝土几乎没有早强作用，而对其后期强度则有副作用。它的另一个缺点是溶解度在低温时迅速下降且易于结晶而影响使用。三乙醇胺是一种有机早强剂，添加少量的三乙醇胺可以有效地促进 C_3A 的水化和钙矾石生成。不过，它同时会延缓 C_3S 的水化，所以通常将它与其他早强剂复合使用。

早强剂和减水剂复合使用的效果，要明显优于其单一使用的效果，这是现在市场上常见有早强减水剂的原因。

三、缓凝剂

缓凝剂能延缓水泥水化，因此延长混凝土拌合物的凝结时间，并降低其早期强度发展速率，其作用在于：

1. 抵消热天高温的促凝作用，以便混凝土拌合物保持较长的可浇筑时间，尤其是需要长距离运输的情况下更为有效。

2. 大体积混凝土的浇筑可能要持续很长时间，需要让先浇筑的混凝土不会过快凝固，造成冷缝与断层，保持混凝土构件的整体性良好、强度发展均匀。

蔗糖和柠檬酸都是很有效的缓凝剂，但延缓程度不好控制；木质素磺酸盐通常含一定量的糖，效果较好。大多数缓凝剂都以木质磺酸盐与羟基羧酸为基本组分，它们也都有一定的塑化效果，因此也称为缓凝减水剂。温度、配合比、水泥细度与组成以及外加剂的添加时间，对缓凝效果都有一定作用，并且相互影响，因此很难得出一些有规律性的结论。

四、引气剂

引气剂是一些有机的表面活性剂，例如松香皂化物等，能减小拌合水的表面张力，因为其长链分子的一端是亲水性基团，另一端则是憎水性基团，这些分子径向排列在气泡表面，其亲水基团朝向水，而憎水基团朝向空气，从而使气泡得到稳定。将引气剂加在拌合用水里能使混凝土搅拌时引进一定量空气（通常控制在混凝土体积的 4% ~8%），形成大量微小的球形气泡，泡径一般小于 0.1mm，在混凝土浇筑、捣实、凝结与硬化过程中能保持稳定并均匀分布。

引气作用具有改善混凝土抵抗冻融循环作用的能力。引气还会产生两方面的重要影响：

1. 由于气泡类似滚珠的润滑作用，有利于拌合物的流动性和黏聚性，因此在混凝土泵送时，常采用引气剂与其他外加剂复合以改善泵送性能，减小泵的工作压力。

2. 孔隙率增大会引起混凝土抗压强度下降，大约含气量每增加 1%，强度损失 3% ~5%，但是由于和易性得到改善，可以通过降低水胶比来维持原有的和易性，使混凝土强度不降低或得到部分补偿。

引气剂对水泥水化没有什么影响，所以除了物理上引进气泡的作用外，混凝土其他性能没有变化。许多减水剂，包括高效减水剂，都不同程度地引气，因此也称引气型减水剂或引气型高效减水剂。但其对提高混凝土抗冻融循环能力的效果，需要通过实验确定。

五、其他外加剂

外加剂的种类还有很多，如防水剂、膨胀剂、泵送剂、防冻剂等。许多外加剂除了其主要功能外，还有一些其他作用，在此不能一一介绍，需要时可以参见有关文献。

第五节　混凝土的质量控制与评定

一、混凝土质量波动的原因

[学与问]　引起混凝土质量波动的原因有哪些？建筑工程中作为重要的质量控制指标是什么？

[探索与发现]　质量合格的混凝土，应能满足设计要求的技术性质，具有较好的均匀性且达到规定的保证率。混凝土在生产与施工中，由于原材料性能波动的影响，施工配料精度的误差，拌制条件和气温等的变化，试验方法及操作所造成的试验误差等是客观存在的，因此一定要进行质量控制。由于混凝土的抗压强度与混凝土其他性能紧密相关，并能较好地反映混凝土的质量变化，所以工程中常以混凝土抗压强度作为重要的质量控制指标，以此作为评定混凝土生产质量水平的依据。

（一）原材料的质量波动

原材料的质量波动主要有：砂细度模数和级配的波动；粗骨料最大粒径和级配的波动；骨料含泥量的波动；骨料含水量的波动；水泥强度的波动；外加剂质量的波动等。所有这些质量波动，均将影响混凝土的强度。在现场施工或预拌工厂生产混凝土时，必须对原材料的质量加以严格控制，及时检测并加以调整，尽可能减少原材料质量波动对混凝土质量的影响。

（二）施工养护引起的混凝土质量波动

混凝土的质量波动与施工养护有着十分紧密的关系。如混凝土搅拌时间长短；计量时未根据砂、石含水量变动及时调整配合比；运输时间过长引起分层、析水；振捣时间过长或不足；浇水养护时间，或者未能根据气温和湿度变化及时调整保温、保湿措施等。

（三）试验条件变化引起的混凝土质量波动

试验条件的变化主要指取样代表性，成型质量（特别是不同人员操作时），试件的养护条件变化，试验机自身的误差以及试验人员操作的熟练程度等。

二、混凝土强度的波动规律——正态分布

[学与问]　在相同的施工条件下，对同一种混凝土进行随机取样，其混凝土强度分布有没有规律？如果有，其规律是什么？

[探索与发现]　在同样施工条件下，对同一种混凝土进行随机取样，制作 n 组试件（$n \geq 25$），测得其28d龄期的抗压强度，然后以混凝土强度为横坐标，以混凝土强度出现的概率为纵坐标，绘制出混凝土强度概率分布曲线。实践证明，混凝土的强度分布曲线一般为正态分布曲线，如图4-18所示。

正态分布的特点：

1. 曲线呈钟形，两边是对称的，对称轴就在强度平均值处，钟形的最高峰就出现在这里。表明强度测定值越接近平均强度，出现的概率

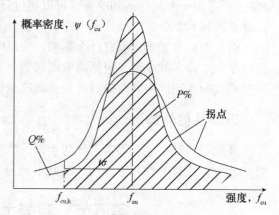

图4-18　混凝土强度的正态分布曲线

越大。离对称轴越远，即强度测定值越高或越低，其出现的概率越小，并逐渐趋近于零。

2. 曲线和横坐标之间的面积为概率的总和，等于100%。对称轴两边，出现的概率相等。

3. 在对称轴两侧的曲线上各有一个拐点。两拐点之间的曲线向下弯曲，拐点以外的曲线向上弯曲，并以横坐标为渐近线。

正态分布曲线愈低而宽，表示强度数据的离散的程度愈大，说明施工控制水平愈差；反之，分布曲线愈高而窄，表示强度数据的分布愈集中，说明施工控制水平愈高。从强度平均值相同而离散程度不同的两条分布曲线，可以看出施工控制不良时，即强度离散程度较大时，曲线上的拐点离开对称轴的距离较大。

[资料卡片]

三、混凝土强度的均匀性评定

[学与问]　混凝土均匀性评定参数有哪些？

[探索与发现]　混凝土的均匀性，通常采用数理统计方法加以评定，主要评定参数有：

（一）强度平均值 $\bar{f}$

混凝土强度平均值按下式计算：

$$\bar{f} = \frac{1}{n}(f_{cu,1} + f_{cu,2} + \cdots f_{cu,n}) = \frac{1}{n}\sum_{i=1}^{n} f_{cu,i} \tag{4-9}$$

式中　n——该批混凝土试件立方体抗压强度的总组数；

$f_{cu,i}$——第 i 组试件的强度值。

理论上，平均强度 $\bar{f}$ 与该批混凝土的配制强度相等，它只反映该批混凝土强度的总平均值，而不能反映混凝土强度的波动情况。例如平均强度 20MPa，可以由 15MPa、20MPa、25MPa 求得，也可以由 18MPa、20MPa、22MPa 求得，虽然平均值相等，但它们的均匀性显然后者优于前者。

（二）标准差

混凝土强度标准差按下式计算：

$$\sigma = \sqrt{\frac{\sum_{i=1}^{n}(f_{cu,i}^2 - n\bar{f}^2)}{n-1}} \qquad (4\text{-}10)$$

由正态分布曲线可知，标准差在数值上等于拐点至对称轴的距离。其值越小，反映混凝土质量波动越小，均匀性越好。对平均强度相同的混凝土而言，标准差 σ 能确切反映混凝土质量的均匀性，但当平均强度不等时，并不确切。例如平均强度分别为 20MPa 和 50MPa 的混凝土，当 σ 均等于 5MPa 时，对前者来说波动已很大，而对后者来说波动并不算大。因此，对不同强度等级的混凝土单用标准差值尚难以评判其均匀性，宜采用变异系数加以评定。

（三）变异系数 C_v

变异系数 C_v 根据下式计算：

$$C_v = \frac{\sigma}{\bar{f}} \qquad (4\text{-}11)$$

变异系数等于标准差与平均强度的比值，实际上反映相对于平均强度而言的变异程度。其 C_v 值愈小，说明混凝土质量愈稳定，波动愈小；C_v 值大，则表示混凝土质量稳定性差。根据《混凝土强度检验评定标准》（GB/T 50107—2010）的规定，混凝土的生产质量水平，可根据不同强度等级，在统计同期内混凝土强度的标准差和试件强度不低于设计等级的百分率来评定。并将混凝土生产单位质量管理水平划分为"优良"、"一般"及"差"三个等级，见表 4-15。

表 4-15　混凝土生产质量水平

生产水平质量		优良		一般		差	
评定指标	强度等级生产单位	< C20	≥ C20	< C20	≥ C20	< C20	≥ C20
混凝土强度标准差 σ（MPa）	预拌混凝土厂和预制混凝土构件厂	≤ 3.0	≤ 3.5	≤ 4.0	≤ 5.0	> 4.0	> 5.0
	集中搅拌混凝土的施工现场	≤ 3.5	≤ 4.0	≤ 4.5	≤ 5.5	> 4.5	> 5.5
强度等于或高于要求强度等级的百分率 P（%）	预拌混凝土厂和预制混凝土构件厂及集中搅拌的施工现场	≥ 95		> 85		≤ 85	

先根据混凝土设计要求的强度等级（$f_{cu,k}$）、混凝土强度的平均值（$\bar{f}$）、标准差（σ）或变异系数（C_v），由下式计算出概率参数 t。

$$t = \frac{|\bar{f} - f_{cu,k}|}{\sigma} \qquad (4\text{-}12)$$

$$或 \quad t = \frac{|\bar{f} - f_{cu,k}|}{C_v \cdot \bar{f}} \tag{4-13}$$

再根据 t 值，由表 4-16 查得保证率 P 值。

表 4-16　不同 t 值的保证率

t	0.00	0.50	0.80	0.84	1.00	1.04	1.20	1.28	1.40	1.50	1.60
P（%）	50.0	69.2	78.8	80.0	84.1	85.1	88.5	90.0	91.9	93.3	94.5
t	1.645	1.70	1.75	1.81	1.88	1.96	2.00	2.05	2.33	2.50	3.00
P（%）	95.0	95.5	96.0	96.5	97.0	97.5	97.7	98.0	99.0	99.4	99.87

（四）强度保证率

混凝土的强度保证率 P（%）是指混凝土强度总体中大于等于设计强度等级的概率，即混凝土强度大于等于设计强度等级的组数占总组数的百分率。在混凝土强度正态分布曲线图中以阴影面积表示，见图 4-19 所示。低于设计强度等级（$f_{cu,k}$）的强度所出现的概率为不合格率。

（五）混凝土的配制强度

为了使混凝土强度具有要求的保证率，则必须使其配制强度大于等于所设计的强度等级。

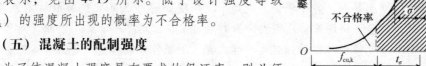

图 4-19　强度保证率

$$f_{cu,o} \geqslant f_{cu,k} + t\sigma \tag{4-14}$$

$$又 \quad C_v = \frac{\sigma}{\bar{f}}$$

$$令配制强度 \quad f_{cu,o} = \bar{f} \tag{4-15}$$

$$则 \quad f_{cu,o} = \frac{f_{cu,k}}{1 - tC_v} \tag{4-16}$$

根据强度保证率的要求及施工控制水平，确定出 t 和 C_v 值，用上式即可计算出混凝土的配制强度。根据我国《普通混凝土配合比设计规程》（JGJ 55—2011）的规定，混凝土强度保证率必须达到 95% 以上，此时对应的保证率系数 $t = 1.645$。由上式也可以看出，如满足相同的保证率，施工控制水平愈差，则混凝土的配制强度愈高，因此对节约水泥不利。

当施工单位无统计资料和经验时，标准差可参考表 4-17 取值。

表 4-17　标准差的取值表

混凝土设计强度等级 $f_{cu,k}$	≤C20	C25 ~ C45	C50 ~ C55
σ（MPa）	4.0	5.0	6.0

四、混凝土强度检验评定标准

1. 当混凝土的生产条件在较长时间内能保持一致，且同一品种混凝土的强度变异性能保持稳定时，应由连续的 3 组试件代表一个验收批，其强度应同时符合下列要求：

$$\bar{f} \geq f_{cu,k} + 0.7\sigma_0 \tag{4-17}$$

$$f_{cu,min} \geq f_{cu,k} - 0.7\sigma_0 \tag{4-18}$$

检验批混凝土立方体抗压强度的标准差应按下式计算：

$$\sigma_0 = \sqrt{\frac{\sum\limits_{i=1}^{n}(f_{cu,i}^2 - n\bar{f}^2)}{n-1}}$$

当混凝土强度等级不高于 C20 时，尚应符合下式要求：

$$f_{cu,min} \geq 0.85 f_{cu,k} \tag{4-19}$$

当混凝土强度等级高于 C20 时，尚应符合下式要求：

$$f_{cu,min} \geq 0.90 f_{cu,k} \tag{4-20}$$

式中　$\bar{f}$——同一验收批混凝土强度的平均值，N/mm^2；

　　$f_{cu,k}$——设计的混凝土强度的标准值，N/mm^2；

　　σ_0——验收批混凝土强度的标准差，N/mm^2；

　　$f_{cu,min}$——同一验收批混凝土强度的最小值，N/mm^2。

2. 当混凝土的生产条件不能满足上述条件时，或在前一检验期内的同一品种混凝土没有足够强度数据用以确定验收批混凝土强度标准差时，应由不少于 10 组的试件代表一个验收批，其强度应同时符合下列要求：

$$\bar{f} \geq 0.9 f_{cu,k} + \lambda_1 \sigma_0 \tag{4-21}$$

$$f_{cu,min} \geq \lambda_2 f_{cu,k} \tag{4-22}$$

同一检验批混凝土立方体抗压强度的标准差应按下式计算：

$$S_{f_{cu}} = \sqrt{\frac{\sum\limits_{i=1}^{n}(f_{cu,i}^2 - n\bar{f}^2)}{n-1}} \tag{4-23}$$

式中　$S_{f_{cu}}$——同一检验批混凝土强度标准差，N/mm^2，精确到 $0.01 N/mm^2$；当检验批混凝土强度标准差 $S_{f_{cu}}$ 计算值小于 $2.5 N/mm^2$ 时，应取 $2.5 N/mm^2$。

　　λ_1，λ_2——合格判定系数，按表 4-18 取值。

表 4-18　合格判定系数

试件组数	10～14	15～24	≥20
λ_1	1.15	1.05	0.95
λ_2	0.9	0.85	

3. 对零星生产的预制构件或现场搅拌批量不大的 <C60 混凝土，可采用非统计方法评定，验收批强度必须同时符合下列要求：

$$\bar{f} \geq 1.15 f_{cu,k} \tag{4-24}$$

$$f_{cu,min} \geq 0.95 f_{cu,k} \tag{4-25}$$

4. 当对混凝土的试件强度代表性有怀疑时，可采用从结构、构件中钻取芯样或其他非破损检验方法，对结构、构件中的混凝土强度进行推定，作为是否进行处理的依据。

第六节　普通混凝土的配合比设计

[学与问]　混凝土配合比设计的基本要求有哪些？混凝土配合比设计中的三个基本参数是什么？混凝土配合比设计方法和原理是什么？

一、混凝土配合比设计基本要求

混凝土配合比是指 $1m^3$ 的混凝土中各组成材料的用量。确定这种数量比例关系的工作，称为混凝土配合比设计。

混凝土配合比设计必须满足以下四项基本要求，即：

1. 满足混凝土配制强度等级的要求。

2. 满足混凝土拌合物性能的要求。

3. 满足其他力学性能的要求。

4. 满足混凝土长期性能和耐久性能的设计要求。

二、混凝土配合比设计中的三个基本参数

混凝土配合比设计，实质上就是确定胶凝材料、水、砂与石子这四项基本组成材料用量之间的三个比例关系。

1. 水与胶凝材料之间的比例关系，常用水胶比（W/B）表示。

2. 砂与石子之间的比例关系，常用砂率（β_s）表示。

3. 胶凝浆料与骨料之间的比例关系，常用单位用水量（$1m^3$ 混凝土的用水量）来表示。

水胶比（W/B）、砂率（β_s）和单位用水量（m_{w0}）是混凝土配合比的三个重要参数，因为这三个参数与混凝土的各项性能之间有着密切的关系，在配合比设计中正确地确定这三个参数，就能使混凝土满足上述设计要求。

三、混凝土配合比设计方法和原理

混凝土配合比设计的基本方法有两种：一是体积法；二是质量法。基本原理如下：

1. 体积法（也称绝对体积法）

绝对体积法的基本原理是：混凝土的总体积等于水泥、矿物掺合料、砂子、石子、水及混凝土中所含的少量空气体积之和。

若以 m_{co}、m_{fo}、m_{so}、m_{go}、m_{wo} 分别表示 $1m^3$ 混凝土中水泥、矿物掺合料、砂、石子、水的用量（kg），以 ρ_c、ρ_f、ρ_w、ρ_{so}、ρ_{go} 分别表示水泥、矿物掺合料、水的密度（kg/m^3）和砂、石子的表观密度（kg/m^3），以 0.01α 表示混凝土中空气的体积，则有：

$$\frac{m_{co}}{\rho_c} + \frac{m_{fo}}{\rho_{fo}} + \frac{m_{so}}{\rho_{so}} + \frac{m_{go}}{\rho_{go}} + \frac{m_{wo}}{\rho_w} + 0.01\alpha = 1 \tag{4-26}$$

式中　α——混凝土含气量百分率（%），在不使用引气剂时，可取 $\alpha = 1$。

2. 质量法（假定表观密度法）

质量法的基本原理为混凝土的总质量等于各组成材料质量之和。当混凝土所用原材料和三项基本参数确定后，混凝土的表观密度（即 $1m^3$ 混凝土的质量）接近某一定值。若预先

能假定出混凝土表观密度,则有:

$$m_{co} + m_{fo} + m_{so} + m_{go} + m_{wo} = m_{cp} \qquad (4\text{-}27)$$

式中 m_{cp}——1m³ 混凝土质量,kg,即混凝土的表观密度。可根据原材料、和易性、强度等级等信息在 2350~2450kg/m³ 之间选用。

混凝土配合比设计中砂、石子用量指的是干燥状态下的质量。水工、港工、交通系统常采用饱和面干状态下的质量。

四、混凝土配合比设计步骤

[学与问] 混凝土配合比设计步骤有哪些?具体内容是什么?

[探索与发现] 混凝土配合比设计步骤为:首先根据原始技术资料计算初步配合比;然后经试配调整获得满足和易性要求的基准配合比;再经强度和耐久性检验定出满足设计要求、施工要求和经济合理的试验室配合比;最后根据施工现场砂、碎石(或卵石)的含水率换算成施工配合比。

(一)初步配合比计算

1. 计算混凝土配制强度($f_{cu,o}$)

$$f_{cu,o} = f_{cu,k} + 1.645\sigma$$

2. 根据配制强度和耐久性要求计算水胶比(W/B)。

当混凝土强度等级小于 C60 时,混凝土水胶比宜按下式计算:

$$\frac{W}{B} = \frac{\alpha_a f_b}{f_{cu,o} + \alpha_a \alpha_b f_b} \qquad (4\text{-}28)$$

式中 $\dfrac{W}{B}$——混凝土水胶比;

α_a、α_b——回归系数,碎石 $a_a = 0.53$,$a_b = 0.20$;卵石 $\alpha_a = 0.49$,$\alpha_b = 0.13$。

f_b——胶凝材料 28d 胶砂抗压强度,MPa,可实测;当无实测值时,可以按下式计算:

$$f_b = \gamma_f \cdot \gamma_s f_{ce} \qquad (4\text{-}29)$$

式中 γ_f、γ_s——粉煤灰影响系数和粒化高炉矿渣粉影响系数,按表 4-19 选用;

f_{ce}——水泥 28d 胶砂抗压强度,MPa,可实测,也可按表 4-20,通过公式:$f_{ce} = \gamma_c f_{ce,k}$确定。

表 4-19 粉煤灰影响系数(γ_f)和粒化高炉矿渣粉影响系数(γ_s)

掺量(%) \ 种类	粉煤灰影响系数(γ_f)	粒化高炉矿渣粉影响系数(γ_s)
0	1.00	1.00
10	0.85~0.95	1.00
20	0.75~0.85	0.95~1.00
30	0.65~0.75	0.90~1.00
40	0.55~0.65	0.80~0.90
50	—	0.70~0.85

表 4-20　水泥强度等级值的富余系数（γ_c）

水泥强度等级值	32.5	42.5	52.5
富余系数	1.12	1.16	1.10

3. 根据施工要求的坍落度和骨料品种、粒径，由表 4-12 选出 1m³ 混凝土的用水量（m_{wo}）。

4. 计算 1m³ 混凝土的胶凝材料用量——矿物掺合料和水泥用量。

（1）每立方米混凝土的胶凝材料用量（m_{bo}）应按下式计算：

$$m_{bo} = \frac{m_{wo}}{W/B}\qquad(4-30)$$

式中　m_{bo}——计算配合比每立方米混凝土中胶凝材料用量，kg/m³；

　　　m_{wo}——计算配合比每立方米混凝土中的用水量，kg/m³；

　　　W/B——混凝土水胶比。

由上式得出的胶凝材料用量还应大于表 4-14 的规定的最小胶凝材料用量。

（2）每立方米混凝土的矿物掺合料用量（m_{fo}）应按下式计算：

$$m_{fo} = m_{bo}\beta_f\qquad(4-31)$$

式中　m_{bo}——计算配合比每立方米混凝土中矿物掺合料用量，kg/m³；

　　　β_f——矿物掺合料量（%），可根据表 4-21 确定。

表 4-21　钢筋混凝土中矿物掺合料最大掺量

矿物掺合料种类	水胶比	最大掺量（%）	
		采用硅酸盐水泥时	采用普通硅酸盐水泥时
粉煤灰	≤0.40	45	35
	>0.40	40	30
粒化高炉矿渣粉	≤0.40	65	55
	>0.40	55	45
钢渣粉	—	30	20
磷渣粉	—	30	20
硅灰	—	10	10
复合掺合料	≤0.40	65	55
	>0.40	55	45

（3）每立方米混凝土的水泥用量（m_{co}）应按下式计算：

$$m_{co} = m_{bo} - m_{fo}\qquad(4-32)$$

式中　m_{co}——计算配合比每立方米混凝土中水泥用量，kg/m³。

5. 确定合理砂率（β_s）。

（1）砂率（β_s）可根据骨料的技术指标、混凝土拌合物性能和施工要求，参考既有历史资料确定。

（2）当缺乏砂率的历史资料时，混凝土砂率的确定应符合下列规定：

①坍落度小于 10mm 的混凝土，其砂率应经试验确定；

②坍落度为 10～60mm 的混凝土，其砂率可根据粗骨料品种、最大公称粒径及水胶比按表 4-13 选取。

③坍落度大于 60mm 的混凝土，其砂率可经试验确定，也可在表 4-13 的基础上，按坍落度每增大 20mm、砂率增大 1% 的幅度予以调整。

6. 计算砂、石用量（m_{so}、m_{go}），并确定初步配合比。

（1）体积法

$$
\begin{cases}
\dfrac{m_{co}}{\rho_c} + \dfrac{m_{fo}}{\rho_f} + \dfrac{m_{so}}{\rho_{so}} + \dfrac{m_{go}}{\rho_{go}} + \dfrac{m_w}{\rho_w} + 0.01\alpha = 1 \\[2mm]
\beta_s = \dfrac{m_{so}}{m_{so} + m_{go}} \times 100\%
\end{cases}
\tag{4-33}
$$

（2）质量法：

$$
\begin{cases}
m_{co} + m_{fo} + m_{so} + m_{go} + m_w = m_{cp} \\[2mm]
\beta_s = \dfrac{m_{so}}{m_{so} + m_{go}} \times 100\%
\end{cases}
\tag{4-34}
$$

（3）初步配合比的表达方式：

①根据上述方法求得的 m_{co}、m_{fo}、m_{so}、m_{go}、m_w，直接以每立方米混凝土材料的用量（kg）表示。

②如以水泥质量为 1，则初步配合比为：$m_{co} : m_{fo} : m_{so} : m_{go} = 1 : \dfrac{m_{fo}}{m_{co}} : \dfrac{m_{so}}{m_{co}} : \dfrac{m_{go}}{m_{co}}$，再加上 W/B 值。

（二）基准配合比和试验室配合比的确定

初步配合比是根据经验公式和经验图表估算而得，因此不一定符合实际情况，必须通过试拌验证。当不符合设计要求时，需通过调整使和易性满足施工要求，使 W/B 满足强度和耐久性要求。

1. 调整和易性，确定基准配合比。按初步配合比称取材料进行试拌。

混凝土拌合物搅拌均匀后测坍落度，并检查其黏聚性和保水性能的好坏。当实测坍落度小于设计要求时，可保持水胶比不变，增加胶凝材料用量；当实测坍落度大于设计要求时，可在保持砂率不变的情况下，增加砂、石用量（相当于减少胶凝材料用量）；当黏聚性和保水性不良时，可在保持砂率不变的情况下，适当增加砂用量即增大砂率；当拌合物显得砂浆量过多时，可单独加入适量石子，即降低砂率。如此调整后再试拌，直到符合要求为止。

在混凝土和易性满足要求后，测定拌合物的实际表观密度（ρ_{ct}），并记录试拌时水泥、矿物掺合料、砂、石和水的实际用量，按下式计算 1m³ 混凝土的各种材料用量即基准配合比：

令：$A = m_{cb} + m_{fb} + m_{sb} + m_{gb} + m_{wb}$

则有：

$$\begin{cases} m_{cj} = \dfrac{m_{cb}}{A} \times \rho_{ct} \\[2mm] m_{fj} = \dfrac{m_{fb}}{A} \times \rho_{ct} \\[2mm] m_{sj} = \dfrac{m_{sb}}{A} \times \rho_{ct} \\[2mm] m_{gj} = \dfrac{m_{gb}}{A} \times \rho_{ct} \\[2mm] m_{wj} = \dfrac{m_{wb}}{A} \times \rho_{ct} \end{cases} \qquad (4\text{-}35)$$

式中 A——试拌后，各种材料的实际用量之和，kg；

                  ρ_{ct}——混凝土拌合物的实测表观密度，kg/m³；

m_{cb}、m_{fb}、m_{sb}、m_{gb}、m_{wb}——试拌调整后，水泥、矿物掺合料、砂、石、水实际拌合用量，kg；

m_{cj}、m_{fj}、m_{sj}、m_{gj}、m_{wj}——基准配合比中 $1m^3$ 混凝土的各种材料用量，kg。

当混凝土表观密度实测值与计算值之差的绝对值不超过计算值的 2% 时，则上述得出的配合比即可确定为混凝土的正式基准配合比设计值。若二者之差的绝对值超过计算值的 2% 时，则需将初步配合比中每项材料用量均乘以校正系数 δ，而 δ 按下式计算：

$$\delta = \frac{\rho_{c,t\text{实}}}{\rho_{c,c\text{计}}} \qquad (4\text{-}36)$$

最后确定基准配合比为：$m_{cj} : m_{fj} : m_{sj} : m_{gj}$，$W/B$。

2. 检验强度和耐久性，确定试验室配合比。满足和易性要求的基准配合比能否满足强度要求，需进行强度检验。一般采用三个不同的配合比，其中一个为基准配合比，另外两个配合比的水胶比值，应较基准配合比分别增加及减少 0.05，其用水量应该与基准配合比相同，但砂率值可分别增加和减少 1% 。

各种配合比至少制作一组（三块）试件，标准养护 28d，测定三种配合比混凝土抗压强度，用作图法求出与 $f_{cu,o}$ 相对应的胶水比（B/W）值，然后按此 B/W 对其他用料适当调整，最终确定试验室配合比，试验室配合比为 $m_c : m_f : m_s : m_g$，W/B。

（三）施工配合比

实验室得出的配合比，是以干燥骨料为基准的，但现场使用的骨料常含有一定的水分，因此，在现场配料之前，必须先测定砂石的实际含水率，在用水量中将砂石含有的水扣除，并相应增加砂石料的称量值。设砂子含水率为 $a\%$，石子含水率为 $b\%$，则施工配合比按下列各式计算：

$$m_{c\text{施}} = m_c$$
$$m_{f\text{施}} = m_f$$
$$m_{s\text{施}} = m_s \cdot (1 + a\%)$$
$$m_{g\text{施}} = m_g \cdot (1 + b\%)$$
$$m_{w\text{施}} = m_w - m_s \cdot a\% - m_g \cdot b\%$$

施工配合比为：$m_{c\text{施}} : m_{f\text{施}} : m_{s\text{施}} : m_{g\text{施}}$，$W/B$。

【例 4-3】 某框架结构工程现浇钢筋混凝土梁，该梁位于室内，不受雨雪影响。设计要求混凝土强度等级为 C30，施工要求混凝土坍落度为 55~70mm，采用机械拌合，机械振捣。根据施工单位历史资料统计，混凝土强度标准差 $\sigma = 4.0$MPa。采用原材料如下：

普通硅酸盐水泥：32.5 级，密度为 $\rho_c = 3.1$g/cm^3，水泥强度等级标准值的富余系数为 1.12；河砂：$\rho_{os} = 2.65$g/cm^3；碎石：公称粒径为 5.0~40.0mm，$\rho_{og} = 2.70$g/cm^3；自来水；不加引气剂。

试设计混凝土初步配合比；如果施工现场测得砂子的含水率为 4%，石子的含水率为 1%，试换算施工配合比。

【解】 1. 确定初步配合比

（1）确定混凝土配制强度 $f_{cu,o}$

$$f_{cu,o} = f_{cu,k} + 1.645\sigma = 30 + 1.645 \times 4.0 = 36.58\text{MPa}$$

（2）计算水胶比

因为此混凝土没有掺入矿物掺合料，所以 $f_b = f_{ce}$

由

$$\frac{W}{B} = \frac{a_a f_b}{f_{cu,o} + a_a a_b f_b}$$

又

$$f_{ce} = f_{ce,k} \cdot \gamma_c$$

得

$$\frac{W}{B} = \frac{0.53 \times 36.58}{36.58 + 0.53 \times 0.20 \times 32.5 \times 1.12} = 0.48$$

（3）确定用水量

该工程要求坍落度为 55~70mm，碎石最大粒径为 40.0mm，查表 4-12 确定每立方米混凝土用水量。$m_{wo} = 185$kg。

（4）计算水泥用量 $m_{co} = \left(\dfrac{B}{W}\right) \cdot m_{wo} = (1/0.48) \times 185 = 385$kg

复核：考虑耐久性要求，对照表 4-14，对于干燥环境，钢筋混凝土的最大水胶比 ≤ 0.45，最小水泥用量为 330kg，因为 330kg < 385kg，故可初步确定为 $m_{co} = 385$kg。

（5）确定砂率

采用查表法，$\dfrac{W}{B} = 0.48$，碎石最大粒径为 40.0mm，查表 4-13，取砂率 $\beta_s = 32\%$。

（6）计算砂石用量

①采用体积法

$$\begin{cases} \dfrac{m_{co}}{\rho_c} + \dfrac{m_{fo}}{\rho_f} + \dfrac{m_{so}}{\rho_{so}} + \dfrac{m_{go}}{\rho_{go}} + \dfrac{m_w}{\rho_w} + 0.01\alpha = 1 \\[2mm] \beta_s = \dfrac{m_{so}}{m_{so} + m_{go}} \times 100\% \end{cases}$$

因为未掺入矿物掺合料、引气剂，所以 $m_{fo} = 0$，$\alpha = 1$，则解联立方程

$$\begin{cases} \dfrac{385}{3100} + 0 + \dfrac{m_{so}}{2650} + \dfrac{m_{go}}{2700} + \dfrac{185}{1000} + 0.01 \times 1 = 1 \\[2mm] 32\% = \dfrac{m_{so}}{m_{so} + m_{go}} \times 100\% \end{cases}$$

得：$m_{so} = 584$kg，$m_{go} = 1242$kg。

根据上述计算，得出初步配合比为 $m_{co} = 385\text{kg}$，$m_{so} = 584\text{kg}$，$m_{go} = 1242\text{kg}$，$m_{wo} = 185\text{kg}$。

或 $m_{co} : m_{so} : m_{go} = 1 : 1.52 : 3.22$，$\dfrac{W}{B} = 0.48$

②采用质量法。

$$\begin{cases} m_{co} + m_{fo} + m_{so} + m_{go} + m_w = m_{cp} \\ \beta_s = \dfrac{m_{so}}{m_{so} + m_{go}} \times 100\% \end{cases}$$

因为未加矿物掺合料，所以 $m_{fo} = 0$。假定每立方米混凝土拌合物的质量为 2400kg。则解联立方程

$$\begin{cases} 385 + m_{so} + m_{go} + 185 = 2400 \\ 32\% = \dfrac{m_{so}}{m_{so} + m_{go}} \times 100\% \end{cases}$$

得：$m_{so} = 586\text{kg}$，$m_{go} = 1244\text{kg}$。

根据上述计算，得出初步配合比为 $m_{co} = 385\text{kg}$，$m_{so} = 586\text{kg}$，$m_{go} = 1244\text{kg}$，$m_{wo} = 185\text{kg}$，$\dfrac{W}{B} = 0.48$

或 $m_{co} : m_{so} : m_{go} = 1 : 1.52 : 3.23$，$\dfrac{W}{B} = 0.48$。

由体积法和质量法求得初步配合比值很接近。

2. 试拌调整，得出基准配合比

（1）试拌时材料用量（质量法），根据骨料最大粒径为 40.0mm，取 25L 混凝土拌合物，并计算各材料用量如下：

$$m_{cb} = 385 \times 0.025 = 9.63\text{kg}$$
$$m_{sb} = 586 \times 0.025 = 14.65\text{kg}$$
$$m_{gb} = 1244 \times 0.025 = 31.10\text{kg}$$
$$m_{wb} = 185 \times 0.025 = 4.63\text{kg}$$

（2）和易性检验与调整，得基准配合比

经拌制混凝土拌合物，做和易性试验，观察黏聚性和保水性均良好，这说明所选用的砂率基本合适。但测出该混凝土拌合物的坍落度值只有 20mm，故需调整。先增加 5% 水泥浆，即增加水泥 0.48kg，水 0.23kg，再进行拌合试验，测得坍落度为 65mm，满足要求，并测出拌合物的表观密度为 2390kg/m³。此时各材料用量为：

$$m'_{cb} = 9.63\text{kg} + 0.48\text{kg} = 10.11\text{kg}$$
$$m'_{wb} = 4.63\text{kg} + 0.23\text{kg} = 4.86\text{kg}$$
$$m'_{sb} = 14.63\text{kg}$$
$$m'_{gb} = 31.13\text{kg}$$

根据实测表观密度，计算出每立方米混凝土的各种材料用量，即得基准配合比为：

$$m_{cj} = \frac{10.11}{10.11 + 4.86 + 14.63 + 31.13} \times 2390 = 398\text{kg}$$

$$m_{wj} = \frac{4.86}{10.11 + 4.86 + 14.63 + 31.13} \times 2390 = 191kg$$

$$m_{sj} = \frac{14.63}{10.11 + 4.85 + 14.63 + 31.13} \times 2390 = 576kg$$

$$m_{gj} = \frac{31.13}{10.11 + 4.85 + 14.63 + 31.13} \times 2390 = 1225kg$$

3. 检验强度，确定试验室配合比

拌制三种不同水胶比的混凝土，并制作三组不同强度的试件。其中一组水胶比为 0.48 的基准配合比；另两组的水胶比分别为 0.43 及 0.53，用水量与基准配合比相同，砂率分别减少和增加 1%。经试验，三组拌合物均满足和易性要求。

三种配合比的试件经标准养护 28d，实测强度值分别为：

水胶比为 0.43 时，混凝土的 $f_{cu,o} = 41.02MPa$；

水胶比为 0.48 时，混凝土的 $f_{cu,o} = 36.15MPa$；

水胶比为 0.53 时，混凝土的 $f_{cu,o} = 32.37MPa$。

绘制强度与水胶比关系曲线，由图 4-20 可查出与配制强度 $f_{cu,o} = 36.15MPa$ 相对应的胶水比为 2.08，即 $\frac{W}{B} = 0.48$。

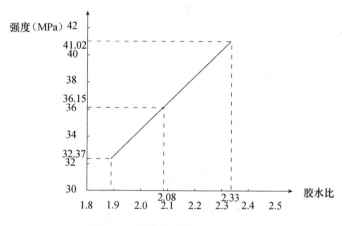

图 4-20　强度与胶水比关系曲线

至此，可得出符合强度要求的配合比如下：

用水量取基准配合比用水量值，即 $m_{wj} = 191kg$；

水泥用量 $m_{cj} = 191 \times 2.08 = 397kg$；

粗细骨料用量因水胶比值与基准配合比值相差不大，故可取基准配合比中的骨料用量，即砂 $m_{sj} = 576kg$，石子 $m_{gj} = 1225kg$。

最后，按此配合比拌制混凝土拌合物，做和易性试验，测得坍落度为 68mm，观察黏聚性，保水性均良好，满足要求。测出拌合物的表观密度为 2401kg/m³。并根据实测表观密度校正各材料用量。

校正系数 δ 等于混凝土表观密度实测值 $\rho_{c,t}$ 与计算值 $\rho_{c,c}$ 之差的绝对值除以计算值的百分比，即：

$$\delta = \frac{|\rho_{c,t} - \rho_{c,c}|}{\rho_{c,c\dagger}} \times 100\% = \frac{|2401 - (397 + 191 + 576 + 1225)|}{397 + 191 + 576 + 1225} \times 100\% = 0.5\%$$

由于 $0.50 < 2\%$，所以，混凝土各材料用量不需修正，即可确定混凝土试验室配合比为：

$$m_c : m_s : m_g = 397 : 576 : 1225 = 1 : 1.42 : 3.02, \quad \frac{W}{B} = 0.48。$$

4. 换算施工配合比

根据现场砂含水率为 $a\% = 4\%$，石子含水率为 $b\% = 1\%$，计算施工时各材料用量为：

$$m_{c施} = m_c = 397kg$$

$$m_{s施} = m_s \times (1 + a\%) = 576 \times (1 + 4\%) = 599kg$$

$$m_{g施} = m_g \times (1 + b\%) = 1225 \times (1 + 1\%) = 1237kg$$

$$m_{w施} = m_w - m_s \cdot a\% - m_g \cdot b\% = 191 - (576 \times 4\%) - (1225 \times 1\%) = 156kg$$

施工配合比为：$m_{c施} : m_{s施} : m_{g施} = 397 : 599 : 1237 = 1 : 1.51 : 3.12，\dfrac{W}{B} = 0.48。$

【例4-4】 已知某混凝土基准配 $m_{cj} = 425kg$，$m_{wj} = 191kg$，$m_{sj} = 567kg$，$m_{gj} = 1207kg$，若掺入减水率为 18% 的高效减水剂，并保持混凝土强度不变，拌合时，砂、石用量按基准配合比采用，重新搅拌后测得坍落度满足设计要求，且实测混凝土表观密度 $\rho_{oh} = 2400kg$（高效减水剂的质量忽略不计）。求掺减水剂后混凝土的配合比。$1m^3$ 混凝土节约水泥多少千克？

【解】（1）减水率 18%，则实际需水量为：$m_w = 191 - 191 \times 18\% = 157kg$

（2）保持强度不变，即保持水胶比不变，则实际水泥用量为：$m_c = 157kg/(191 \div 425) = 349kg$

（3）掺减水剂后混凝土配合比如下：

材料总用量 $= 349 + 157 + 567 + 1207 = 2280kg$，

所以，$\quad m'_c = \dfrac{349}{2280} \times 2400 = 367kg \quad m'_w = \dfrac{157}{2280} \times 2400 = 165kg$

$$m'_s = \frac{567}{2280} \times 2400 = 597kg \quad m'_g = \frac{1207}{2280} \times 2400 = 1271kg$$

因此，实际每立方米混凝土节约水泥 $425kg - 367kg = 58kg$。

第七节　其他品种的混凝土

一、高强混凝土

[思考与交流] 什么是高强混凝土？配制高强混凝土的技术途径有哪些？

[资料卡片] 高强混凝土是一个随混凝土技术进步而不断变化的概念。《普通混凝土配合比设计规程》（JGJ 55—2011）规定：强度等级不低于 C60 的混凝土称为高强混凝土；《混凝土结构设计规范》（GB 50010—2010）则未明确区分普通混凝土或高强混凝土，只规定了钢筋混凝土结构的混凝土强度等级不应低于 C15，混凝土强度范围从 C15 ~ C80。因此，现阶段通常认为强度等级等于或大于 C60 的混凝土为高强混凝土。

高强混凝土的特点是强度高、变形小，能适应现代工程结构向大跨度、重载、高耸方向发展的需要。使用高强混凝土可获得明显的社会效益和经济效益，但随着强度的提高，混凝土抗拉强度与抗压强度的比值将会降低，亦即混凝土的脆性相对增大，这是当前研究和开发应用高强混凝土的主要问题。

配制高强混凝土的技术途径，一是提高水泥石基材本身的强度；二是增强水泥石与骨料界面的胶结能力；三是选择性能优良的混凝土骨料。高强度等级的硅酸盐水泥、高效减水剂、高活性的超细矿物掺合料以及优质粗细骨料是配制高强度混凝土的基础，低水胶比是高强技术的关键，获得高密实度水泥石、改善水泥石和骨料的界面结构、增强骨料骨架作用是主要环节。

二、高性能混凝土

[思考与交流] 什么是高性能混凝土？其特性有哪些？配制高性能混凝土的原材料及工艺有哪些？

[资料卡片] 高性能混凝土是 1990 年美国首次提出的新概念。虽然到目前为止各国对高性能混凝土的要求和确定的含义不完全相同，但大家都认为高性能混凝土应具有的技术特征是：高耐久性，高体积稳定性（低干缩、低徐变、低温度变形和高弹性模量），适当的抗压强度，良好的和易性（高流动性、高黏聚性、自密实性）。

高性能混凝土是由高强混凝土发展而来的，但高性能混凝土配合比设计的侧重点并不仅限于强度，而是根据具体工程的要求，满足强度、和易性、耐久性三项基本要求，并应根据工程的特殊要求，具有某种特殊性能，一般来讲更侧重于其和易性和耐久性。

发展高性能混凝土的途径如下：

1. 高性能混凝土的原材料以及与之相适应的工艺

一般采用降低水胶比、强力振动和加压成型的方法，即将机械压力加到混凝土拌合物上，挤出混凝土拌合物中的空气与剩余水分，减少孔隙率。这种方法多用于混凝土预制构件的生产中，并与蒸压养护共同使用，不适合现场施工，应用范围受到限制。

2. 复合化

混凝土本身是水泥基复合材料，高性能混凝土必须有活性细掺料和外加剂，特别是高效减水剂的加入。常常不仅需要二者同掺，有时还必须同时采用几种外加剂以取得要求的性能。

典型的高效减水剂有：萘系、三聚氰胺系和改性木钙系高效减水剂三类，掺用高效减水剂后，水胶比可降至 0.4 以下，混凝土拌合物仍能具有较高的流动性，在现场可浇筑出抗压强度为 60～100MPa 的高强混凝土，使高强混凝土获得广泛的发展和应用。但是仅用高效减水剂配制的混凝土，具有坍落度损失较大的问题。

配制高性能混凝土的活性细掺料是具有高比表面积的微粉辅助胶凝材料。例如，硅灰、磨细矿渣微粉、超细粉煤灰等，它们是利用微粉填隙作用形成微观紧密体系，改善界面结构，提高界面粘结强度。掺入活性细掺料时必须掺入足够的高效减水剂或减水剂。

高性能混凝土的特性包括以下几方面：

（1）自密实性。高性能混凝土的用水量较低，流动性好，抗离析性高，从而具有较优异的填充性和自密实性。

（2）体积稳定性。高性能混凝土的体积稳定性较高，具有高弹性模量、低收缩与徐变。

（3）强度。目前 28d 平均抗压强度为 120MPa 的高性能混凝土已在工程中得到应用。高性能混凝土抗拉强度与抗压强度之比较高强混凝土有明显增加。高性能混凝土的早期强度发展较快，而后期强度的增长率却低于普通强度混凝土。

（4）耐久性。高性能混凝土除通常的抗冻性、抗渗性明显高于普通混凝土外，Cl^- 渗透率明显低于普通混凝土，抗化学腐蚀性能显著优于普通强度混凝土。

（5）耐火性。高性能混凝土的耐高温性能是一个值得重视的问题。由于高性能混凝土的高密实度使自由水不易很快地从毛细孔中排出，在高温作用下，会产生爆裂、剥落。

总之，高性能混凝土并不是一种具有某些特殊功能的混凝土，而是现代混凝土技术发展的理念和方向。

三、粉煤灰混凝土

[学与问]　什么是粉煤灰混凝土？在建筑工程中，开发利用粉煤灰混凝土，对建筑节能减排有何意义？

[探索与发现]　粉煤灰混凝土是指掺入一定量粉煤灰的水泥混凝土，在混凝土搅拌前或搅拌过程中作为掺合料与其他组分一起直接加入。

粉煤灰中的多数颗粒表面光滑、致密，级配良好，堆积体的比表面积小，因此当粉煤灰掺入混凝土中后，一方面可以填充水泥浆体中颗粒间的空隙，显著提高其密实度；另一方面粉煤灰中存在大量的活性氧化硅和氧化铝，遇水后能与石灰、水泥水化产生的氢氧化钙反应生成水化硅酸钙和水化铝酸钙，降低了水泥水化产物氢氧化钙的浓度，因此可以促进水泥的水化。由于这些反应多在水泥浆体的孔隙中进行，反应产物也将留在这些孔隙中，因而降低了水泥石的孔隙率，所以也可以提高其密实性。这样，由于混凝土密实度的提高，使其抗渗性得以改善，并使混凝土弹性模量稍有提高，混凝土硬化后的干缩变小，因此还可以明显改善其抗裂性。

同时，当粉煤灰颗粒均匀分布于水泥浆体中时，可以有效阻止水泥颗粒间的相互粘结。粉煤灰颗粒又呈现细小、光滑的性质，因而有助于改善水泥浆的和易性。

粉煤灰混凝土的突出优点是后期性能优越，特别适用于不受冻的海港工程和早期强度要求不太高的大体积混凝土工程，如高层建筑的地下部分、大型设备基础和水工结构工程。我国的大坝混凝土中几乎全部掺用粉煤灰，许多商品混凝土搅拌站也掺用粉煤灰，既能降低水化热，改善和易性，又能充分利用其后期强度。

粉煤灰混凝土的缺点是早期强度较低，抗冻性较差。

与普通混凝土相比，掺粉煤灰的混凝土在使用时应特别注意粉煤灰的品质，使用前必须试验。

四、轻骨料混凝土

[思考与交流]　什么是轻骨料混凝土？轻骨料混凝土的主要技术性质有哪些？

[资料卡片]　用轻粗骨料、轻砂（或普通砂）、水泥和水配制的干表观密度不大于 $1950kg/m^3$ 的混凝土，称为轻骨料混凝土，粗、细骨料均采用轻质骨料配制的混凝土称为全轻混凝土，多用作保温材料或结构保温材料；用轻质粗骨料和普通砂配制的混凝土称为砂轻混凝土，多用作承重的结构材料。

（一）轻骨料的种类及性质

粒径不大于 5.00mm，堆积密度小于 1200kg/m³ 的骨料称为轻细骨料；粒径大于 5.00mm，堆积密度小于 1000kg/m³ 的骨料称为轻粗骨料，轻骨料按来源可分为三类。

1. 工业废料轻骨料：以工业废料为原料经加工而成的轻质骨料，如粉煤灰陶粒、自燃煤矸石、膨胀矿渣、煤渣及轻砂等。

2. 天然轻骨料：天然形成的多孔岩石经加工而成的轻质骨料，如浮石、火山渣等。

3. 人工轻骨料：以地方材料为原料经加工而成的轻质骨料，如页岩陶粒、黏土陶粒、自燃煤矸石、膨胀珍珠岩及轻砂等。

《轻骨料混凝土技术规程》（JGJ 51—2002）规定，轻骨料的技术性质除了耐久性、体积稳定性和有害成分含量应符合要求外，对轻粗骨料必须检验其堆积密度、颗粒级配、筒压强度和吸水率，对轻砂必须检验其堆积密度和细度模数。

按堆积密度的大小，把轻粗骨料划分为 200、300、400、500、600、700、800、900、1000、1100 等 10 个密度等级；把轻细骨料也划分为 500、600、700、800、900、1000、1100、1200 等 8 个密度等级；轻骨料堆积密度的大小直接影响所配制混凝土的表观密度。

（二）轻骨料混凝土的技术性质

强度等级和密度等级是轻骨料混凝土的两个重要指标。轻骨料混凝土的强度等级按其立方体抗压强度标准值划分为：LC5.0、LC7.5、LC10、LC15、LC20、LC25、LC30、LC35、LC40、LC45、LC50、LC55 和 LC60 等 13 个强度等级。轻骨料混凝土的密度等级按其表观密度共划分为 14 个，见表4-22。

表4-22　轻骨料混凝土的密度等级和导热系数

密度等级	干表观密度（kg/m³）	导热系数［W/（m·K）］	密度等级	干表观密度（kg/m³）	导热系数［W/（m·K）］
600	560～650	0.18	1300	1260～1350	0.42
700	660～750	0.20	1400	1360～1450	0.49
800	760～850	0.23	1500	1460～1550	0.57
900	860～950	0.26	1600	1560～1650	0.66
1000	960～1050	0.28	1700	1660～1750	0.76
1100	1060～1150	0.31	1800	1760～1850	0.87
1200	1160～1250	0.36	1900	1860～1950	1.01

轻骨料混凝土按用途分为保温轻骨料混凝土、结构保温轻骨料混凝土和结构轻骨料混凝土等三类。每类轻骨料混凝土的适用范围及其对应的强度等级和表现密度等级见表4-23。

表4-23　轻骨料混凝土按用途分类

类别名称	混凝土强度等级的合理范围	混凝土密度等级的合理范围	用途
保温轻骨料混凝土	LC5.0	≤800	主要用于保温的围护结构或热工构筑物
结构保温轻骨料混凝土	LC5.0、LC7.5、LC10、LC15	800～1400	主要用于既承重又保温的围护结构
结构轻骨料混凝土	LC15、LC20、LC25、LC30、LC35、LC40、LC45、LC50、LC55、LC60	1400～1900	主要用于承重构件或构筑物

虽然轻骨料强度较低，但轻骨料混凝土可达到较高的强度，这是因为轻骨料表面粗糙而内部多孔，早期的吸水作用使骨料表面水胶比变小，从而提高了轻骨料与水泥石的界面粘接力。

混凝土受力破坏时不是沿界面破坏，而是轻骨料本身先遭到破坏。对低强度的轻骨料混凝土，也可能是水泥石先开裂，然后裂缝向骨料延伸，因此轻骨料混凝土的强度主要取决于轻骨料的强度和水泥石的强度。

轻骨料混凝土的弹性模量一般较普通混凝土低 25% ~65%，当结构构件处温差较大的条件下，弹性模量低有利于控制裂缝的发展。轻骨料混凝土的干缩及极限应变较大，有利于改善结构物的抗震性能或抵抗荷载的作用。

轻骨料混凝土具有较优良的保温性能。由于轻骨料具有较多孔隙，故其导热系数小，但随着表观密度和含水率的增加，导热系数会增大。

轻骨料混凝土的收缩和徐变比普通混凝土大。

五、泵送混凝土

[思考与交流]　什么是可泵性？泵送后混凝土性质是否有变化？如何变化？

[资料卡片]　泵送混凝土是利用混凝土泵在泵送压力作用下沿管道内垂直和水平输送并进行浇筑的混凝土（包括流动性混凝土和大流动性混凝土泵送时坍落度不小于100mm）。从材料成分上讲，泵送混凝土与一般混凝土没有什么区别，但在质量上泵送混凝土有它的特殊要求，这就是混凝土的可泵性。

所谓可泵性，即混凝土拌合物能顺利通过管道、摩擦阻力小、不离析、不堵塞和黏塑性良好的性能。可泵性良好的混凝土拌合物能顺利通过管道输送到达浇筑地点，否则，容易造成堵塞，影响混凝土的正常施工。因此，在混凝土原材料的选择和配合比方面要慎重考虑，以求配制出可泵性良好的混凝土拌合物。

（一）泵送混凝土原材料的选择

1. 粗骨料

粗骨料的级配、粒径和形状对混凝土拌合物的可泵性影响很大。具有连续级配的粗骨料，空隙率小，对节约砂浆和增加混凝土的密实度起很大作用。为了防止混凝土拌合物泵送时管道堵塞，保证泵送顺利进行，还需控制粗骨料最大粒径与混凝土输送管径之比，一般要求：当泵送高度在50m以下时，最大粒径与输送管内径之比，卵石不宜大于1:2.5；碎石不宜大于1:3，当泵送高度在50~100m时，这个比例宜为1:3~1:4；泵送高度在100m以上时，宜为1:4~1:5。此外，粗骨料的形状对混凝土拌合物的泵送性能亦产生影响，一般表面光滑的圆形或近似圆形的粗骨料比尖锐扁平的要好，因为后者单位体积的表面积比前者大，也就需要更多的砂浆去包裹其表面。因此，针、片状颗粒含量多和石子级配不好时，易在输送管道转弯处的管壁上摩擦，且针、片状颗粒一旦横在输送管中，易造成输送管堵塞。因此粗骨料中针、片颗粒含量不宜大于10%。

2. 细骨料

细骨料对混凝土拌合物可泵性的影响比粗骨料大得多。混凝土拌合物之所以能在输送管内顺利流动，是由于砂浆润滑管壁和粗骨料悬浮在砂浆中，因而要求细骨料有良好的级配。

一般认为细骨料最佳级配曲线应尽可能接近砂的级配范围的中部区域，采用中砂，细度模数在 2.3 ~ 3.0 之间。

3. 水泥

水泥品种对混凝土的可泵性也有一定的影响。一般以采用硅酸盐水泥、普通硅酸盐水泥以及矿渣硅酸盐水泥、粉煤灰硅酸盐水泥为宜。

4. 添加剂

所谓混凝土的添加剂是指除去水泥、粗细骨料、水等主要材料外，在搅拌时加入的其他材料。添加剂一般分为外加剂和掺合料两大类。

用于泵送混凝土的外加剂主要有减水剂和引气剂两类。这两类外加剂掺入混凝土拌合物后都可以降低混凝土拌合物的泌水性及水泥浆的离析现象，增加坍落度，延缓水泥水化热的释放速度，显著改善混凝土拌合物的流动性。泵送混凝土的掺合料最常用的是粉煤灰，掺入后能使流动性明显增加，且能减少混凝土拌合物的泌水和干缩程度。在泵送混凝土中同时掺加外加剂和粉煤灰（简称"双掺"），对提高混凝土拌合物的可泵性十分有利。

（二）泵送后混凝土性质的变化

1. 坍落度

混凝土拌合物经过泵送后坍落度会产生变化。泵送前混凝土坍落度越小，其变化越大；空气含量越多、温度越高、输送管越长，则变化越大。水泥用量和砂率对变化也有影响。

2. 空气含量

经过泵送，混凝土拌合物内的空气含量有下降的趋势，这是空气受压的结果。

3. 表观密度

在泵送过程中，混凝土拌合物受压，密实度和表观密度应该有所增加。但由于在泵送过程中混凝土拌合物受到的压力不大（约 0.5 ~ 2.0MPa），且压力是脉冲式的，因而对表观密度的影响不大。

4. 混凝土温度

在泵送过程中，混凝土拌合物与管道摩擦，从而温度可能升高。一般混凝土拌合物温度升高 1℃，则坍落度下降 4mm。因此在盛夏季节施工，必须充分考虑由于温度的升高而引起的坍落度降低。

5. 抗压强度

经过泵送混凝土的抗压强度变化很小，可以忽略不计。

此外，混凝土的抗拉强度、弹性模量、混凝土的凝结时间等也都没有什么变化。

六、泡沫混凝土

[思考与交流]　什么是泡沫混凝土？其突出特点有哪些？在建筑工程中，开发利用泡沫混凝土对建筑节能减排有何意义？

[资料卡片]　泡沫混凝土（图4-21），是将水泥浆与泡沫剂拌合后，经硬化而成的一种多孔混凝土。泡沫剂是泡沫混凝土中的重要成分，在机械搅拌作用下，泡沫剂能形成大量稳定的泡沫。常用的泡沫剂有松香胶泡沫剂及水解性畜血泡沫剂。配制自然养护的泡沫混凝土，水泥强度等级不宜太低，否则会严重影响制品强度。在制品生产中，常采用蒸汽养护或

蒸压养护，这样可缩短养护时间和提高强度，而且还能掺用粉煤灰、炉渣或矿渣等工业废料，以节省水泥，甚至可以全部利用工业废料代替水泥。

[实践与探究] 利用当地资源，研制泡沫混凝土。

图 4-21　泡沫混凝土

七、加气混凝土

[思考与交流] 什么是加气混凝土？为什么加气混凝土的保温隔热性能好？

[资料卡片] 加气混凝土是用含钙材料（水泥、石灰）、含硅材料（石英砂、尾矿粉、粉煤灰、粒化高炉矿渣、页岩等）和加气剂作为原材料，经过磨细、配料、搅拌、浇筑、切割和蒸压养护等工序生产而成。

加气混凝土中最常使用的加气剂是铝粉。铝粉加入料浆后，与含钙材料中的氢氧化钙发生化学反应，放出氢气并形成大量气泡。使料浆形成多孔结构。除铝粉外，也可采用双氧水（过氧化氢）、碳化钙和漂白粉等作为加气剂。

加气混凝土的抗压强度一般为 $0.5 \sim 1.5$MPa。加气混凝土屋面板可用于工业和民用建筑，作承重和保温合一的屋面板。在墙体结构中，可采用砌块或条板，用于承重的或非承重的内墙和外墙。

由于加气混凝土能利用工业废料，产品成本较低，能大幅度降低建筑物自重，保温性能好，因此具有较好的经济效益和社会效益。

八、相变储能混凝土

[实践与探究] 利用太阳能、风能对建筑供暖和制冷时，由于太阳辐射强度和风速在不断地变化，导致输入的能量不稳定，使建筑物室内温度波动很大，人们居住不舒适。解决此问题的方法之一是在室内储存相变储能材料。但这样做，会占用室内空间，影响使用面积和装饰效果。因此，探索既可以储能又可以替代室内隔墙的储能墙，势在必行。

[探索与发现] 储能墙（图 4-22）。其主体由塑料龙骨架构成三维空间网架，在网架中填充加气混凝土，在主体混凝土墙体的内侧分别粘贴保温板和有序排列着一定数量的密闭容器，容器内装有相变介质（如 50% 氯化钙溶液），在密闭容器空隙处再填充混凝土，并在混凝土的内侧设有室内装饰面；在主体混凝土墙体的外侧设置有保温层和室外装饰面层。

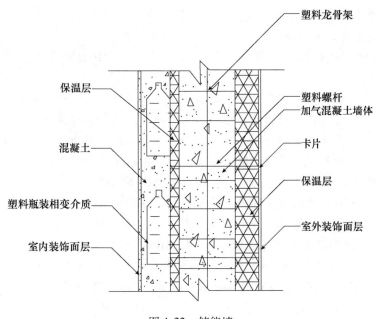

图 4-22 储能墙

这样的墙体既具有储能功能又具有保温功能。当室内的温度达到 29.5℃时，墙体内密闭容器中氯化钙的晶体因吸热而溶解，进而储存热能；当室内的温度低于 29.5℃时，墙体密闭容器中氯化钙的溶液因结晶而放热，进而使室内温度波动变小。

思考复习题

1. 简述砂的颗粒级配、细度模数的概念及测试和计算方法。

2. 甲、乙两种砂，取样筛分结果如下：

筛孔尺寸（mm）		4.75	2.36	1.18	0.600	0.300	0.150	底盘
筛余量（g）	甲砂	0	10	20	90	170	180	30
	乙砂	20	170	130	90	50	30	10

（1）分别计算甲、乙两种砂的细度模数并判定其级配。

（2）欲将甲、乙两种砂混合配制出细度模数为 2.8 的砂，问两种砂的比例应各占多少？混合砂的级配如何？

3. 简述石子最大粒径、针片状、压碎指标的概念及测试和计算方法。

4. 简述粗骨料最大粒径的限制条件。

5. 某道路工程用石子进行压碎值指标测定，称取 9.5～16.0mm 的试样 2000g，压碎试验后采用 2.36mm 的筛子过筛，称得筛上石子重 1815g，筛下细料重 185g。求该石子的压碎值指标是多少？

6. 什么是混凝土？混凝土为什么能在工程中得到广泛应用？

7. 混凝土的各组成材料在混凝土硬化前后都起什么作用？

8. 配制混凝土时应如何选择水泥的品种及强度等级？

9. 配制混凝土时，采用合理砂率有何技术经济意义？

10. 简述混凝土拌合物和易性的概念、测试方法、主要影响因素、调整方法及改善措施。

11. 影响混凝土强度的因素有哪些？采用哪些措施可提高混凝土的强度？

12. 简述混凝土立方体抗压强度、棱柱体抗压强度的概念及相互关系。

13. 引起混凝土产生变形的因素有哪些？采用什么措施可减小混凝土的变形？

14. 什么是减水剂？减水机理如何？在混凝土中掺入减水剂有何技术经济效果？

15. 常用的早强剂、引气剂有哪些？简述它们的作用机理。

16. 影响混凝土耐久性的主要因素及提高耐久性的措施有哪些？

17. 制作钢筋混凝土屋面梁，设计强度等级 C25，施工坍落度要求 $30 \sim 50mm$，根据施工单位历史统计资料混凝土强度标准差为 $\sigma = 4.0MPa$。采用材料：

普通水泥 42.5 级，实测强度 45MPa，$\rho_c = 3.0g/cm^3$；河砂 $M_x = 2.4$，

$\rho_{os} = 2.60g/cm^3$，碎石 $D_{max} = 37.5mm$，$\rho_{og} = 2.66g/cm^3$；自来水。

①求混凝土初步配合比；②若调整试配时加入 10% 水泥浆后满足和易性要求，并测得拌合物的表观密度为 2380kg/m³，求其基准配合比；③基准配合比经强度检验符合要求。现测得工地用砂的含水率 3%，石子含水量 1%，求施工配合比。

18. 某混凝土试拌试样经调整后，各种材料的用量分别为水泥 3.1kg，水 1.86kg，砂 6.24kg，碎石 12.84kg，并测得拌合物的表观密度为 2450kg/m³，试求 1m³ 混凝土的各种材料实际用量。

第五章 砂 浆

[学与问] 什么是建筑砂浆？建筑砂浆有哪些品种及用途？

[探索与发现] 建筑砂浆是由胶凝材料、细骨料、水以及根据性能确定的其他组分按适当的比例配合、拌制并经硬化而成的工程材料。

按所用胶凝材料不同，建筑砂浆可分为水泥砂浆、水泥石灰混合砂浆、石灰砂浆、水玻璃耐酸砂浆和聚合物砂浆。按照生产方式可分为现场搅拌砂浆、预拌砂浆。按功能和用途可分为砌筑砂浆、抹面砂浆、防水砂浆、装饰砂浆、保温砂浆、吸声砂浆、耐腐蚀砂浆、防辐射砂浆、聚合物砂浆、膨胀砂浆等。

第一节 砌筑砂浆的组成材料

[学与问] 什么是砌筑砂浆？砌筑砂浆的组成材料有哪些？各组成材料的主要技术要求有哪些？

[探索与发现] 砌筑砂浆是指能将砖、石、砌块等块材经砌筑成为砌体，起粘结、衬垫和传力作用的砂浆。砌筑砂浆有现场配制砂浆和预拌砂浆两种。现场配制砂浆是指由水泥、细骨料和水，以及根据需要加入的石灰、活性掺合料或外加剂在现场配制成的砂浆。现场配制砂浆分为水泥砂浆和水泥混合砂浆。预拌砂浆是指专业生产厂生产的湿拌砂浆或干混砂浆。

胶凝材料、细骨料、水、掺合料及外加剂均是组成砌筑砂浆的重要组成材料。为确保砌筑砂浆的质量，配制砂浆的各组成材料均应满足一定的技术要求。砌筑砂浆所用原材料不应对人体、生物与环境造成有害的影响，并符合现行国家标准《建筑材料放射性核素限量》（GB 6566—2010）的规定。

一、胶凝材料

1. 水泥

砂浆的胶凝材料主要是指水泥，常用的水泥品种有普通硅酸盐水泥、矿渣硅酸盐水泥、火山灰质硅酸盐水泥、粉煤灰硅酸盐水泥、复合硅酸盐水泥或砌筑水泥。在设计和配制砌筑砂浆时，应根据工程所处的环境条件，选用合适的水泥品种。行业标准《砌筑砂浆配合比设计规程》（JGJ/T 98—2010）中规定，M15 及以下强度等级的砌筑砂浆宜选用 32.5 级的通用硅酸盐水泥或砌筑水泥；M15 以上强度等级的砌筑砂浆宜选用 42.5 级的通用硅酸盐水泥。

由于砂浆强度等级要求不高，所以一般选用低强度等级的水泥或砌筑水泥，即可满足要求。若水泥强度等级过高，会因水泥用量不足导致保水性不良。配制混合砂浆时，可掺入适量的混合材料（如粉煤灰等），以改善砂浆的和易性，调节砂浆的强度。

砌筑水泥（GB/T 3183—2003）是在硅酸盐水泥熟料中掺入大量的炉渣、灰渣等混合材料经磨细后制得的和易性较好的水硬性胶凝材料，代号为 M，主要用于配制砌筑砂浆。砌筑水泥的熟料含量一般为 15% ~ 25%，强度较低，见表 5-1。细度为 0.08mm 方孔筛筛余量不得超过 10%。初凝时间不得早于 60min，终凝时间不得迟于 12h。

表 5-1　砌筑水泥各等级、各龄期强度值

水泥强度等级	抗压强度（MPa）		抗折强度（MPa）	
	7d	28d	7d	28d
12.5	7.0	12.5	1.5	3.0
22.5	10.0	22.5	2.0	4.0

2. 砌筑砂浆用石灰膏、电石膏

（1）石灰膏。为了改善砂浆的和易性及节约水泥，通常在砂浆中掺入适量的石灰膏。生石灰熟化为石灰膏时，应用孔径不大于 3mm × 3mm 的网过滤，熟化时间不得少于 7d；磨细生石灰粉熟化时间不得少于 2d。沉淀池中储存的石灰膏应采取防止干燥、冻结和污染的措施。严禁使用脱水硬化的石灰膏。消石灰不得直接用于砌筑砂浆中。

（2）电石膏。制作电石膏的电石渣应用孔径不大于 3mm × 3mm 的网过滤，检验时应加热至 70℃后至少保持 20min，并应待乙炔挥发完后再使用。

（3）石灰膏、电石膏试配的稠度应为（120 ± 5）mm。

砌筑砂浆中的水泥和石灰膏、电石膏等材料的用量可按表 5-2 选用。

表 5-2　砌筑砂浆的材料用量　　　　　　　　　　　　　　　kg/m³

砂浆种类	材料用量
水泥砂浆	≥200
水泥混合砂浆	≥350
预拌砂浆	≥200

二、细骨料

[学与问]　为什么要限制砂中的含泥量？砌筑小型混凝土空心砌块砌体的砂浆宜选用细度模数为多大的砂？

[探索与发现]　配制砂浆的细骨料最常用的是天然砂和机制砂，且宜选用中砂，并应符合现行行业标准《普通混凝土用砂、石质量及检验方法标准》（JGJ52—2006）的规定，且应全部通过 5.00mm 的筛孔。此外，由于砂浆层较薄，对砂子的最大粒径应有限制。为保证建筑砂浆的质量，应选用质地坚硬、洁净的砂，尤其对砂中泥土杂质的含量应严格控制。砌筑小型混凝土空心砌块砌体的砂浆宜选用中砂，最大粒径不大于砂浆层厚度的 1/4（2.5mm）；毛石砌体宜选用粗砂，最大粒径应小于砂浆层厚度的 1/5 ~ 1/4。由于含泥量会影响砂浆质量，如含泥量过大，会增加砂浆的水泥用量，并使砂浆的收缩值增大、耐久性降

低。砂浆强度等级≥M5，砂含泥量和泥块含量应≤5％。

对于人工砂、山砂及特细砂等资源较多的地区，为降低工程成本，砂浆可合理地利用这些资源，但应经试验能满足技术要求后方可使用。

三、掺合料

粉煤灰、粒化高炉矿渣、硅灰、天然沸石粉等可作为砂浆中的掺合料，但应符合现行规范的规定。

四、保水增稠材料

把能够改善砂浆可操作性及保水性的非石灰类材料称为保水增稠材料。采用保水增稠材料时，应在试验前进行试验检验，并应有完整的型式检验报告。

五、外加剂

外加剂是指在拌制砂浆的过程中掺入，用以改善砂浆性能的物质。为使砂浆具有良好的和易性及其他施工性能，可在砂浆中掺入外加剂（如引气剂、减水剂、早强剂、缓凝剂、防冻剂等）。掺入的外加剂应符合国家现行有关标准的规定，引气型外加剂还应有完整的型式检验报告。

六、水

拌制建筑砂浆用水与混凝土拌合用水的要求相同，均需满足《混凝土拌合用水标准》（JGJ 63—2006）的规定，包括：饮用水、地表水、地下水、再生水等。

第二节　砌筑砂浆的主要技术性质

[学与问]　砌筑砂浆的主要技术性质有哪些？砌筑砂浆的和易性包括哪些含义？各用什么指标来表示？

[探索与发现]　砌筑砂浆的主要技术性质，主要包括新拌砂浆的和易性、硬化砂浆的强度和强度等级、砂浆的粘结性、收缩性和抗冻性等。

一、新拌砂浆的和易性

新拌砂浆的和易性是指砂浆易于施工操作并能保证其质量的综合性能。和易性良好的砂浆在运输和施工过程中不易产生分层、泌水等现象，而且容易在粗糙的砖、石、砌块表面上铺成均匀薄层，并能与基层紧密粘结。砂浆的和易性包括流动性和保水率两方面。

（一）流动性

砂浆的流动性是指砂浆在自重或外力作用下流动的性能，也称稠度。流动性用"沉入度"表示，用砂浆稠度测定仪测定（图5-1）。

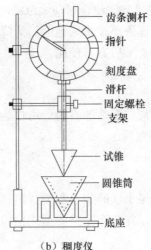

| （a）砂浆拌合物 | （b）稠度仪 | （c）试锥沉入砂浆 |

图 5-1　检测砂浆稠度

沉入度是以标准圆锥体在砂浆内自由沉入 10s 时沉入的深度（mm）表示，即砂浆的稠度。沉入度越大，砂浆的流动性越好。但流动性过大，砂浆容易分层、泌水。若流动性过小，则不便于施工操作，灰缝不易填充密实，将会降低砌体的强度。

盛装容器内的砂浆，只允许测定一次稠度，重复测定时，应重新取样测定。同盘砂浆应取两次试验结果的算术平均值作为测定值，并应精确至 1mm；当两次试验值之差大于 10mm 时，应重新取样测定。

砂浆流动性的选择，应根据砌体种类、施工条件和气候条件等因素来决定。在一般情况下，多孔吸水的砌体材料和干热的天气，则要求砂浆的流动性大些；而密实不吸水的材料和湿冷天气，可要求砂浆的流动性小些。例如，当墙体为砖墙、粉煤灰砌块，砂浆的适宜稠度为 70～90mm；当砌体为混凝土砌块、混凝土小型空心砌块砌体，砂浆的适宜稠度为 50～70mm；当墙体为空心砖时，砂浆的适宜稠度为 60～80mm；当墙体为石砌体时，砂浆的适宜稠度为 30～50mm。

砂浆的流动性和许多因素有关，胶凝材料的用量、用水量、砂粒粗细、形状、级配以及搅拌时间都会影响砂浆的流动性。

（二）保水率

保水率是衡量砂浆保水性能的指标。砌筑水泥的保水率测定方法：用规定流动度范围的新拌砂浆，按规定的方法进行吸水处理，即保水率就是吸水处理后砂浆中保留的水的质量，并用原始水量的质量百分数来表示。

（1）砂浆的保水率应按下式计算：

$$W = \left[1 - \frac{m_4 - m_2}{a(m_3 - m_1)} \right] \times 100 \tag{5-1}$$

式中　W——砂浆保水率,%；

　　　m_1——底部不透水片与干燥试模质量，g，精确至 1g；

　　　m_2——15 片滤纸吸水前的质量，g，精确至 0.1g；

108

m_3——试模、底部不透水片与砂浆总质量，g，精确至 1g；

m_4——15 片滤纸吸水后的质量，g，精确至 0.1g；

a——砂浆含水率，%。

取两次试验结果的算术平均值作为砂浆的保水率，精确至 0.1%，且第二次试验应重新取样测定。当两个测定值之差超过 2% 时，此组试验结果应为无效。

（2）测定砂浆含水率时，应称取（100±10）g 砂浆拌合物试样，置于一干燥并已称重的盘中，在（105±5）℃的烘箱中烘干至恒重。砂浆含水率应按下式计算：

$$a = \frac{m_6 - m_5}{m_6} \times 100 \tag{5-2}$$

式中 a——砂浆含水率%；

m_5——烘干后砂浆样本的质量，g，精确至 1g；

m_6——砂浆样本的质量，g，精确至 1g。

取两次试验结果的算术均值作为砂浆的含水率，精确至 0.1%。当两个测定值之差超过 2% 时，此组试验结果应为无效。

《砌筑砂浆配合比设计规程》（JGJ/T 98—2010）中规定砌筑砂浆的保水率应符合表 5-3 的要求。

表 5-3 砌筑砂浆的保水率   %

砂浆种类	保水率
水泥砂浆	≥80
水泥混合砂浆	≥84
预拌砌筑砂浆	≥88

（三）抗冻性

砌筑砂浆用于有抗冻要求的砌体工程时，应进行冻融试验。其抗冻性应符合表 5-4 的要求规定，且当设计对抗冻性有明确要求时，尚应符合设计要求。

表 5-4 砌筑砂浆的抗冻性

使用条件	抗冻指标	质量损失率（%）	强度损失率（%）
夏热冬暖地区	F15		
夏热冬冷地区	F25	≤5	≤25
寒冷地区	F35		
严寒地区	F50		

二、硬化后砂浆的主要技术性质

[学与问] 砌筑砂浆共分为多少个强度等级？在工程中应如何检测砂浆的抗压强度？

（一）立方体抗压强度和强度等级

[探索与发现] 砂浆的强度等级是以边长为 70.7mm×70.7mm×70.7mm 的带底试模所成型的立方体试件强度表示，3 个为一组。砂浆立方体试件成型后，在室温为（20±5）℃的

环境下静置（24±2）h左右，且气温较低时不能超过两昼夜，然后拆模放入温度为（20±2）℃、相对湿度为90%以上的标准养护室中养护至规定的龄期进行测试（图5-2）。以三个试件测值的算术平均值作为该组试件的砂浆立方体抗压强度平均值，精确到0.1MPa；当三个测值的最大值或最小值有一个与中间值的差值超过中间值的15%时，应把最大值及最小值一并舍去，取中间值作为该组试件的抗压强度值；当两个值与中间值的差值超过中间值的15%时，该组试件结果为无效。

（a）砂浆装入试模　　　（b）静置试模　　　（c）养护箱中试件　　（d）检测试件强度

图5-2　检测硬化后砂浆的强度

根据《砌筑砂浆配合比设计规程》（JGJ/T 98—2010）的规定，水泥砂浆强度等级分为M5.0、M7.5、M10、M15、M20、M25、M30共七个等级；水泥混合砂浆的强度等级分为M5.0、M7.5、M10、M15共四个等级。

对吸水性基层材料，砂浆强度主要取决于水泥强度和水泥用量，而与水胶比无关。计算公式如下：

$$f_{m,o} = Af_{ce}Q_c/1000 + B \qquad (5\text{-}3)$$

式中　$f_{m,o}$——砂浆28d的抗压强度，MPa；

　　　f_{ce}——水泥实测强度，MPa；

　　　Q_c——每立方米砂浆的水泥用量，kg；

A、B——砂浆的特征系数，其中$A=3.03$，$B=-15.09$。

（二）砌筑砂浆的粘结力

砖石等砌体是靠砂浆把许多块状的砖、石材等材料粘结成为坚固整体的。砂浆的粘结力大小，对砌体的强度、耐久性、抗震性都有较大的影响。因此，要求砂浆对砖、空心砖、石材等必须有一定的粘结力。一般情况下，砂浆的保水率越好、抗压强度越高，与砖石的粘结力也越大。此外，砂浆的粘结力与基面状态、清洁程度、湿润情况以及施工操作水平及养护条件等有关。

如砌砖之前要浇水湿润，表面不沾泥土，就可以提高砂浆的粘结力，保证砌体的质量。

（三）砌筑砂浆的表观密度

砂浆的表观密度是指砂浆拌合物在捣实后的单位体积质量，以此确定每立方米砂浆拌合物中的各组成材料的实际用量。水泥砂浆的表观密度≥1900kg/m³，水泥混合砂浆的表观密度≥1800kg/m³；预拌砂浆的表观密度≥1800kg/m³。

第三节　砌筑砂浆的配合比的确定和要求

［学与问］　在建筑工程中，应如何选择和配制所要求的强度等级砂浆？

［探索与发现］　目前常用的砌筑砂浆有水泥砂浆和水泥石灰混合砂浆。根据工程类别

和不同砌体部位首先确定砌筑砂浆的品种和强度等级，然后查有关规范、手册、资料或通过计算方法确定其配合比，再经试验调整及验证后才可应用。

一、现场配制砌筑砂浆的试配要求

（一）现场配制水泥混合砂浆的试配应符合下列要求：

1. 配合比应按下列步骤计算：

（1）计算砂浆试配强度（$f_{m,o}$）；

（2）计算每立方米砂浆中水泥用量（Q_C）；

（3）计算每立方米砂浆中石灰膏用量（Q_D）；

（4）确定每立方米砂浆中砂用量（Q_S）；

（5）按砂浆稠度选每立方米砂浆用水量（Q_W）。

2. 砂浆的试配强度应按下式计算：

$$f_{m,o} = k \cdot f_2 \tag{5-4}$$

式中　$f_{m,o}$——砂浆的试配强度，精确至 0.1MPa；

　　　K——系数，按表 5-5 取值；

　　　f_2——砂浆强度等级值，精确至 0.1MPa；

　　　σ——砂浆现场强度标准差，精确至 0.01MPa。

3. 砂浆强度标准差应符合下列要求：

（1）当现场有统计资料时，砂浆现场强度标准差 σ 应按下式计算：

$$\sigma = \sqrt{\frac{\sum_{i=1}^{n} f_{m,i}^2 - n\bar{f}^2}{n-1}} \tag{5-5}$$

式中　$f_{m,i}$——统计周期内同一品种砂浆第 i 组试件的强度，MPa；

　　　$\bar{f}$——统计周期内同一品种砂浆 n 组试件强度的平均值，MPa；

　　　n——统计周期内同一品种砂浆试件的总组数，$n \geqslant 25$。

（2）当不具备有近期统计资料时，砂浆现场强度标准差 σ 可按表 5-5 取用。

表 5-5　砂浆强度标准差 σ 及 K 值　　　　　　　　　　　　　　MPa

施工水平＼砂浆强度等级	M5.0	M7.5	M10	M15	M20	M25	M30	K
优良	1.00	1.50	2.00	3.00	4.00	5.00	6.00	1.15
一般	1.25	1.88	2.50	3.75	5.00	6.25	7.50	1.20
较差	1.50	2.25	3.00	4.50	6.00	7.50	9.00	1.25

4. 水泥用量的计算应符合下列要求：

（1）每立方米砂浆中的水泥用量，应按下式计算：

$$Q_c = \frac{1000(f_{m,o} - B)}{Af_{ce}} \tag{5-6}$$

式中　Q_c——每立方米砂浆中水泥用量，精确至 1kg；

$f_{m,o}$——砂浆的配制强度，精确至 0.1MPa；

f_{ce}——水泥的实测强度，精确至 0.1MPa；

A、B——砂浆的特征系数，$A = 3.03$，$B = -15.09$。

（2）在无法取得水泥的实测强度时，可按下式计算：

$$f_{ce} = \gamma_c \cdot f_{ce,k} \tag{5-7}$$

式中 $f_{ce,k}$——水泥强度等级对应的强度，MPa；

γ_c——水泥强度等级值的富余系数，该值应按实际统计资料确定。无统计资料时 γ_c 取 1.0。

5. 石灰膏用量应按下式计算：

$$Q_D = Q_A - Q_C \tag{5-8}$$

式中 Q_D——每立方米砂浆的石灰膏用量，精确至 1kg；石灰膏使用时的稠度宜为 (120 ± 5) mm；

Q_A——每立方米砂浆中水泥和掺合料的总量，精确至 1kg；宜在 350kg/m³ 之间；

Q_C——每立方米砂浆的水泥用量，精确至 1kg；

6. 每立方米砂浆中砂子用量 Q_S，kg/m³，取干燥状态（含水率小于 0.5%）的堆积密度值作为计算值；

7. 每立方米砂浆中用水量 Q_w，kg/m³，可根据砂浆稠度要求选用 210～310kg。

注：1. 混合砂浆中的用水量不包括石灰膏中的水；

2. 当用细砂或粗砂时，用水量分别取上限或下限；

3. 稠度小于 70mm 时，用水量可小于下限；

4. 施工现场气候炎热或干燥时，可酌量增加用水量。

（二）现场配制水泥砂浆的试配应符合下列规定：

1. 水泥砂浆的材料用量可按表 5-6 选用。

2. 水泥粉煤灰砂浆材料用量可按表 5-7 选用。

表 5-6 水泥砂浆材料用量   kg/m³

强度等级	水泥用量	砂子用量	用水量
M5	200～230		
M7.5	230～260		
M10	260～290		
M15	290～330	1m³ 干燥状态下的堆积密度值	270～330
M20	340～400		
M25	360～410		
M30	430～480		

注：1. M15 及 M15 以下强度等级砂浆，水泥强度等级为 32.5 级；M15 以上强度等级水泥砂浆，水泥强度等级为 42.5 级；

2. 当用细砂或粗砂时，用水量分别取上限或下限；

3. 稠度小于 70mm 时，用水量可小于下限；

4. 施工现场气候炎热或干燥时，可酌量增加用水量；

5. 试配强度应按照式（5-4）进行计算。

表 5-7　每立方米水泥粉煤灰砂浆材料用量　　　　　　　kg/m³

强度等级	水泥和粉煤灰总量	粉煤灰	砂	用水量
M5	210～240	粉煤灰掺量可占胶凝材料总量的15%～25%	砂的堆积密度值	270～330
M7.5	240～270			
M10	270～300			
M15	300～330			

注：1. 表中水泥强度等级为 32.5 级；

2. 当用细砂或粗砂时，用水量分别取上限或下限；

3. 稠度小于 70mm 时，用水量可小于下限；

4. 施工现场气候炎热或干燥时，可酌量增加用水量；

5. 试配强度应按照式（5-4）进行计算。

二、预拌砌筑砂浆的试配要求

预拌砂浆可分为干混砂浆和湿拌砂浆。

干混砂浆曾称为干粉料、干混料或干粉砂浆。它是由胶凝材料、细骨料、外加剂、聚合物干粉、掺合料等固体材料组成，经工厂准确配料和均匀混合而成的砂浆的半成品，不含拌合水。拌合水是使用前在施工现场搅拌时加入。

干混砂浆的主要产品是混凝土地面用水泥基耐磨材料、瓷砖胶粘剂、混凝土界面剂、罩面材料等。

湿拌砂浆与干混砂浆有相似之处，原材料基本相同，所不同的主要是水是在工厂直接加入的，类似于预拌混凝土。但预拌混凝土到施工现场后的浇筑速度较快，对坍落度和初凝时间的控制主要是考虑运输和浇筑时间。而预拌砂浆到施工现场后用于砌筑或粉刷（地坪除外），施工时间要长得多，因此对流动性损失和初凝时间的控制要求更高。

（一）预拌砌筑砂浆应符合下列规定：

1. 在确定湿拌砌筑砂浆稠度时，应考虑砂浆在运输和储存过程中的稠度损失。

2. 湿拌砂浆应根据凝结时间的要求确定外加剂的掺量。

3. 干混砌筑砂浆应明确拌制时加水量范围。

4. 预拌砌筑砂浆的搅拌、运输、储存应符合现行行业标准《预拌砂浆》（JG/T 230—2007）的规定。

5. 预拌砌筑砂浆性能应符合现行行业标准《预拌砂浆》（JG/T 230—2007）的规定。

（二）预拌砌筑砂浆的试配应符合下列规定：

1. 预拌砌筑砂浆生产前应进行试配，试配强度应按本规程式（5-4）计算确定，试配时稠度取 70～80mm。

2. 预拌砌筑砂浆中可掺入保水增稠材料、外加剂等，掺量应经试配后确定。

三、砌筑砂浆配合比的试配、调整与确定

（一）试拌调整

砌筑砂浆配合比的试配、调整与确定，是砂浆配合比设计中的重要环节，关系到施工难

易与砂浆质量。试配时应按现行行业标准《建筑砂浆基本性能试验方法标准》（JGJ/T 70—2009）测定砌筑砂浆拌合物的稠度和保水率。当稠度和保水率不能满足时，应调整材料用量，直到符合要求为止，然后确定为试配时的砂浆基准配合比。

试配时至少应采用三个不同的配合比，其中一个为砂浆的基准配合比，其余两个配合比的水泥用量，应按基准配合比分别增加及减少10%，在保证稠度、保水率合格的条件下，可将用水量、石灰膏、保水增稠材料或粉煤灰等活性混合材料作相应调整。

砌筑砂浆试配时稠度应满足三个要求，并按现行行业标准《建筑砂浆基本性能试验方法标准》（JGJ/T 70—2009）的规定分别测定不同配合比砂浆的表观密度及强度；并应选定符合试配强度及和易性要求、水泥用量最低的配合比作为砂浆的试配配合比。

（二）砌筑砂浆试配强度的校正

1. 按下式计算砂浆的理论表观密度值：

$$\rho_t = Q_C + Q_D + Q_S + Q_W \tag{5-9}$$

式中　ρ_t——砂浆的理论表观密度值，kg/m^3，精确至$10kg/m^3$。

2. 按下式计算砂浆配合比校正系数

$$\delta = \frac{\rho_c}{\rho_t} \tag{5-10}$$

式中　ρ_c——砂浆的实测表观密度值，kg/m^3，精确至$10kg/m^3$。

当砂浆的实测表观密度与理论表观密度值之差的绝对值不超过理论值的2%时，此前的试配配合比即为砂浆配合比；当超过2%时，应将试配配合比中每项材料用量均乘以校正系数（δ）后，确定为砂浆设计配合比。

第四节　其他砂浆

[学与问]　抹面砂浆分为几种类型？其技术要求有哪些？

[探索与发现]　抹面砂浆也称抹灰砂浆。凡涂抹在建筑物或建筑构件表面的砂浆统称为抹面砂浆。抹面砂浆既可保护建筑物，增加建筑物的耐久性，又使其表面平整、光洁美观。抹面砂浆对强度的要求不高，但对保水性要求较高，与基层的黏附性好。按其使用要求不同，抹面砂浆可分为普通抹面砂浆、防水砂浆、装饰砂浆和具有特殊功能的抹面砂浆等。

对抹面砂浆的要求：具有良好的和易性，容易抹成均匀平整的薄层，便于施工；要有足够的粘结力，能与基层材料粘结牢固和长期使用不致开裂或脱落等性能。

抹面砂浆的组成与砌筑砂浆基本相同，但有时加入一些纤维增强材料（如麻刀、纸筋、玻璃纤维等），提高抹灰层的抗拉强度，增加抹灰层的弹性和耐久性，防止抹灰层开裂。有时加入胶粘剂（聚乙烯醇缩甲醛或聚醋酸乙烯乳液等），提高面层强度和柔韧性，加强砂浆层与基层材料的粘结，减少开裂。

一、普通抹面砂浆

[学与问]　普通抹面砂浆的主要功能有哪些？抹面砂浆的主要技术要求与砌筑砂浆有何不同？抹面砂浆一般分几次涂抹？每一层砂浆的作用是什么？

[**探索与发现**]　普通抹面砂浆是以薄层抹于建筑物的墙体、顶棚等部位的底层、中层或面层，对建筑物起保护、增强耐久性和表面装饰的作用。与砌筑砂浆不同，对抹面砂浆的主要技术要求不是抗压强度，而是抹面时的和易性以及与基底材料的粘结力，所以需要更多的胶凝材料。

为了保证抹灰层表面平整美观，避免开裂脱落，抹面砂浆常分层进行施工，即分为底层、中层和面层三层涂抹，各层所用砂浆的材料比例和技术性能也不同。

底层砂浆主要起与基层粘结牢固的作用，要求砂浆的和易性和保水性较好，以防止水分被基层吸收而影响砂浆的硬化。砖砌体底层抹灰可用石灰砂浆；有防水、防潮要求时用水泥砂浆；混凝土和石块砌体底层抹灰多用水泥砂浆或混合砂浆。

中层砂浆主要起找平作用，为抹面层砂浆打下基础，多用混合砂浆或石灰砂浆。找平层砂浆的稠度要合适，以便于抹平；砂浆层的厚度以工作面抹平为宜，有时可省略。

面层砂浆主要起保护和装饰作用，对表面平整度要求较高，宜采用细砂配制的混合砂浆、麻刀石灰砂浆或纸筋石灰砂浆，可加强表面的光滑程度及质感。在容易受碰撞的部位（如窗台、窗口、踢脚板等）应采用水泥砂浆。在加气混凝土砌块表面上做抹灰时，应采用特殊的施工方法，如在墙面上刮胶、喷水润湿或在砂浆层中夹一层钢丝网片以防开裂脱落。

普通抹面砂浆的配合比，可根据抹面砂浆的使用部位和基层材料的特性，参考有关资料选用。一般抹面砂浆的配合比除指明质量比外，均为干松状态下材料的体积比。

二、防水砂浆

[**资料卡片**]　防水砂浆是指制作防水层的砂浆。防水砂浆层又称刚性防水层。这种防水层仅适用于不受振动和具有一定刚度的混凝土或砖石砌体工程，它具有防潮、防渗作用，是一种刚性防水层，适用于地下室、水池、管道、堤坝、隧道、沟渠、屋面以及具有一定刚度的砖、石或混凝土工程的施工部位。对于变形较大或可能发生不均匀沉降的建筑物，不宜采用刚性防水层，而采用刚柔结合的防水方案。

（一）防水砂浆的种类

防水砂浆分为以下三种：

1. 水泥砂浆。是由水泥、细骨料、掺合料和水制成的砂浆。普通水泥砂浆多层抹面用作防水层。

2. 掺加防水剂的防水砂浆。在普通水泥中掺入一定量的防水剂而制成的防水砂浆，它是目前应用最广泛的一种防水砂浆。主要有引气剂防水砂浆、减水剂防水砂浆、三乙醇胺防水砂浆和三氯化铁防水砂浆。

3. 膨胀水泥和无收缩水泥配制砂浆。由于该种水泥具有微膨胀或补偿收缩性能，从而能提高砂浆的密实性和抗渗性。

（二）防水砂浆的常用防水剂

防水砂浆是具有显著的防水、防潮性能的砂浆，是一种刚性防水材料和堵漏密封材料。配制防水砂浆常用防水剂有氯化物金属盐类防水剂、水玻璃防水剂和金属皂类防水剂等。

1. 氯化物金属盐类防水剂

氯化物金属盐类防水剂，主要由氯化钙、氯化铝和水按一定比例配制而成的有色液体，防水砂浆常用的配合比大致为氯化铝：氯化钙：水 = 1：10：11，掺加量一般为水泥质量的3%~5%，这种防水剂掺入水泥砂浆中，能在凝结硬化过程中生成不透水的复盐，起到促进结构密实的作用，从而提高砂浆的抗渗性能，一般常用于地下建筑物。

2. 水玻璃防水剂

水玻璃防水剂的主要成分为硅酸钠，另外再掺入适量的"四矾"，被称为四矾水玻璃防水剂。掺加的"四矾"是：蓝矾（硫酸铜）、明矾（钾铝矾）、紫矾（铬矾）和红矾（重铬酸钾）。将以上"四矾"各取1份溶于60份100℃的水中，再降至50℃，投入400份水玻璃中搅拌均匀而制成水玻璃防水剂。这种防水剂加入水泥浆后形成许多胶体，堵塞了毛细管道和孔隙，从而提高了砂浆的防水性能。但是，红矾（重铬酸钾）有剧毒，使用时要特别注意安全。

3. 金属皂类防水剂

金属皂类防水剂是由硬脂酸、氨水、氢氧化钾（或碳酸钾）和水按一定比例混合加热皂化而制成。这种防水剂主要起填充微细孔隙和堵塞毛细管的作用，掺加量一般为水泥质量的3%左右。

（三）防水砂浆的技术要求

配制防水砂浆常用水泥和砂，其配合比一般为水泥：砂 = 1：（2~3），水灰比应控制在0.50~0.55。水泥应选用32.5等级以上的普通硅酸盐水泥，砂子最好使用中砂。稠度不应大于80mm。

（四）防水砂浆的施工

防水砂浆的施工对操作技术要求很高，配制防水砂浆时，先把水泥和砂子干拌均匀，再把量好的防水剂溶于拌合水中，与水泥、砂搅拌均匀即可使用。涂抹时，每层厚度掌握在5mm左右。共涂抹4~5层，总厚度约为20~30mm。在涂抹前先在润湿清洁的底层上抹一层纯水泥浆，然后抹一层5mm厚的防水砂浆，在初凝前用木抹子压实一遍，第二、三、四层都是同样的操作方法，最后一层进行压光。抹完后要加强养护，防止脱水过快造成干裂。总之，刚性防水层必须保证砂浆的密实性，对施工要求高，否则难以获得理想的防水效果。

三、装饰砂浆

[资料卡片] 装饰砂浆是指用作建筑物饰面的抹面砂浆。涂抹在建筑物内外墙表面，增加建筑物的美观，同时使建筑物具有特殊的表面形式及不同的色彩和质感。

装饰砂浆所采用的胶结材料有白水泥、彩色水泥或在常用水泥中加入掺加耐碱矿物颜色配成彩色以及石灰、石膏等。细骨料则常用浅色或彩色的天然砂、人工石英砂以及大理石、花岗石的石屑或陶瓷的碎粒、特制的塑料色粒等。一般在室外抹灰工程中，可掺入颜料拌制彩色砂浆进行抹面，由于饰面长期处于风吹、雨淋和受到大气中有害气体腐蚀、污染，因此，选择耐碱、耐酸、耐日晒的合适矿物颜料，保证砂浆面层的质量，避免褪色。工程中常用的颜料有氧化铁黄、铬黄、氧化铁红、钴蓝、铬绿、氧化铁棕、氧化铁紫、氧化铁红和碳黑等。

思考复习题

1. 新拌砂浆的和易性包括哪些内容？砂浆的保水性不良，对其质量有何影响？采取哪些措施可提高砂浆的保水性？

2. 砌砖砂浆与砌石砂浆其强度影响因素有何不同？

3. 为什么水泥石灰混合砂浆在砌筑工程中能得到广泛应用？

第六章　建筑钢材

[学与问]　什么是建筑钢材？建筑钢材具有哪些特性？

[探索与发现]　钢材是以铁为主要元素，含碳量一般在 2.06% 以下，并含有其他元素的材料。

建筑钢材是指用于建筑工程中的钢材，包括钢结构用各种型材（如圆钢、角钢、工字钢、管钢）、板材以及混凝土结构用钢筋、钢丝、钢绞线等。

钢材属于金属材料。金属材料包括黑色金属和有色金属两大类。黑色金属是以铁元素为主要成分的金属及其合金，如铁、钢和合金钢；有色金属是以其他金属元素为主要成分的金属及其合金，如铜、铝、锌等金属及其合金。

建筑钢材强度高、品质均匀，具有一定的弹性和塑性变形能力，能够承受冲击、振动等荷载；钢材的可加工性能好，可以进行各种机械加工，也可以通过铸造的方法，将钢铸造成各种形状；还可以通过切削、铆接或焊接等多种方式的连接，进行装配施工。因此，钢材是建筑工程中最重要的材料之一。钢材的缺点是容易生锈，维护费用大，耐火性差。

第一节　钢材的分类

[学与问]　**1.** 不同类型的钢主要特性有哪些？

2. 既然沸腾钢的质量较镇静钢差，但为什么还要生产和使用沸腾钢？

[探索与发现]　钢的分类方法很多，通常有以下几种分类方法。

一、按钢的冶炼方法分类

炼钢的过程就是降低生铁含碳量并除去其他杂质的精炼过程。在炼钢的过程中，由于采用的冶炼方法不同，除掉碳及其他杂质的程度也不同，所得到的钢材质量有较大差别。

常用的炼钢方法有：氧气转炉法、平炉法和电炉法三种。

1. 氧气转炉炼钢法

以熔融的铁水为原料，在转炉的底部或侧面吹入空气进行冶炼，称为空气转炉法。这种方法冶炼时间短，但空气中含有大量的氮，使钢中的含氮量增加，钢材质量较差，加之除去杂质不完全，所以钢材的可焊性、冲击韧性、抗腐蚀性均较差。

若采用纯氧气代替空气吹入冶炼，不仅可避免带入氮和氢等有害元素，而且能有效地除去铁水中的硫和磷，钢材质量甚至优于平炉钢。

2. 平炉炼钢法

平炉炼钢法与氧气转炉炼钢法不同，它是以生铁、铁矿石或废钢为原料，以煤气、煤油或重油为燃料进行冶炼，杂质是靠铁矿石、废钢中的氧或吹入的氧起氧化作用而除去。平炉冶炼的时间比较长（4~12h），易调整和控制成分，钢中的杂质除得比较彻底，杂质少，钢材质量较好。用平炉炼钢法可生产优质碳素钢和合金钢或有特殊要求的钢种。

3. 电炉炼钢法

电炉炼钢法系用电加热进行高温冶炼的方法，其原料主要是废钢及生铁。热源是高压电弧，冶炼温度不仅很高，而且可以自由调节，清除杂质比较容易、彻底，钢材质量最好，但耗电量大，成本高。

二、按冶炼时脱氧程度分类

在冶炼过程中，部分铁被氧化为氧化铁，将严重影响钢材的质量。因此，在浇铸钢锭之前，首先要进行脱氧，常用的脱氧剂有硅铁、锰铁、铝等，其中以铝为最佳。根据脱氧程度不同，钢可分为沸腾钢、半镇静钢、镇静钢和特殊镇静钢。

1. 沸腾钢（代号为 F）

沸腾钢是脱氧不完全的钢，钢液中含氧量较高，有较多的氧化亚铁（FeO），它与碳发生化学反应，产生大量的一氧化碳（CO）气体，在钢液凝固时，气泡从钢液中冒出，在液面出现"沸腾"现象。这种钢的塑性较好，有利于冲压，但钢中的碳、硫、磷等杂质分布不均匀，偏析较严重，使钢的冲击韧性及可焊性较差。由于成本较低、产量较高，可以用于一般的建筑结构中。

2. 半镇静钢（代号为 b）

脱氧程度介于沸腾钢与镇静钢之间，故称为半镇静钢。半镇静钢的质量介于沸腾钢与镇静钢之间。

3. 镇静钢（代号为 Z）

镇静钢是脱氧充分、铸锭时钢液平静的钢。其质量均匀，结构致密，可焊性好，抗腐蚀性强，但成本较高，可用于承受冲击荷载或其他重要的结构。

4. 特殊镇静钢（代号为 TZ）

特殊镇静钢是一种比镇静钢脱氧还要充分的钢，所以其质量最好，适用于特别重要的结构工程。

三、按化学成分分类

按钢中的化学成分不同，钢材可以分为碳素钢和合金钢两大类。

1. 碳素钢

碳素钢的化学成分主要是铁元素，其次是碳元素，也称为铁碳合金。此外，碳素钢中还含有少量的硅、锰、微量的硫、磷等元素。其中碳的含量对钢的性能影响最显著，根据碳元素在钢中的含碳量不同，碳素钢又可分为低碳钢、中碳钢和高碳钢三种。

含碳量小于 0.25% 的钢称为低碳钢；含碳量在 0.25%～0.60% 之间的钢称中碳钢；含碳量大于 0.60% 的钢称为高碳钢。

2. 合金钢

合金钢是指在炼钢的过程中特意加入少量的一种或多种合金元素（如硅、锰、钛、钒等）而成的钢。钢中加入少量的合金元素后，既能改善钢的力学性能和工艺性能，也能获得某种特殊的物理化学性能。按合金元素掺入的总量，可将合金钢分为低合金钢、中合金钢和高合金钢三种。

合金总量小于5%的钢称为低合金钢；合金总量在 5% ~ 10% 之间的钢称为中合金钢；合金总量大于10%的钢称为高合金钢。

四、按有害杂质含量分类

按有害杂质含量不同分类，可分为普通钢、优质钢、高级优质钢和特级优质钢四种。

根据我国现行的钢材生产质量标准，磷的含量不大于 0.045%、硫的含量不大于 0.050% 的钢称为普通钢；磷的含量不大于 0.035%、硫的含量不大于 0.035% 的钢称为优质钢；磷的含量不大于 0.025%、硫的含量不大于 0.025% 的钢称为高级优良钢；磷的含量不大于 0.025%、硫的含量不大于 0.015% 的钢称为特级优质钢。

五、按用途不同分类

按钢的用途不同，可分为结构钢、工具钢和特殊钢三种。结构钢主要用于工程结构构件及机械零件的钢，一般为低碳钢和中碳钢。工具钢主要用于各种工具、量具及模具的钢，一般为高碳钢。特殊钢是具有特殊物理、化学或力学性能的钢，如不锈钢、耐热钢、磁性钢、耐酸钢等，一般为合金钢。

第二节　钢材的技术性质

［学与问］　建筑钢材的主要性能有哪些？其中对建筑结构的科学性、合理性、安全性和经济性起着决定性作用的是哪一种性能？

［探索与发现］　在建筑工程中，掌握钢材的技术性质是合理选用钢材的基础。钢材的技术性质主要包括力学性能（抗拉性能、冲击韧性、硬度和耐疲劳性能）、工艺性能（冷弯性能、焊接性能和热处理性能等）和化学性能等。建筑钢材的力学性能是其主要性能，它对结构的科学性、合理性、安全性和经济性起着决定性的作用。

一、抗拉性能

［学与问］　**1. 钢材的拉伸试验图分为哪几个阶段？各阶段有哪些特点？**

2. 钢材的屈强比的大小对钢结构有何意义？

［探索与发现］　抗拉性能是建筑钢材最常采用、最重要的力学性能。钢材的抗拉性能由拉力试验测定的屈服点、抗拉强度和伸长率三项重要技术指标组成。

建筑钢材的抗拉性能，可以通过低碳钢（软钢）拉力试验（图6-1）来说明。图中可明显地划分为弹性阶段（OA）、屈服阶段（AB）、强化阶段（BC）和颈缩阶段（CD）等四个阶段。

1. 弹性阶段（OA 段）

在 OA 范围内，应力与应变成正关系，如果卸去

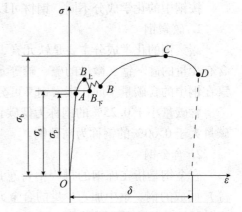

图6-1　低碳钢受拉时应力-应变曲线

外力，试件则恢复原状，表现为弹性变形，与 A 点相对应的应力为弹性极限，用 σ_p 表示。此阶段应力 σ 与应变 ε 的比值为常数，称为弹性模量，用 E 表示，即 $E = \dfrac{\sigma}{\varepsilon}$。弹性模量反映了钢材抵抗变形的能力，它是钢材在受力条件下计算结构变形的重要指标。建筑工程中常用的低碳钢的弹性模量 E 为 $2.0 \times 10^5 \sim 2.1 \times 10^5$ MPa，σ_p 为 $180 \sim 200$ MPa。

2. 屈服阶段（AB 段）

当应力超过弹性极限 σ_p 后继续加载，应变增加很快，而应力基本保持不变，这种现象称为屈服。此时应力与应变不再成比例，开始产生塑性变形。图中 $B_\text{上}$ 点是这一阶段应力最高点，称为屈服上限；$B_\text{下}$ 点是最低点，称为屈服下限，这时所对应的应力称为屈服强度，用 σ_s 表示。σ_s 是钢材开始丧失对变形的抵抗能力，并开始产生大量塑性变形时所对应的应力，是衡量材料强度的重要指标。常用低碳钢的屈服极限 σ_s 约为 $185 \sim 235$ MPa。

中碳钢和高碳钢没有明显的屈服现象，规范规定以 0.2% 残余变形所对应的应力值作为名义屈服强度，以 $\sigma_{0.2}$ 表示。

屈服强度对钢材的使用有着重要意义，一方面，当钢材的实际应力超过屈服强度时，变形即迅速发展，将产生不可恢复的永久变形，尽管尚未破坏但已不能满足使用要求；另一方面，当应力超过屈服强度时，受力较高部位的应力不再提高，而自动将荷载重新分配给某些应力较低部位。因此，屈服强度是设计中确定钢材的容许应力及强度取值的主要依据。

3. 强化阶段（BC 段）

当荷载超过屈服点以后，由于试件内部组织结构发生变化，抵抗变形能力又重新提高，故称为强化阶段。对应于最高点 C 点的应力为强度极限或抗拉强度，用 σ_b 表示。它表示材料所能承受的最大应力。是衡量材料强度的重要指标。常用低碳钢的屈服极限约为 $375 \sim 500$ MPa。

通常，钢材是在弹性范围内使用的，但在应力集中处，其应力可能超过屈服强度，此时由于产生一定的塑性变形，可使结构中的应力重新分布，从而使结构免遭破坏。

抗拉强度在设计中虽不能直接作为计算依据，但屈服强度与抗拉强度的比值，即屈强比（σ_s / σ_b）对工程应用有着重要意义。屈强比小，钢材至破坏时的储备潜力大，且钢材塑性好，应力重新分布能力强，用于结构的安全性高。若屈强比过小，则钢材利用率低，不经济。建筑结构钢屈强比一般在 $0.60 \sim 0.75$ 范围内较合理。普通碳素结构钢 Q235 的屈强比大约为 $0.58 \sim 0.63$；低合金结构钢的屈强比大约为 $0.65 \sim 0.75$。

4. 颈缩阶段（CD）

当应力达到抗拉强度时，钢材内部结构（A_0）遭到严重破坏，试件薄弱处的截面显著缩小（A_1），产生"颈缩现象"，由于试件截面急剧缩小，塑性变形迅速增加，拉力也随着降低，最后试件拉断（图 6-2）。

将拉断的试件在断口处拼合起来，量出拉断后标距部分的长度 l_1，结合原始标距长 l_0，用下式可计算钢材伸长率 δ_n。

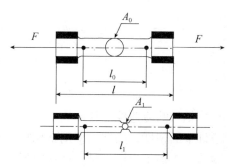

图 6-2　试件拉伸前和断裂后标距的长度

$$\delta_n = \frac{l_1 - l_0}{l_0} \times 100\% \qquad (6\text{-}1)$$

式中　δ_n——伸长率，%；

　　　l_1——试件拉断后的标距，mm；

　　　l_0——试件试验前的原始标距，mm；

　　　n——短或长试件的标志，短标距试件 $n=5$，长标距试件 $n=10$。

应当注意，由于发生颈缩现象，所以塑性变形在试件标距内的分布是很不均匀的，颈缩处的伸长较大，当原始标距（l_0）与直径（d_0）之比越大，则颈缩处伸长值在整个伸长值中的比例越小，因而计算的伸长率越小。通常钢材拉伸试件取 $l_0=5d_0$，$l_0=10d_0$，其伸长率分别以 δ_5 和 δ_{10} 表示。对于同一品种钢材，$\delta_5 > \delta_{10}$。

伸长率是衡量钢材塑性变形的一个指标，是评定钢材质量的重要指标。伸长率较大的钢材，钢质较软，强度较低，但塑性好，加工性能好，应力重分布能力强，用于结构安全性大，但塑性过大，又影响实际使用；塑性过小，钢材质硬脆，受到突然超荷作用时，构件易断裂。

二、冷弯性能

[学与问] **1. 冷弯性能是如何表示的？**

2. 冷弯试验在选用钢材上有何意义？

[探索与发现]　冷弯性能是指钢材在常温下承受弯曲变形的能力，是反映钢材缺陷的重要工艺性能。

建筑钢材的冷弯性能，一般用弯曲角度 α 及弯心直径 d 作为指标来表示。

试验时（图6-3）钢材弯曲角度 α 愈大，弯心直径 d 愈小，则表示对冷弯性能的要求愈高。试件的弯曲处若无裂缝、裂断或起层等现象，即认为冷弯性能合格。

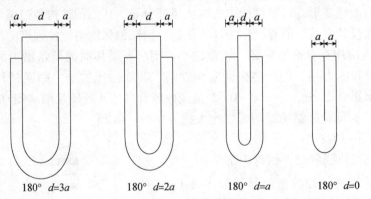

图 6-3　钢材冷弯

钢材的冷弯性能和伸长率一样，表明钢材在静荷载下的塑性，冷弯是钢材处于不利变形条件下的塑性，而伸长率则是反映钢材在均匀变形下的塑性。故冷弯试验是一种比较严格的检验，能揭示出钢材是否存在内部组织不均匀、内应力及夹杂物等缺陷。在工程中，冷弯试验还被用作严格检验钢材焊接质量的一种手段。

三、冲击韧性

[学与问] 冲击韧性试验在选用钢材上有何意义？

[探索与发现] 冲击韧性是指钢材抵抗冲击荷载作用的能力。规范规定是以有刻槽的标准试件，在冲击试验的摆锤冲击下，以破坏后缺口处单位面积上所消耗的功来表示，符号 α_k，单位 J/cm^2，如图6-4所示。α_k 越大，冲断试件消耗的能量越多，或者说钢材断裂前吸收的能量越多，说明钢材的韧性越好。

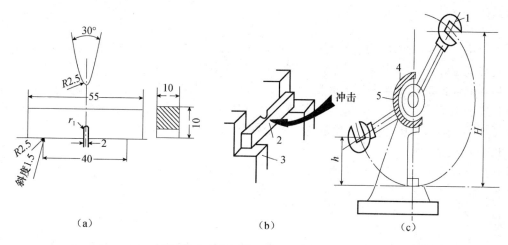

图6-4　冲击韧性试验原理图（mm）
1—摆锤；2—试件；3—试验台；4—刻度盘；5—指针

钢材的冲击韧性对钢材的化学成分、组织结构以及生产质量都较敏感，如钢中的 P、S 含量较高，存在偏析，非金属夹杂物和焊接中的微裂纹等都会使冲击韧性显著降低，除此之外还受温度和时间的影响。

钢材的冲击韧性随环境温度的降低而下降。其规律是开始冲击韧性随温度下降比较缓慢，当温度降至某一范围时，发生骤然下降，钢材开始呈脆性断裂。这种性质称为"冷脆性"。发生冷脆时的温度（范围）称为"脆性临界温度"。低于这一温度时，α_k 降低趋势又缓和，但此时 α_k 值很小。在北方严寒地区选用钢材时，必须对钢材冷脆性进行评定，此时选用的钢材的脆性临界温度应比环境最低温度低一些。由于脆性临界温度的测定工作复杂，规范中通常规定 $-20℃$ 或 $-40℃$ 的负温冲击值做其指标。

四、耐疲劳性

[资料卡片] 钢材在交变荷载反复多次作用下，可以在远低于其屈服极限的应力作用下破坏。这种破坏称为疲劳破坏。一般把钢材在荷载交变 10×10^6 次时不破坏的最大应力定义为疲劳强度或疲劳极限。在设计承受反复荷载且须进行疲劳验算的结构时，应当了解所用钢材的疲劳极限。

测定疲劳极限时，应当根据结构使用条件确定采用的应力循环类型、应力比值和周期基数。周期基数一般为 2×10^6 或 4×10^6 以上。

一般钢材的疲劳破坏是由拉应力引起的，是从局部开始形成细小裂纹，由于裂纹尖角处的应力集中再使其逐渐扩大，直至疲劳破坏为止。疲劳裂纹在应力最大的地方形成，因此钢材疲劳强度不仅决定于它的内部组织、而且也决定于应力最大处的表面质量及内应力大小等因素。

五、硬度

[资料卡片]　硬度是指钢材抵抗硬物压入表面的能力。硬度值与钢材的力学性能之间有着一定的相关性。

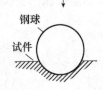

图 6-5　布氏硬度试验原理

我国现行标准测定金属硬度的方法有：布氏硬度法、洛氏硬度法和维氏硬度法等三种。常用的硬度指标为布氏硬度和洛氏硬度。

1. 布氏硬度

布氏硬度试验（图6-5）是按规定选择一个直径为 $D(\text{mm})$ 的淬硬钢球或硬质合金球，以一定荷载 $P(\text{N})$ 将其压入试件表面，持续至规定时间后卸去荷载，测定试件表面上的压痕直径 $d(\text{mm})$，根据计算或查表确定单位面积上所承受的平均应力值，其值作为硬度指标（无量纲），称为布氏硬度，代号为 HB。布氏硬度值越大表示钢材越硬。

2. 洛氏硬度

洛氏硬度试验是将金刚石圆锥体或钢球等压头，按一定试验荷载压入试件表面，以压头压入试件的深度来表示硬度值，洛氏硬度的代号为 HR。

洛氏硬度法的压痕小，所以常用于判断工件的热处理效果。

第三节　钢材的化学成分及其对钢材性能的影响

[学与问]　建筑钢材的化学成分对钢材的性能有何影响？

[探索与发现]　钢材中除了主要化学成分铁（Fe）以外，还含有少量的碳（C）、硅（Si）、锰（Mn）、磷（P）、硫（S）、氧（O）、氮（N）、钛（Ti）、钒（V）等元素，这些元素虽然含量少，但对钢材性能有很大影响。

1. 碳。碳是决定钢材性能的最重要元素。当钢中含碳量小于0.8%时，随着含碳量的增加，强度和硬度相应提高，而塑性和韧性相应降低。含碳量超过1%时，钢材的极限强度开始下降。建筑工程中用钢材含碳量不大于0.8%。此外，含碳量过高，还会增加钢材的冷脆性和时效的敏感性，降低抗大气腐蚀性和可焊性。

一般工程所用碳素钢均为低碳钢，即含碳量小于0.25%；工程所用低合金钢，其含碳量小于0.52%。

2. 硅。硅是作为脱氧剂而存在于钢中，是钢中有益的主要合金元素。硅含量较低（小于1.0%）时，随着硅含量的增加，能提高钢材强度、抗疲劳性及耐蚀性，而对塑性和韧性无明显影响，但对可焊接性和冷加工性能有影响。通常，碳素钢的硅含量小于0.3%，低合金钢的硅含量小于1.8%。

3. 锰。锰是炼钢时用来脱氧去硫而存在于钢中的，是钢中的有益合金元素。锰具有很强的脱氧去硫能力，能消除或减轻氧、硫所引起的热脆性。随着锰含量的增加，大大改善钢材的热加工性能，同时能提高钢材的强度和硬度及耐磨性，但塑性和韧性略有降低。当锰含量小于1.0%时，对钢材的塑性和韧性无明显影响。一般低合金钢的锰含量为 1.0% ~2.0%。

4. 磷。磷是钢中很有害的元素。随着磷含量的增加，钢材的强度、屈强比、硬度提高，而塑性和韧性显著降低。特别是温度越低，对塑性和韧性的影响越大，显著加大钢材的冷脆性。通常，磷含量要小于0.045%。磷也使钢材的可焊性显著降低。但磷可以提高钢材的耐磨性和耐蚀性，故在低合金钢中也可将磷配合其他元素作为合金元素使用。

5. 硫。硫是钢中很有害的元素。随着硫含量的增加，会加大钢材的热脆性，降低钢材的各种机械性能，也使钢材的可焊性、冲击韧性、耐疲劳性和抗腐蚀性等均降低。通常，硫含量要小于0.045%。

6. 氧。氧是钢中的有害元素。随着氧含量的增加，钢材的强度有所降低，但塑性特别是韧性显著降低，可焊性变差。氧的存在会造成钢材的热脆性。通常，钢材的氧含量要小于0.03%。

7. 氮。氮对钢材性能的影响与碳、磷相似，随着氮含量的增加，可使钢材的强度提高，但塑性特别是韧性显著降低，可焊性变差，冷脆性加剧。氮在铝、铌、钒等元素的配合下，可以减少其不利影响，改善钢材性能，可作为低合金钢的合金元素使用。通常，钢材中氮含量要小于0.008%。

8. 钛。钛是强脱氧剂。随着钛含量的增加，能显著提高钢材强度，改善韧性、可焊性，但稍降低塑性。钛是常用的微量合金元素。

9. 钒。钒是弱脱氧剂。钒加入钢中可减弱碳和氮的不利影响，有效地提高强度，但有时也会增加焊接脆硬倾向，钒是常用的微量合金元素。

第四节　钢材的冷加工、时效和焊接

一、钢材的冷加工

［学与问］　什么叫钢材的冷加工强化？经冷加工处理后，其机械性能有何变化？

［探索与发现］　冷加工是指将钢材在常温下进行加工，常见的冷加工方式有冷拉、冷拔、冷轧、冷扭、刻痕等。钢材经冷加工产生塑性变形，从而提高其屈服强度，但塑性和韧性相应降低，这一过程称之为冷加工强化。

建筑工程中使用的钢筋，往往同时进行冷加工和时效处理，常用的冷加工方法是冷拉和冷拔。

1. 冷拉。将热轧钢筋用拉伸设备在常温下拉长，使之产生一定的塑性变形称为冷拉。冷拉后的钢筋不仅屈服强度提高20%～30%，同时还增加钢筋长度（4%～10%），因此，冷拉是节约钢材（一般为10%～20%）的一种措施。

钢材经冷拉后屈服阶段缩短，伸长率减小，材质变硬。

一般冷拉率大，强度增长也大。若冷拉率过大，其韧性降低过多会呈脆性断裂。冷拉还兼有调直和除锈作用。

2. 冷拔。将光圆钢筋通过硬质合金拔丝模孔强行拉拔。钢筋在冷拔过程中，不仅受拉，同时还受到挤压作用，经过一次或多次冷拔后，钢筋的屈服强度可提高40%～60%，但塑性大大降低，具有硬钢的性质。

二、钢材的时效

［学与问］　什么叫钢筋的时效？经时效后钢筋的机械性能有何变化？

［探索与发现］　将经过冷加工后的钢材，在常温下存放15～20天，或加热至100～200℃并保持2～3h，其屈服强度、抗拉强度及硬度进一步提高，塑性和韧性进一步降低，这个过程称为时效。前者称为自然时效，后者称为人工时效。

钢材经冷加工和时效处理后，其性能变化规律在应力-应变图上明显地得到反映，如图6-6所示。通常对强度较低的钢筋可采用自然时效，强度较高的钢筋则需采用人工时效。

图6-6中 $OBCD$ 为未经冷拉和时效处理试件的 σ-ε 曲线。当试件冷拉至超过屈服强度的任意一个 K 点时卸荷载，此时由于试件已产生塑性变形，曲线沿 KO' 下降，KO' 大致与 BO 平行。如果立即重新拉伸，则新的屈服点将提高至 K 点，以后的 σ-ε 曲线将与原来曲线 KCD 相似。如果在 K 点卸荷载后不立即重新拉伸，而将试件进行自然时效或人工时效，然后再拉伸，则其屈服点又进一步提高至 K_1 点，继续拉伸时曲线沿 $K_1C_1D_1$ 发展。这表明钢筋经冷拉和时效处理后，屈服强度得到进一步提高，抗拉强度亦有所提高，塑性和韧性则相应降低。

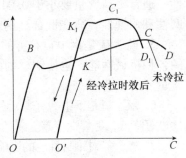

图6-6 钢筋冷拉时效后应力-应变曲线的变化

时效处理措施应选择适当。通常情况下，HPB235级钢筋采取自然时效处理，效果较好；对 HRB335、HRB400、HRB500 级钢筋常用人工时效处理，自然时效的效果不大。

在工程施工中，冷拉和时效常连续进行。

三、钢材的焊接

[学与问] 什么是钢材的焊接？在建筑工程中，各种钢材的主要连接方式有哪些？

[探索与发现] 焊接是把两块金属局部加热，使其接缝部分迅速熔融或半熔融，将两个钢件牢固连接起来。焊接是各种型钢、钢板、钢筋等钢材的主要连接方式。在建筑工程中，焊接结构要占90%以上。在钢筋混凝土工程中，大量的钢筋接头、钢筋网片、钢筋骨架、预埋铁件及钢筋混凝土预制构件的安装等，都要采用焊接。

钢材的焊接性能是指在一定的焊接工艺条件下，在焊缝及其附近过热区不产生裂纹及硬脆倾向，焊接后钢材的力学性能，特别是强度不低于原有钢材（母材）的强度。

第五节　建筑钢材的技术标准与选用

建筑钢材按用途可划分为钢结构用钢和钢筋混凝土结构用钢两大类。

一、钢结构用钢

（一）碳素结构钢

[学与问] 碳素结构钢的牌号如何划分的？各牌号有哪些特性？

1. 碳素结构钢的牌号、代号和符号

[科学视野] 根据国家标准《碳素结构钢》（GB/T 700—2006）的规定，碳素结构钢的牌号分为 Q195、Q215、Q235 和 Q275。

碳素结构钢的牌号由代表屈服点的字母、屈服点数值、质量等级符号（A、B、C、D四级，逐级提高）、脱氧程度符号（F为沸腾钢、b为半镇静钢、Z为镇静钢、TZ为特殊镇静钢）等四个部分按顺序组成。镇静钢（Z）和特殊镇静钢（TZ）在钢的符号中省略。按硫、磷杂质含量由多到少，质量等级分为 A、B、C、D。如 Q235—A · F，表示屈服点为

235MPa，A级沸腾钢；Q235—B，表示屈服点为235MPa，B级镇静钢。

2. 碳素结构钢的技术要求

现行国标（GB/T 700—2006）对碳素钢的化学成分、力学性质及工艺性质做出了具体的规定。其化学成分及含量应符合表6-1的要求。

表6-1 碳素结构钢的化学成分

牌号	质量等级	化学成分（%）					脱氧程度
		C	Mn	Si	S	P	
					≤		
Q195	—	0.12	0.50	0.30	0.040	0.035	F、Z
Q215	A	0.15	1.20	0.35	0.050	0.045	F、Z
	B				0.045		
Q235	A	0.22	1.40	0.35	0.050	0.045	F、Z
	B	0.20①			0.045		
	C	0.17			0.045	0.040	Z
	D				0.035	0.035	TZ
Q275	A	0.24	1.50	0.35	0.050	0.045	F、Z
	B	0.21			0.045		Z
		0.22					
	C	0.20			0.040	0.040	
	D				0.035	0.035	TZ

①经需方同意，Q235—B的含碳量可不大于0.22%。

碳素结构钢依据屈服点Q的数值的大小划分为四个牌号，其力学性能见表6-2。

表6-2 碳素结构钢的力学性能

牌号	质量等级	拉伸试验												冲击试验（V型）	
		屈服强度 σ_s（MPa），不小于						抗拉强度 σ_b（MPa）	断后伸长率 δ(%)，不小于					温度℃	冲击功纵向（J）不小于
		厚度（或直径）（mm）							钢材厚度（或直径）（mm）						
		≤16	>16~40	>40~60	>60~100	>100~150	>150~200		≤40	>40~60	>60~100	>100~150	>150~200		
Q195	—	195	185	—	—	—	—	315~430	33	—	—	—	—	—	—
Q215	A	215	205	195	185	175	165	335~450	31	30	29	27	26	—	
	B													+20	27
Q235	A	235	225	215	215	195	185	370~500	26	25	24	22	21	—	27
	B													+20	
	C													0	
	D													−20	
Q275	A	275	265	255	245	225	215	410~540	22	21	20	18	17	—	27
	B													+20	
	C													0	
	D													−20	

碳素结构钢的冷弯性能见表 6-3。

表 6-3　碳素结构钢的冷弯性能

牌号	试样方向	冷弯试验（B = 2a，180°）	
		钢材厚度 a（或直径）（mm）	
		≤60	>60 ~ 100
		弯心直径 d	
Q195	纵	0	—
	横	0.5a	
Q215	纵	0.5a	1.5a
	横	a	2a
Q235	纵	a	2a
	横	1.5a	2.5a
Q275	纵	1.5a	2.5a
	横	2a	3a

碳素结构钢随着牌号的增大，其含碳量和含锰量增加，强度和硬度提高，而塑性和韧性降低，冷弯性能逐渐变差。同一钢号内质量等级越高，钢材的质量越好，如 Q235C、D 级优于 A、B 级。

3. 应用

结构钢选用碳素结构钢，应考虑结构的工作环境条件、承受荷载类型（动载或静载等）、承受荷载方式（直接或间接等）、连接方式（焊接或非焊接等）和使用温度等因素综合考虑。建筑工程中主要应用 Q235 钢。它可用于轧制各种型钢、钢板、钢管与钢筋。因为 Q235 钢具有较高的强度，良好的塑性、韧性，可焊性及可加工性等综合性能好，且冶炼方便，成本较低，所以广泛用于一般钢结构。其中 Q235—A，一般仅适用于承受静荷载作用的结构；Q235—C 和 Q235—D，可用于重要的焊接结构。

Q195 和 Q215，强度较低，但塑性和韧性较好，易于冷加工，可制作铆钉、钢筋等。

Q275 钢强度高，但塑性、韧性和可焊性差，不易冷弯加工，可用于钢筋混凝土配筋及钢结构中的构件及螺栓等。

受动荷载作用的结构、焊接结构及低温下工作的结构，不能选用 A、B 质量等级钢及沸腾钢。

（二）低合金高强度结构钢

[学与问]　**1. 低合金高强度结构钢共分多少个牌号？各牌号有哪些特性？**

2. 低合金高强度结构钢的主要用途及被广泛采用的原因是什么？

[探索与发现]　低合金高强度结构钢是普通低合金结构钢的简称。一般是在普通碳素钢的基础上，添加总量小于 5% 的合金元素制成的结构钢。所加入的合金元素有硅、锰、钒、钛、铌、铬、镍及稀土元素。加入合金元素后，使其强度、耐腐蚀性、耐磨性、低温冲击韧性等性能得到显著提高和改善。

1. 低合金高强度结构钢的牌号及其表示方法

现行国家标准《低合金高强度结构钢》（GB/T 1591—2008）规定了低合金高强度结构钢的牌号与技术性质。低合金高强度结构钢共有 8 个牌号，即 Q345、Q390、Q420、Q460、

Q500、Q550、Q620、Q690。其牌号的表示方法与碳素结构钢一样，由屈服强度字母 Q、屈服点数值、质量等级（A、B、C、D、E）三个部分组成。

2. 技术要求

按现行国家标准《低合金高强度结构钢》（CB/T 1591—2008）规定，低合金高强度结构钢的化学成分、钢材的拉伸性能、冲击韧性和弯曲性能应满足表 6-4、表 6-5、表 6-6、表 6-7 的要求。

表 6-4　低合金高强度结构钢的化学成分

牌号	质量等级	化学成分（%）														
		C≤	Mn≤	Si≤	P	S	V	Nb	Ti	Cr	Ni	Als	Cu	N	Mo	B
							不大于									
Q345	A	0.02	1.70	0.50	0.035	0.035	0.15	0.07	0.20	0.30	0.50	—	0.30	0.012	0.10	—
	B				0.035	0.035										
	C				0.030	0.030										
	D	0.18			0.030	0.025						0.015				
	E				0.025	0.020										
Q390	A	0.20	1.70	0.50	0.035	0.035	0.20	0.07	0.20	0.30	0.50	—	0.30	0.015	0.10	—
	B				0.035	0.035										
	C				0.030	0.030						0.015				
	D				0.030	0.025										
	E				0.025	0.020										
Q420	A	0.20	1.70	0.50	0.035	0.035	0.20	0.07	0.20	0.30	0.80	—	0.30	0.015	0.20	—
	B				0.035	0.035										
	C				0.030	0.030										
	D				0.030	0.025						0.015				
	E				0.025	0.020										
Q460	C	0.20	1.80	0.60	0.030	0.030	0.20	0.11	0.20	0.30	0.80	0.015	0.55	0.015	0.20	0.004
	D				0.030	0.025										
	E				0.025	0.020										
Q500	C	0.18	1.80	0.60	0.030	0.030	0.12	0.11	0.20	0.60	0.80	0.015	0.55	0.015	0.20	0.004
	D				0.030	0.025										
	E				0.025	0.020										
Q550	C	0.18	2.00	0.60	0.030	0.030	0.12	0.11	0.20	0.80	0.80	0.015	0.80	0.015	0.30	0.004
	D				0.030	0.025										
	E				0.025	0.020										
Q550	C	0.18	2.00	0.60	0.030	0.030	0.12	0.11	0.20	0.80	0.80	0.015	0.80	0.015	0.30	0.004
	D				0.030	0.025										
	E				0.025	0.020										

表 6-5 钢材的拉伸性能[a,b,c]

牌号	质量等级	拉伸试验 下屈服强度（R_{eL}）(MPa) 以下公称厚度（直径，边长）									下抗拉强度（R_m）(MPa) 以下公称厚度（直径，边长）							断后伸长率（A）(%) 公称厚度（直径，边长）					
		≤16mm	>16~40mm	>40~63mm	>63~80mm	>80~100mm	>100~150mm	>150~200mm	>200~250mm	>250~400mm	≤40mm	>40~63mm	>63~80mm	>80~100mm	>100~150mm	>150~250mm	>250~400mm	≤40mm	>40~63mm	>63~100mm	>100~150mm	>150~250mm	>250~400mm
Q345	A	≥345	≥335	≥325	≥315	≥305	≥285	≥275	≥265	—	470~630	470~630	470~630	450~600	450~600	450~600	—	≥20	≥19	≥19	≥18	≥17	—
	B									—							—	≥20	≥19	≥19	≥18	≥17	—
	C									—							—	≥20	≥19	≥19	≥18	≥17	—
	D									≥265							450~600	≥21	≥20	≥20	≥19	≥18	≥17
	E									—							—	≥21	≥20	≥20	≥19	≥18	—
Q390	A	≥390	≥370	≥350	≥330	≥330	≥310	—	—	—	490~650	490~650	490~650	470~620	470~620	—	—	≥20	≥19	≥19	≥18	—	—
	B																	≥20	≥19	≥19	≥18	—	—
	C																	≥20	≥19	≥19	≥18	—	—
	D																	≥20	≥19	≥19	≥18	—	—
	E																	≥20	≥19	≥19	≥18	—	—
Q420	A	≥420	≥400	≥380	≥360	≥360	≥340	—	—	—	520~680	520~680	520~660	520~660	500~650	—	—	≥18	≥18	≥18	≥18	—	—
	B																	≥18	≥18	≥18	≥18	—	—
	C																	≥18	≥18	≥18	≥18	—	—
	D																	≥18	≥18	≥18	≥18	—	—
	E																	≥18	≥18	≥18	≥18	—	—
Q460	C	≥460	≥440	≥420	≥400	≥400	≥380	—	—	—	550~720	550~720	550~720	550~720	530~700	—	—	≥17	≥16	≥16	≥16	—	—
	D																	≥17	≥16	≥16	≥16	—	—
	E																	≥17	≥16	≥16	≥16	—	—

（续）

拉伸试验[a,b,c]

牌号	质量等级	以下公称厚度（直径，边长）下屈服强度（R_eL）（MPa）									以下公称厚度（直径，边长）下抗拉强度（Rm）（MPa）							断后伸长率（A）（%） 公称厚度（直径，边长）					
		≤16mm	>16~40mm	>40~63mm	>63~80mm	>80~100mm	>100~150mm	>150~200mm	>200~250mm	>250~400mm	≤40mm	>40~63mm	>63~80mm	>80~100mm	>100~150mm	>150~250mm	>250~400mm	≤40mm	>40~63mm	>63~100mm	>100~150mm	>150~250mm	>250~400mm
Q500	C																						
	D	≥500	≥480	≥470	≥450	≥440	—	—	—	—	610~770	600~760	590~750	540~730	—	—	—	≥17	≥17	≥17	—	—	—
	E																						
Q550	C																						
	D	≥550	≥530	≥520	≥500	≥490	—	—	—	—	670~830	620~810	600~790	590~780	—	—	—	≥16	≥16	≥16	—	—	—
	E																						
Q620	C																						
	D	≥620	≥600	≥590	≥570	—	—	—	—	—	710~880	690~880	670~860	—	—	—	—	≥15	≥15	≥15	—	—	—
	E																						
Q690	C																						
	D	≥690	≥670	≥660	≥640	—	—	—	—	—	770~940	750~920	730~900	—	—	—	—	≥14	≥14	≥14	—	—	—
	E																						

a. 当屈服不明显时，可测量 R_p0.2 代替下屈服强度。
b. 宽度不小于600mm的扁平材，拉伸试验取横向试样；宽度小于600mm的扁平材、型材及棒材取纵向试样，断后伸长率最小值相应提高1%（绝对值）。
c. 厚度 >250~400mm 的数值适用于扁平材。

表 6-6 夏比（V 型）冲击试验的试验温度和冲击吸收能量

牌号	质量等级	试验温度（℃）	冲击吸收能量（KV$_2$）[a]（J）		
			公称厚度（直径、边长）		
			12～150mm	>150～250mm	>250～400mm
Q345	B	20	≥34	≥27	—
	C	0			
	D	-20			27
	E	-40			
Q390	B	20	≥34	—	—
	C	0			
	D	-20			
	E	-40			
Q420	B	20	≥34	—	—
	C	0			
	D	-20			
	E	-40			
Q460	C	0	≥34	—	—
	D	-20			
	E	-40			
Q500、Q550、Q620、Q690	C	0	≥55	—	—
	D	-20	≥47	—	—
	E	-40	≥31	—	—

a 冲击试验取纵向值

表 6-7 冷弯性能

牌号	试样方向	180°弯曲试验 [d=弯心直径，a=试样厚度（直径）]	
		≤16	>16～100mm
Q345、Q390、Q420、Q460	宽度不小于 600mm 的扁平材，拉伸试验取横向试样。宽度小于 600mm 的扁平材、型材及棒材取纵向试样。	2a	3a

低合金高强度结构钢与碳素结构钢相比，具有较高的强度，综合性能好，所以相同使用条件下，可以比碳素结构钢节省用钢 20%～30%，对减轻结构自重有利。同时低合金高强度结构钢还具有良好的塑性、韧性、可焊接性、耐磨性、耐蚀性、耐低温性等性能，有利于延长钢材的服役性能，延长结构的使用寿命。

3. 钢材选用

低合金高强度结构钢主要用于轧制各种型钢、钢板、钢管及钢筋，广泛用于钢结构和钢筋混凝土结构中，特别适用于各种重型结构、高层结构、大跨度结构及大柱网结构等，如大

132

跨度桥梁等。

（三）优质碳素结构钢

[学与问]　优质碳素结构钢共分为多少个牌号？各种牌号是如何表示的？

[资料卡片]　根据国家标准《优质碳素结构钢》（GB/T 699—1999）的规定，优质碳素结构钢共分为31个牌号。优质碳素结构钢的牌号是由两位数字和字母两部分组成。两位数字表示平均碳含量的万分数；字母分别表示锰含量、冶金质量等级、脱氧程度。普通锰含量（0.35%～0.80%）的不写"Mn"，较高锰含量（0.80%～1.20%）的，在两位数字后加注"Mn"；优质钢不加注，高级优质碳素钢加注"A"，特级优质碳素结构钢加注"E"；沸腾钢加注"F"，半镇静钢加注"b"。例如，15F号钢表示平均碳含量为0.15%、普通锰含量的优质沸腾钢；45Mn号钢表示平均碳含量为0.45%、较高锰含量的优质镇静钢。

优质碳素结构钢的力学性质主要取决于碳含量，含碳量高的强度高，但塑性和韧性降低。在建筑工程中，优质碳素结构钢主要用于重要结构。常用30～45号钢，制作钢铸件及高强螺栓；常用65～80号钢，制作碳素钢丝、刻痕钢丝和钢绞线；常用45号钢制作预应力混凝土用的锚具。

二、钢筋混凝土结构用钢

[学与问]　**1.** 钢筋混凝土结构用的钢筋主要品种有哪些？其技术标准及适用范围有哪些？

2. 在建筑工程中加速淘汰335MPa级钢筋，优先使用400MPa级钢筋，积极推广500MPa级钢筋有何意义？

[探索与发现]　钢筋混凝土（图6-7）结构用钢，主要由碳素结构钢和低合金结构钢轧制而成，主要有热轧钢筋、冷加工钢筋、热处理钢筋、预应力混凝土用钢丝和钢绞线等。按直条或盘条（也称盘圆）供货。

图6-7　钢筋混凝土

（一）热轧钢筋

钢筋混凝土结构要求热轧钢筋要有较高的强度，并具有一定的塑性、韧性、冷弯性能和可焊性。随着高强度预应力混凝土结构的发展，低合金结构钢轧制的钢筋已代替了Q275轧制的钢筋，得到了广泛应用。

1. 热轧钢筋的牌号和技术要求。

根据《钢筋混凝土用钢　第1部分：热轧光圆钢筋》（GB 1499.1—2008）的规定，热轧光圆钢筋分为HPB235和HPB 300两个牌号。按《钢筋混凝土用钢　第2部分：热轧带肋钢筋》（GB 1499.2—2007）的规定，热轧带肋钢筋分为普通型和细晶粒型两种，各有三个牌号，分别为HRB335、HRB400、HRB500和HRBF335、HRBF400、HRBF500。其中"H"

表示热轧，"P"表示"光圆"，"R"表示带肋，"B"表示钢筋，"F"表示细晶。

热轧光圆钢筋由碳素结构钢轧制而成，表面光圆，其技术指标见表6-8。热轧带肋钢筋由低合金钢轧制而成，带肋钢筋的外形见图6-8。热轧带肋钢筋的力学性能和工艺性能的要求见表6-8。

表6-8 热轧光圆钢筋、热轧带肋钢筋的牌号、力学性能、冷弯性能

表面形状	牌号	公称直径 a(mm)	屈服强度 R_{eL}(MPa)≥	抗拉强度 R_m(MPa)≥	断后伸长率 A(%)≥	最大力总伸长率 A_{gt}(%)≥	冷弯试验180° d—弯心直径 a—钢筋公称直径
光圆钢筋	HPB235	5.5~20	235	370	23.0	10.0	d=a
	HPB300		300	420			
普通带肋钢筋	HRB335 HRBF335	6~25	335	455	17		3a
		28~40					4a
		>40~50					5a
	HRB400 HRBF400	6~25	400	540	16	7.5	4a
		28~40					5a
		>40~50					6a
	HRB500 HRBF500	6~25	500	630	15		6a
		28~40					7a
		>40~50					8a

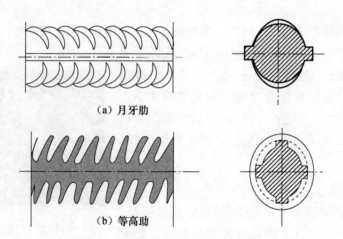

（a）月牙肋

（b）等高肋

图6-8 带肋钢筋

其中，屈服强度等于或低于335MPa的为普通钢筋，屈服强度等于或大于400MPa的为高强度钢筋。

2. 热轧钢筋的应用

HPB235和HPB300热轧光圆钢筋的强度较低，但塑性及焊接性好，便于冷加工，广泛用于普通钢筋混凝土构件中，作为中小型钢筋混凝土结构的主要受力钢筋和各种钢筋混凝土结构的箍筋等。

HRB335、HRB400带肋钢筋是用低合金镇静钢和半镇静钢轧制成的，其强度较高，塑

性和焊接性能较好，因表面带肋，加强了钢筋与混凝土的粘结力，广泛用于大、中型钢筋混凝土结构的受力钢筋；HRB500 带肋钢筋强度高，但塑性与焊接性较差，适宜作预应力钢筋。

建筑工程中应用高强钢筋替代目前大量使用的 335MPa 级钢筋，可节约钢材 12% 以上。推广应用高强钢筋是建设资源节约型、环境友好型社会的重要举措，对推动钢铁工业和建筑业结构调整、转型升级具有重大意义。

（二）冷轧带肋钢筋

冷轧带肋钢筋是由热轧光圆钢筋为母材，经冷轧减径后在其表面冷轧成二面或三面横肋（月牙肋）的钢筋。

1. 牌号

现行国家标准《冷轧带肋钢筋》（GB 13788—2008）规定，冷轧带肋钢筋的牌号由 CRB 和钢筋的抗拉强度特征值组成，分为 CRB 550、CRB 650、CRB 800、CRB 970 四个牌号，其中 C、R、B 分别表示冷轧、带肋、钢筋。

2. 技术性能

冷轧带肋钢筋的化学成分、力学性能和工艺性能应符合国家标准《冷轧带肋钢筋》（GB 13788—2008）的有关规定。力学性能和工艺性能标准见表 6-9。

表 6-9　冷轧带肋钢筋的力学性能和工艺性能

牌号	反复弯曲次数	屈服强度 $R_{p0.2}$（MPa）≥	抗拉强度 R_m（MPa）≥	伸长率（%）不小于		冷弯(180°)弯心直径 D（d 为钢筋公称直径）	应力松弛、初始应力松弛应相当于公称抗拉强度的70%
				δ_{10}	δ_{100}		1000h≤（%）
CRB550	—	500	550	8.0	—	D = 3d	—
CRB650	3	585	650	—	4.0		8
CRB800	3	720	800	—	4.0		8
CRB970	3	875	970	—	4.0		8

冷轧带肋钢筋提高了钢筋的握裹力。CRB550 为普通钢筋混凝土用钢筋，其他牌号为预应力混凝土用钢筋，也可用于焊接钢筋网。

（三）预应力混凝土用钢丝和钢绞线

[资料卡片]　1. 预应力钢丝

预应力混凝土用钢丝是用优质碳素结构钢经冷加工、再回火、冷轧或绞捻等加工而成的专用产品，也称为优质碳素钢丝及钢绞线。

根据国家标准《预应力混凝土用钢丝》（GB/T 5223—2002）规定，预应力钢丝按加工状态分为冷拉钢丝和消除应力钢丝两类，消除应力钢丝按松弛性能不同，又分为低松弛钢丝和普通松弛钢丝两种。冷拉钢丝代号为 WCD、低松弛钢丝代号为 WLR、普通松弛钢丝代号为 WNR。按外形不同，可分为光圆钢丝（代号为 P）、螺旋肋钢丝（代号为 H）和刻痕钢丝（代号为 I）三种。经低温回火消除应力后钢丝的塑性比冷拉钢丝要高，刻痕钢丝是经压痕轧制而成，刻痕后与混凝土的握裹力增大，可减少混凝土裂缝。

冷拉钢丝、消除应力光圆及螺旋肋钢丝、消除应力刻痕钢丝的力学性能应符合表6-10、表6-11和表6-12的规定。

表6-10　冷拉钢丝的力学性能

公称直径 d_n(mm)	抗拉强度 σ_b(MPa)≥	规定非比例延长应力 $\sigma_{p0.2}$(MPa)≥	最大力总伸长率 (L_o=200mm) δ_{gt}(%)≥	弯曲次数 (次/180°)≥	弯曲半径 R(mm)	断面收缩率 Ψ(%)≥	每210mm扭矩的扭转次数 n≥	初始应力为70%公称抗拉强度时，1000h后应力松弛率 r(%)≥
3.00	1470	1100	1.5	4	7.5	—	—	8
4.00	1570	1180		4	10	35	8	
5.00	1670	1250		4	15		8	
5.00	1770	1330		4	15		8	
6.00	1470	1100		5	15	30	7	
7.00	1570	1180		5	20		6	
8.00	1670	1250		5	20		5	
8.00	1770	1330		5	20		5	

表6-11　消除应力光圆及螺旋肋钢丝的力学性能

公称直径 d_n(mm)	抗拉强度 σ_b(MPa)≥	规定非比例延长应力 $\sigma_{p0.2}$(MPa)≥		最大力总伸长率 (L_o=200mm) δ_{gt}(%)≥	弯曲次数 (次/180°)≥	弯曲半径 R(mm)	初始应力相当于公称抗拉强度的百分数(%)	1000h后应力松弛率 r(%)≤	
		WLR	WNR					WLR	WNR
4.00	1470	1290	1250	3.5	3	10	60	1.0	4.5
4.80	1570	1380	1330		4	15			
5.00	1670	1470	1410		4	15			
5.00	1770	1560	1500		4	15			
5.00	1860	1640	1580						
6.00	1470	1290	1250		4	15	70	2.0	8
6.25	1570	1380	1330		4	20			
7.00	1670	1470	1410		4	20			
7.00	1770	1560	1500						
8.00	1470	1290	1250		4	20			
9.00	1570	1380	1330		4	25	80	4.5	12
10.00	1470	1290	1250		4	25			
12.00					4	30			

表 6-12 消除应力的刻痕钢丝的力学性能

公称直径 d_n(mm)	抗拉强度 σ_b(MPa) 不小于	规定非比例延长 应力 $\sigma_{p0.2}$(MPa) ≥		最大力总伸长率 ($L_o=200mm$)δ_{gt}(%) ≥	弯曲次数 (次/180°) ≥	弯曲半径 R(mm)	应力松弛性能		
		WLR	WNR	—	—	—	初始应力相当于 公称抗拉强度的 百分数（%）	1000h 后应力松 弛率 r(%) ≤	
								WLR	WNR
≤5.00	1470	1290	1250	3.5	3	15	60	1.5	4.5
	1570	1380	1330						
	1670	1470	1410						
	1770	1560	1500				70	2.5	8
	1860	1640	1580						
>5.00	1470	1290	1250			20	80	4.5	12
	1570	1380	1330						
	1670	1470	1410						
	1770	1560	1500						

预应力混凝土用钢丝具有强度高、柔性好、松弛率低、抗腐蚀性强、质量稳定、安全可靠等特点，主要用于大跨度屋架及薄腹梁、大跨度吊车梁、桥梁、电杆和轨枕等预应力构件。

2. 预应力混凝土用钢绞线

根据《预应力混凝土用钢绞线》（GB/T 5224—2003）规定，预应力混凝土用钢绞线是以数根优质碳素结构钢钢丝经绞捻和消除内应力的热处理而制成的。按捻制结构（钢丝的股数），将其分为五类：用两根钢丝捻制的钢绞线（表示为 1×2）、用三根钢丝捻制的钢绞线（表示为 1×3）、用三根刻痕钢丝捻制的钢绞线（表示为 1×3I）、用七根钢丝捻制的标准型钢绞线（表示为 1×7）、用七根钢丝捻制又经模拔的钢绞线［表示为（1×7）C］。按应力松弛能力分为 I 级松弛和 II 级松弛两种。

按现行国家标准《预应力混凝土用钢绞线》（GB/T 5224—2003）规定，预应力钢绞线的力学性能要求见表 6-13、表 6-14、表 6-15。

表 6-13 1×2 结构钢绞线力学性能

钢绞 线结构	钢绞线直径公称 直径 D_n(mm)	抗拉强度 σ_b(MPa) ≥	整根钢绞线的 最大力 F_m(kN) ≥	规定非比例延伸力 $F_{p0.2}$(kN) ≥	最大力总延长率 ($L_0=400mm$) δ_{gt}(%) ≥	应力松弛性能	
						初始负荷 相当于公称 最大力的百 分数（%）	1000h 后 应力松弛率 r(%) ≤
							对所有规格
1×2	5.00	1570	15.4	13.9	3.5	60	1.0
		1720	16.9	15.2			
		1860	18.3	16.5			
		1960	19.2	17.3		70	

137

钢绞线结构	钢绞线直径公称直径 Dn(mm)	抗拉强度 σ_b(MPa)≥	整根钢绞线的最大力 Fm(kN)≥	规定非比例延伸力 $F_{p0.2}$(kN)≥	最大力总延长率 ($L_0=400$mm) δ_{gt}(%)≥	应力松弛性能	
						初始负荷相当于公称最大力的百分数（%）	1000h后应力松弛率 r(%)≤
						对所有规格	
1×2	5.80	1570	20.7	18.6		80	2.5
		1720	22.7	20.4			
		1860	24.6	22.1			
		1960	25.9	23.3			
	8.00	1470	36.9	33.2			4.5
		1570	39.4	35.5			
		1720	43.2	38.9			
		1860	46.7	42.0			
		1960	49.2	44.3			
	10.00	1470	57.8	52.0			
		1570	61.7	55.5			
		1720	67.6	60.8			
		1860	73.1	65.8			
		1960	77.0	69.3			
	12.00	1470	83.1	74.8			
		1570	88.7	79.8			
		1720	97.2	87.5			
		1860	105	94.5			

表6-14 1×3结构钢绞线力学性能

钢绞线结构	钢绞线直径公称直径 Dn(mm)	抗拉强度 σ_b(MPa)≥	整根钢绞线的最大力 Fm(kN)≥	规定非比例延伸力 $F_{p0.2}$(kN)≥	最大力总延长率 ($L_0=400$mm) δ_{gt}(%)≥	应力松弛性能	
						初始负荷相当于公称最大力的百分数（%）	1000h后应力松弛率 r(%)≤
						对所有规格	
1×3	6.20	1570	31.1	28.0		60	1.0
		1720	34.1	30.7			
		1860	36.8	33.1			
		1960	38.8	34.9			

钢绞线结构	钢绞线直径公称直径 Dn(mm)	抗拉强度 σ_b(MPa) ≥	整根钢绞线的最大力 Fm(kN) ≥	规定非比例延伸力 $F_{p0.2}$(kN) ≥	最大力总延长率 (L_0=400mm) δ_{gt}(%) ≥	应力松弛性能	
						初始负荷相当于公称最大力的百分数（%）	1000h 后应力松弛率 r(%) ≤
						对所有规格	
1×3	6.50	1570	33.3	30.0	3.5	70	2.5
		1720	36.5	32.0			
		1860	39.4	35.5			
		1960	41.6	37.4			
	8.60	1470	55.4	49.9			
		1570	59.2	53.3			
		1720	64.8	58.3			
		1860	70.1	63.1			
		1960	73.9	66.5			
	8.74	1570	60.6	54.5		80	4.5
		1720	64.5	58.1			
		1860	71.8	64.6			
	10.80	1470	86.8	77.9			
		1570	92.5	83.3			
		1720	101	90.9			
		1860	110	99.0			
		1960	115	104			
	12.90	1470	125	113			
		1570	133	120			
		1720	146	131			
		1860	158	152			
		1960	166	149			
1×3 I	8.74	1570	60.6	54.5			
		1720	64.5	58.1			
		1860	71.8	64.6			

表 6-15　1×7 结构钢绞线力学性能

钢绞线结构	钢绞线直径公称直径 Dn(mm)	抗拉强度 σ_b(MPa) ≥	整根钢绞线的最大力 Fm(kN) ≥	规定非比例延伸力 $F_{p0.2}$(kN) ≥	最大力总延长率 ($L_0=400mm$) δ_{gt}(%) ≥	应力松弛性能	
						初始负荷相当于公称最大力的百分数(%)	1000h 后应力松弛率 r(%) ≤
						对所有规格	
1×7	9.50	1720	94.3	84.9	3.5	60	1
		1860	102	91.8			
		1960	107	96.3			
	11.10	1720	128	115			2.5
		1860	138	124			
		1960	145	131			
	12.70	1720	170	153		70	
		1860	184	166			
		1960	193	174			
	15.20	1470	206	185			4.5
		1570	220	198			
		1670	234	211			
		1720	241	217		80	
		1860	260	234			
		1960	274	247			
	15.70	1770	266	239			
		1860	279	251			
	17.80	1720	327	294			
		1860	353	318			
	12.70	1860	208	187			
	15.20	1860	300	270			
	18.00	1720	384	346			

　　预应力混凝土用钢绞线具有强度高、柔性好、无接头、节约钢材，且不需冷拉、质量稳定和施工方便等优点，使用时按要求的长度切割，主要作为大跨度、大负荷的后张法预应力屋架、桥梁和薄腹板等结构的预应力筋。

第六节　钢材的腐蚀与防护

　　[学与问]　钢材在使用过程中是怎样锈蚀的？应如何防止锈蚀？

　　[探索与发现]　钢材如长期暴露在空气或潮湿的环境中，表面就锈蚀，特别是当空气被某些介质污染时，情况更为严重。由于环境介质的作用，其中的铁与介质产生化学反应，

使钢材逐步腐蚀而破坏，称为钢材的锈蚀。锈蚀对钢材结构的破坏，不仅表现在有效截面积减小，而且产生局部锈坑引起应力集中、锈蚀膨胀导致混凝土胀裂、削弱混凝土对钢筋的握裹力等，使结构性能降低或加速结构破坏。尤其在冲击反复荷载的作用下，将促使疲劳强度的降低，甚至出现脆性断裂。

钢材受腐蚀的原因很多，根据钢材表面与周围介质的不同作用，锈蚀可分为化学腐蚀和电化学腐蚀两类。

一、钢材腐蚀的类型

（一）化学腐蚀

化学腐蚀是指钢材与周围介质直接发生化学反应而产生的锈蚀，主要是指钢材在常温和高温时发生的氧化作用。如钢材在常温下氧化生成 FeO，形成钝化能力很弱的保护膜层；在高温下能继续氧化生成 Fe_3O_4。

（二）电化学腐蚀

钢材电化学腐蚀是指钢材在潮湿的介质（空气、水、土壤等）中，表面形成电解质水膜，致使表面局部形成许多微电池所造成的锈蚀。这样在阳极，Fe 被氧化成 Fe^{2+} 进入水膜；在阴极，由于膜层溶有来自空气的氧，且被还原为 OH^-，两者结合成为不溶于水的 $Fe(OH)_2$，进一步氧化为疏松易剥落的红棕色铁锈 $Fe(OH)_3$。

电化学腐蚀是钢材锈蚀的主要形式。

影响钢材锈蚀的主要因素有环境中的湿度和氧及介质中的酸、碱、盐，钢材的化学成分及表面状况等。一些卤素离子，特别是氯离子能破坏氧化膜（钝化膜），促使锈蚀迅速发展。

二、钢材防护措施

钢材的腐蚀有材质方面的原因，也有在使用环境下接触腐蚀介质等方面的原因，因此，防止钢材腐蚀的方法也应有所侧重。目前所采用的防腐蚀方法有表面涂刷保护层法、金属覆盖法和合金法等。

（一）涂刷保护层法。在钢材表面用非金属材料作为保护膜，与环境介质隔离，以避免或减缓腐蚀，如喷涂涂料、搪瓷和塑料涂层等。

（二）金属覆盖法。用耐腐蚀性能好的金属，以电镀或喷镀的方法覆盖在钢材的表面，提高钢材的耐腐蚀能力，如镀锌、镀铬、镀铜、镀银等。

（三）合金法。这是一种极好的防止钢材锈蚀的技术措施，即在碳素钢冶炼过程中加入能提高抗腐蚀能力的合金元素，如铬、镍、锡和铜等，制成不同的合金钢，能有效地提高钢材的抗腐蚀能力。

对于混凝土结构，由于钢筋处于碱性介质中（一般 pH 值为 12.5 左右），在其表面形成碱性氧化膜（钝化膜），阻止锈蚀继续发展，故混凝土中的钢材一般不易锈蚀。

思考复习题

1. 何为钢材？何为建筑钢材？钢材有哪些特性？

2. 为什么说屈服点（σ_s）、抗拉强度（σ_b）和伸长率（δ）是钢材的重要技术性能指标？

3. 何为冷加工、时效？冷加工、时效后钢材的性质发生了哪些变化？

4. 试比较 Q235—A·F、Q235—B·b、Q235—C 和 Q235—D 在性能和应用上有什么区别？

5. 碳素结构钢、低合金结构钢的牌号是如何表示的？

6. 低合金高强度结构钢的主要用途及被广泛采用的原因是什么？

7. 对热轧钢筋进行冷拉并时效处理的主要目的及主要方法是什么？

8. 在钢结构中，为什么 Q235 及低合金结构钢能得到普通应用？

9. 混凝土结构工程中常用的钢筋、钢丝、钢绞线有哪些种？每种如何选用？

第七章 墙体、屋面及门窗材料

第一节 墙体材料

[思考与交流] 目前，我国常用的墙体材料有哪些种类？为了发展循环经济，实现建筑节能减排，应如何改革、创新墙体材料？

[探索与发现] 墙体材料是房屋建筑的主要围护材料和结构材料。常用的墙体材料有砌墙砖、砌块和板材三大类。每一类又分为实心和空心两种形式。

在我国，传统的墙体材料主要是烧结黏土砖，其应用历史悠久，有"秦砖汉瓦"之说。但由于生产烧结黏土砖需要毁田取土，其生产能耗大、抗震性能差、块体小、自重和自然耗损大，目前正逐步被限制和淘汰使用。

墙体材料的发展方向是研制新型墙体材料。新型墙体材料的发展将对建筑技术产生巨大的影响，并可能改变建筑物的形态或结构。新型墙体材料包括新出现的原料和制品，也包括原有材料的新制品。新型墙体材料具有轻质、高强度、保温、节能、节土、装饰等优良特性。采用新型墙体材料不但使房屋功能大大改善，还可以使建筑物内外更具现代气息，满足人们的审美要求；有的新型墙体材料可以显著减轻建筑物自重，如空心砖、煤矸石砖、混凝土小型砌块、加气混凝土砌块以及 GRC 板等。生产和应用新型墙体材料为推广轻型建筑结构创造了条件，推动了建筑施工技术现代化。

一、砌墙砖

[学与问] 砌墙砖的技术性质有哪些？

[探索与发现] 砌墙砖是砌筑墙体用的小型块材。按原材料可分为烧结黏土砖、粉煤灰砖、页岩砖、煤矸石砖、灰砂砖、炉渣砖等。按生产工艺可分为烧结砖和非烧结砖，其中非烧结砖又可分为压制转、蒸压砖和蒸养砖等；按有无孔洞可分为多孔砖和实心砖。

（一）烧结普通砖

以黏土、页岩、粉煤灰为主要原料配料、制坯、干燥再经高温焙烧而成的砖称为烧结普通砖，包括烧结黏土砖（N）、烧结煤矸石砖（M）、烧结粉煤灰砖（F）、烧结页岩砖（Y）等。其中，以黏土为主要原料制成的烧结普通砖最为常见，简称黏土砖。而烧结煤矸石砖（M）、烧结粉煤灰砖（F）、烧结页岩砖（Y）属于烧结非黏土砖。黏土砖有红砖与青砖两种，红砖是砖坯在氧化气氛中焙烧，黏土中铁的化合物被氧化成红色的三价铁。青砖是砖坯开始在氧化气氛中焙烧，当达到烧结温度后（1000℃左右），再在还原气氛中继续焙烧，三价铁被还原成青灰色的二价铁。青砖的耐久性比红砖好。

按照国家标准《烧结普通砖》（GB/T 5101—2003）的规定，烧结普通砖的技术要求包括形状、尺寸、外观质量、强度等级和耐久性等方面。根据尺寸偏差和外观质量分为优等品（A）、一等品（B）、合格品（C）三个等级。

1. 外观质量和尺寸偏差

（1）规格及部位名称

烧结普通砖的标准尺寸为 240mm×115mm×53mm，一般将 240mm×115mm 的面称为大面，240mm×53mm 的面称为条面，115mm×53mm 的面称为顶面。考虑 10mm 灰缝厚度，则 4 块砖长、8 块砖宽、16 块砖厚均为 1m，故每 1m^3 砖砌体需要烧结普通砖 512 块。砌筑 1m^2 的 24 墙需用烧结普通砖 128 块。

（2）外观质量和尺寸偏差

烧结普通砖的优等品必须颜色基本一致，尺寸偏差应符合表 7-1 的要求。外观质量必须完整，其表面的高度差、弯曲、杂质凸出的高度、缺棱掉角的尺寸和裂纹长度要求见表 7-2。

表 7-1　烧结普通砖尺寸偏差　　　　　　　　　　　　　mm

公称尺寸（mm）		优等品		一等品		合格品	
		样品平均偏差	样品极差≤	样品平均偏差	样品极差≤	样品平均偏差	样品极差≤
长度	240	±2.0	6	±2.5	7	±3.0	8
宽度	115	±1.5	5	±2.0	6	±2.5	7
高度	53	±1.5	4	±1.6	5	±2.0	6

表 7-2　烧结普通砖外观质量要求

项　目		优等品	一等品	合格品
两条面高度差（mm）　　　　　　　　　　　≤		2	3	4
弯曲（mm）　　　　　　　　　　　　　　　≤		2	3	4
杂质凸出高度（mm）　　　　　　　　　　　≤		2	3	4
缺棱掉角的三个破坏尺寸（mm），不得同时大于		5	20	30
裂纹长度（mm）≤	大面上宽度方向及其延伸至条面上的裂纹长度	30	60	80
	大面上长度方向及其延伸至顶面上的裂纹长度或条面上水平裂纹的长度	50	80	100
完整面不少于		两条面、两顶面	一条面、一顶面	—
颜色		基本一致	—	—

（3）欠火砖与过火砖

由于焙烧窑内的温度难以保证绝对均匀，因此除正火砖（合格品）之外，还常有欠火砖和过火砖。当烧结温度过低或焙烧时间太短时，砖体内各固体颗粒之间的大量间隙不能被熔融物填充与粘结，形成孔隙过大，内部结构不够密实和连续的欠火砖。欠火砖颜色浅，强度低，敲击时声音发哑。当砖在焙烧时温度过高或高温时间持续过长，可能使砖体中熔融物过多，从而形成过火砖。过火砖敲击时声音清脆，吸水率低，强度较高，但有弯曲变形，受压时容易断裂。

欠火砖和过火砖均属不合格品。

2. 强度等级

烧结普通砖按抗压强度分为：MU30、MU25、MU20、MU15、MU10 等五个等级。各强度等级应符合表 7-3 所列数值。

表 7-3 烧制普通砖的强度等级

强度等级	抗压强度平均值 $\bar{f}$（MPa）≥	异变系数 $\delta \leqslant 0.21$ 抗压强度标准值 f_k（MPa）≥	异变系数 $\delta > 0.21$，单块最小抗压强度值 f_{min}（MPa）≥
MU30	30.0	22.0	25.0
MU25	25.0	18.0	22.0
MU20	20.0	14.0	16.0
MU15	15.0	10.0	12.0
MU10	10.0	7.5	7.5

3. 耐久性指标

当烧结砖的原料中含有有害杂质或因生产工艺不当时，可造成烧结砖的质量缺陷而影响耐久性，主要缺陷及耐久性指标有：

（1）泛霜。当生产原料中含有可溶性无机盐（如硫酸钠等）时，在烧结过程中就会隐含在烧结砖内部。当砖体受潮后干燥时，其中的可溶性盐类物质随水分蒸发向外迁移，使可溶性盐类物质渗透并附着在砖体表面，干燥后形成一层白色结晶粉末，这种现象称为泛霜。

轻度泛霜会影响建筑物的外观；泛霜较重时会造成砖体表面的不断粉化与脱落，降低墙体的抗冻融能力；严重的泛霜还可能很快降低墙体的承载能力。因此，工程中使用的优等砖不允许有泛霜现象，合格等级的砖不得有严重的泛霜现象。

（2）石灰爆裂

当生产烧结普通砖的原料中夹杂有石灰石杂质时，焙烧砖体会使其中的石灰石烧成石灰。使用时，砖受潮或被雨淋，石灰吸水熟化，体积显著膨胀，导致砖体开裂，严重时会使砖砌体强度降低，直至破坏。

石灰爆裂是黏土砖内部的安全隐患，轻者影响墙体外观，重者会影响承载能力，甚至影响结构主体安全。为此，对优等品砖不允许出现破坏尺寸大于 2mm 的爆裂区域。

（3）抗风化性能

抗风化性能是指在干湿变化、温度变化、冻融变化等物理因素作用下，材料不破坏并长期保持原有性质的能力。我国按照风化指数分为严重风化区（风化指数≥12700）和非严重风化区（风化指数<12700）。风化指数是指日气温从正温降至负温或从负温升至正温的每年平均天数与每年从霜冻之日起至霜冻消失之日为止，这一期间降雨总量（以 mm 计）的平均值的乘积。

4. 烧结普通砖的应用

烧结普通砖具有良好的绝热性、透气性、耐久性和热稳定性等特点，在建筑工程中主要用于墙体材料，其中中等泛霜的砖不得用于潮湿部位。烧结普通砖可用于砌筑柱、拱、烟囱、窑身、沟道及基础；可与轻混凝土、加气混凝土等隔热材料复合使用，砌成两面为砖，中间填充轻质材料的复合墙体；在砌体中配置适当的钢筋和钢筋网成为配筋砖砌体，可代替钢筋混凝土柱、过梁。

由于烧结普通砖砌体的强度不仅取决于烧结普通砖的强度，而且受砂浆性质的影响很大。故在砌筑前烧结普通砖应进行浇水湿润，同时应充分考虑砂浆的和易性及铺砌砂浆的饱满度。

（二）烧结多孔砖和烧结空心砖

[学与问] 烧结多孔砖和烧结空心砖与烧结普通砖相比，主要有哪些优缺点？

[探索与发现] 烧结多孔砖和烧结空心砖是以黏土、页岩、煤矸石、粉煤灰及其他废

料为原料，经烧坯而形成的多孔砖和空心块体材料。烧结多孔砖的孔洞率要求大于 16%，一般超过 25%，孔洞尺寸小而多，且为竖向孔。多孔砖使用时孔洞方向平行于受力方向。主要用于六层及以下的承重砌体。烧结空心砖的孔洞率大于 35%，孔洞尺寸大而少，且为水平孔。空心砖使用时的孔洞通常垂直于受力方向，主要用于非承重砌体。

多孔砖的技术性能应满足国家标准《烧结多孔砖》（GB 13544—2000）的要求。根据其尺寸规格分为 M 型和 P 型两类（图 7-1）。其中 M 型的尺寸规格为 190mm × 190mm × 90mm，非圆孔内切圆直径小于等于 15mm；P 型的尺寸规格为 240mm × 115mm × 90mm，圆孔直径必须小于等于 22mm。

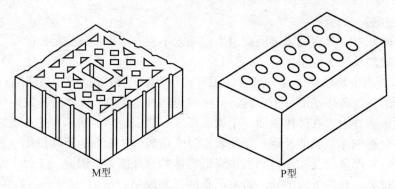

M型　　　　　　　　　P型

图 7-1　烧结多孔砖

多孔砖根据抗压强度平均值和抗压强度标准值或抗压强度最小值分为 MU30、MU25、MU20、MU15、MU10 共五个强度等级。强度指标与烧结普通砖相同。并根据强度等级、尺寸偏差、外观质量和耐久性指标划分为优等品（A）、一等品（B）和合格品（C）。

空心砖（图 7-2）的技术性能应满足国家标准《烧结空心砖和空心砌块》（GB 13545—2003）的要求。根据大面和条面抗压强度分为：MU10、MU7.5、MU5.0、MU3.5、MU2.5 五个强度等级，同时按表观密度分为 800kg/m³、900kg/m³、1000kg/m³ 和 1100kg/m³ 四个密度级别。并根据尺寸偏差、外观质量、强度等级和耐久性等分为优等品（A）、一等品（B）和合格品（C）三个等级。其各技术指标见表 7-4 和表 7-5。

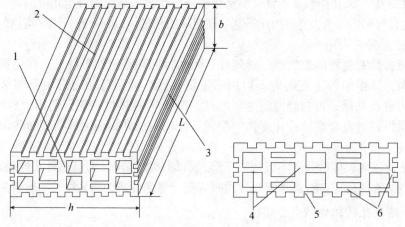

图 7-2　烧结空心砖

1—顶面；2—大面；3—条面；4—肋；5—肋线槽；6—外壁；L—长度；h—宽度；b—高度

146

表 7-4　空心砖强度等级指标

强度等级	抗压强度			密度等级范围（kg/m³）
	抗压强度平均值 $\bar{f}$ ≥	变异系数 δ≤0.21		
		强度标准值 f_k ≥	单块最小抗压强度值 f_{min}（MPa）≥	
MU10.0	10.0	7.0	8.0	≤1100
MU7.5	7.5	5.0	5.8	
MU5.0	5.0	3.5	4.0	
MU3.5	3.5	2.5	2.8	
MU2.5	2.5	1.6	1.8	≤800

表 7-5　空心砖密度等级　　　　　　　　　　　　　　　　　　　　　　　kg/m³

密度等级	5 块密度平均值
800	≤800
900	801～900
1000	901～1000
1100	1001～1100

多孔砖和空心砖的抗风化性能、石灰爆裂性能、泛霜性能等耐久性技术指标要求与烧结普通砖基本相同，吸水率相近。

（三）非烧结砖

[实践与探究]　生产非烧结砖，可以大量利用工业废料，减少环境污染，但用它砌筑的墙体往往易开裂和粉刷层剥落，请在实践中给予改进。

[探索与发现]　非烧结砖的强度是通过配料中掺入一定量胶凝材料或在生产过程中形成一定量的胶凝物质而制得。它是替代烧结普通砖的新型墙体材料之一。非烧结砖的主要缺点是干燥收缩较大和压制成型产品的表面过于光洁，干缩值一般在 0.5mm/m 以上，容易导致墙体开裂和粉刷层剥落。

1. 蒸压灰砂砖

蒸压灰砂砖是以石灰和砂子为主要原料，经坯料制备、加水拌合、陈化、压制成型和蒸压养护制成的实心砖。一般石灰占 10%～20%，砂占 80%～90%。蒸压灰砂砖外形、规格尺寸与烧结普通砖相同，表观密度为 1800～1900kg/m³，导热系数为 0.61W/(m·K)。

根据国家标准《蒸压灰砂砖》（GB 11945—1999）的规定，分为 MU25、MU20、MU15、MU10 四个强度等级。强度等级 MU15 及以上的砖可用于基础及其他建筑部位。MU10 砖可用于砌筑防潮层以上的墙体。

蒸压灰砂砖在长期潮湿环境中强度变化不大，但抗流水冲刷的能力较弱，不宜用于受到流水冲刷的地方。

蒸压灰砂砖具有足够的抗冻性，可抵抗 15 次以上的冻融循环，但在使用中应注意防止抗冻性的降低。

由于灰砂砖中的一些组分如水化硅酸钙、氢氧化钙、碳酸钙等不耐酸，也不耐热，若长期受热会发生分解、脱水，甚至会使石英发生晶型转变。因此，长期受热高于200℃的地方或受急冷急热或有酸性介质侵蚀的地方应避免使用蒸压灰砂砖。

2. 粉煤灰砖

粉煤灰砖是以石灰和粉煤灰为主要原料，掺入适量石膏或炉渣，经配料、加水拌合、压制成型，高压或常压蒸汽养护而成的实心砖。其外形尺寸与烧结普通砖相同。粉煤灰砖呈深灰色，表观密度约为$1500kg/m^3$。

根据养护工艺的不同，粉煤灰砖可包括蒸压粉煤灰砖、蒸养粉煤灰砖和自养粉煤灰砖三类。它们的原材料和制作过程基本一致，但因养护工艺有所差别，产品性能往往相差较大。

蒸压粉煤灰砖是经高压蒸汽养护制成，水化过程是在饱和蒸汽压（蒸汽温度一般高于176℃，压力0.5MPa）以上条件下进行的，因而砖中的硅铝活性组分凝胶化反应充分，水化产物晶化好，收缩小，砖的强度高，性能稳定。而蒸养粉煤灰砖是经常压蒸汽养护制成，硅铝活性组分凝胶化反应不充分，水化产物晶化也差，强度及其他性能往往不及蒸压粉煤灰砖。自养粉煤灰砖则是以水泥为主要胶凝材料，成型后经自然养护制成。

根据《粉煤灰砖》（JC 239—2001）的规定，粉煤灰砖根据外观质量、强度、抗冻性和干燥收缩值分为优等品（A）、一等品（B）和合格品（C）三个等级。粉煤灰砖的强度等级分为MU30、MU25、MU20、MU15、MU10五个强度等级。

粉煤灰砖的抗压强度和抗折强度指标应符合表7-6的要求。一般要求优等品和一等品干缩收缩值不大于0.65mm/m，合格品干缩收缩值不大于0.75mm/m。

表 7-6　粉煤灰砖强度指标　　　　　　　　　　　　　　　　　　　　MPa

强度等级	抗压强度		抗折强度	
	10块平均值≥	单块值≥	10块平均值≥	单块值≥
MU30	30.0	24.0	6.2	5.0
MU25	25.0	20.0	5.0	4.0
MU20	20.0	16.0	4.0	3.2
MU15	15.0	12.0	3.3	2.6
MU10	10.0	8.0	2.5	2.0

粉煤灰砖可用于一般工业与民用建筑的墙体和基础；在易受冻融和干湿交替作用的工程部位必须使用一等砖，用于易受冻融作用的工程部位时要进行抗冻性检验，并用水泥砂浆抹面，或在设计上采取其他适当措施，以提高结构的耐久性。

用粉煤灰砖砌筑的建筑物，应适当增设圈梁及伸缩缝，或采取其他措施，以避免或减少收缩裂缝的产生。长期受温度高于200℃、受冷热交替作用或有酸性侵蚀的工程部位，不得使用粉煤灰砖。

粉煤灰砖是一种有潜在活性的水硬性材料，在潮湿环境中，水化反应能继续进行而使其内部结构更为密实，有利于砖的强度的提高。大量工程现场调查发现，用于建筑勒脚、基础和排水沟等潮湿部位的蒸压粉煤灰砖，虽经一二十年的冻融和干湿双重作用，有的砖已完全碳化，但强度并未降低而均有所提高。相对于其他种类的砌体材料，这是粉煤灰砖的优势之一。粉煤灰砖属节能减排型的轻质墙体材料。

3. 炉渣砖

炉渣砖是以炉（煤）渣和石灰为主要原料，掺入适量石膏，经混合、搅拌、陈化、压制成型、蒸汽或蒸压养护而制得的实心砖。其规格与烧结普通砖相同。按照不同的养护工艺，可分为蒸养炉渣砖、蒸压炉渣砖和自养炉渣砖。

根据《炉渣砖》（JC/T 525—2007）的规定，炉渣砖的强度等级分为 MU25、MU20、MU15 三个等级。其表观密度为 1500 ~ 2000kg/m³，吸水率为 6% ~ 19%。

炉渣砖可用于一般建筑工程的内墙和非承重墙，但不得用于受高温、急冷急热交替作用和有酸性介质侵蚀的建筑部位。

生产非烧结砖，可以大量利用工业废料，减少环境污染，不需占用农田，且可常年稳定生产，不受气候与季节影响，故这类砖是我国墙体材料的发展方向。

二、墙用砌块

[学与问] 常用的建筑砌块有哪些？其主要技术性质有哪些？

[探索与发现] 砌块是砌筑墙体用的人造块材，是建筑上常用的墙体材料，外形多为直角六面体，也有各种异形的。砌块按尺寸规格可分为大型砌块（高度大于 980mm）、中型砌块（高度为 380 ~ 980mm）和小型砌块（高度为 115 ~ 380mm）；按用途分为承重砌块与非承重砌块；按砌块外形特征可分为实心砌块和空心砌块；按制作的原材料分为混凝土空心砌块、轻骨料混凝土砌块、粉煤灰硅酸盐砌块、煤矸石空心砌块、大孔混凝土砌块、加气混凝土砌块等。

目前，我国应用较多的是混凝土小型空心砌块、蒸压加气混凝土砌块、粉煤灰硅酸盐砌块和石膏砌块。

（一）普通混凝土小型空心砌块

按照《普通混凝土小型空心砌块》（GB 8239—1997）的规定，混凝土小型空心砌块是以水泥、粗骨料（碎石或卵石）、细骨料（砂）、水为主要原材料，必要时加入外加剂，按一定比例（质量比）计量配料、搅拌、成型、养护而成的砌块。其空心率为 25% ~ 50%，采用专用设备进行工业化生产。

1. 技术性能指标

（1）形状和规格

混凝土小型空心砌块一般为竖向设置，多为单排孔，也有双排孔（图 7-3）。其中主规格尺寸为 390mm × 190mm × 190mm，空心率不小于 25%。

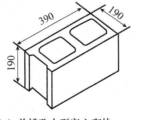
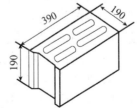

（a）单排孔小型空心砌块　　　　（b）双排孔小型空心砌块

图 7-3　普通混凝土小型空心砌块

根据尺寸偏差和外观质量分为优等品（A）、一等品（B）和合格品（C）三级。

（2）强度等级

根据混凝土空心砌块的抗压强度值分为 MU3.5、MU5.0、MU7.5、MU10、MU15、MU20 共六个强度等级。抗压强度试验根据《普通混凝土小型空心砌块》（GB 8239—1997）进行。每组 5 个砌块，上、下表面用水泥砂浆抹平，养护后进行抗压试验，以 5 个砌块的平均值和单块最小值确定砌块的强度等级，见表 7-7。

表 7-7　混凝土空心砌块的强度等级

强度等级	砌块抗压强度（MPa）	
	平均值	单块最小值
MU3.5	3.5	2.8
MU5.0	5.0	4.0
MU7.5	7.5	6.0
MU10.0	10.0	8.0
MU15.0	15.0	12.0
MU20.0	20.0	16.0

（3）相对含水率

相对含水率是指混凝土砌块出厂含水率与砌块的吸水率之比值，是控制收缩变形的重要指标。对年平均相对湿度大于 75% 的潮湿地区，相对含水率要求不大于 45%；对年平均相对湿度在 50%~75% 的地区，相对含水率要求不大于 40%；对年平均相对湿度小于 50% 的地区，相对含水率要求不大于 35%。由于混凝土小型空心砌块干缩性较大，水分蒸发越多，干燥收缩越大。为防止墙体开裂、保证墙体安全，砌块在出厂时必须提供相对含水率报告，不合格者不准出厂。

（4）抗渗性

用于外墙面或有防渗要求的砌块，应满足抗渗性要求。它以 3 块砌块中任意一块水面下降高度不大于 10mm 为合格。

（5）抗冻性

砌块在非采暖地区使用，不规定抗冻等级；在采暖地区的一般环境下使用，抗冻等级不小于 F15，干湿交替环境下使用，抗冻等级不小于 F25。

2. 混凝土小型空心砌块的特点与应用

混凝土小型空心砌块具有强度高、自重轻、耐久性好、外形尺寸规整，部分类型的混凝土小型砌块还具有安全、美观、耐久、良好的保温隔热性能、使用面积较大、施工速度较快、建筑造价与维护费用较低等特点。

在我国，混凝土小型空心砌块不仅适用于平房和低矮楼房，而且随着砌块应用技术的提高，混凝土小型空心砌块应用正在向中高层建筑发展。

由于混凝土小型空心砌块具有节能、节地、减少环境污染、保持生态平衡的优点，因此生产和应用混凝土小型空心砌块有利于建筑节能和资源可持续发展。

（二）轻骨料混凝土小型空心砌块

轻骨料混凝土小型空心砌块是以粉煤灰陶粒、黏土陶粒、页岩陶粒、膨胀珍珠岩等各种轻骨料替代普通骨料，再配以水泥、砂制作而成。其生产工艺与普通混凝土小型空心砌块类似。尺寸规格为 390mm × 190mm × 190mm，密度等级有 500、600、700、800、900、1000、1200、1400 共八个，强度等级有 1.5、2.5、3.5、5.0、7.5、10.0 共六级。

轻骨料混凝土小型砌块以其轻质、高强、保温隔热性能好、抗震性能好等特点，在各种建筑的墙体中得到广泛应用，主要用于非承重的围护结构和框架结构填充墙。

在实际工程中，用轻骨料混凝土小型砌块砌筑的墙体，经常会出现开裂现象，这不仅影响了建筑物的外观，而且还可能影响建筑物的正常使用。因此，必须具体问题具体分析，找出问题的原因，采取对应处理措施，确保轻骨料混凝土小型砌块和砌体的质量。

（三）粉煤灰砌块和粉煤灰小型空心砌块

粉煤灰砌块是以粉煤灰、石灰、石膏和骨料为原料，经加水搅拌，振动成型，再经蒸汽养护而制成的密实块体。粉煤灰砌块的主规格尺寸为 880mm × 380mm × 240mm，880mm × 430mm × 240mm，根据外观质量和尺寸偏差可分为一等品（B）和合格品（C）两种。

粉煤灰小型空心砌块是指以水泥、粉煤灰、各种轻骨料为主要材料，也可以加外加剂，经配料、搅拌、成型、养护制成的空心砌块。根据《粉煤灰小型空心砌块》（JC 862—2008）的标准要求，按照孔的排数可分为单排孔、双排孔和多排孔；按尺寸偏差、外观质量、碳化系数可分为优等品（A）、一等品（B）、合格品（C）三个等级；按平均强度和最小强度可分为 MU3.5、MU5、MU7.5、MU10、MU15 和 MU20 六个强度等级；优等品、一等品和合格品的碳化系数分别不小于 0.80、0.75 和 0.70；其软化系数应不小于 0.75；干燥收缩率不大于 0.60mm/m。其施工应用与普通混凝土小型空心砌块类似。

（四）蒸压加气混凝土砌块

蒸压加气混凝土砌块是以钙质材料（水泥、石灰等）和硅质材料（砂、矿渣、粉煤灰等）及加气剂（铝粉）为原料，经过磨细、计量配料、搅拌，料浆浇筑，再经过发气成型、坯体切割、高温蒸压（0.8～1.2MPa，180～200℃）养护 10～12h 等工艺制成的一种轻质、多孔的建筑材料，代号 ACB。根据采用的主要原料不同，加气混凝土砌块相应有水泥-矿渣-砂、水泥-石灰-砂、水泥-石灰-粉煤灰等多种。

根据《蒸压加气混凝土砌块》（GB/T 11968—2006）的规定，砌块按尺寸偏差、外观质量、干表观密度和抗压强度可分为优等品（A）、合格品（B）两个等级。

按抗压强度分为 A1.0、A2.0、A2.5、A3.5、A5.0、A7.5、A10 七个级别。按干表观密度分为 B03、B04、B05、B06、B07、B08 六个密度级别。

蒸压加气混凝土砌块是应用较多的一种轻型墙体材料，具有自重轻，抗震性能、保温、隔热、隔声性能好，传热慢和耐久性好等优点，常用于低层建筑的承重墙，多层建筑的间隔墙和高层框架结构的填充墙，也可用于一般工业建筑的墙体和屋面结构。这种砌块的缺点是耐水性和耐腐蚀性差，干燥收缩值一般较大，可达 0.5mm/m。因此，砌筑和粉刷时宜采用专用砂浆，并增设拉结钢筋或钢筋网片。

（五）泡沫混凝土砌块

泡沫混凝土砌块是指用物理方法将泡沫剂水溶液制备成泡沫，再将泡沫加入到由水泥基胶凝材料、骨料、掺合料、外加剂和水等制成的料浆中，经混合搅拌、浇筑成型、自然或蒸汽养护而成轻质多孔混凝土砌块。泡沫混凝土砌块的外形、物理力学性质类似于加气混凝土砌块，其表观密度为 300～1000kg/m³，抗压强度为 0.7～3.5MPa，导热系数约为 0.15～

0.20W/（m·K），吸声性和隔声性均好，干缩值为 0.6～1.0mm/m 之间。

三、建筑墙板

[学与问]　目前，我国用于墙体的板材品种有哪些？其主要技术性质有哪些？

[探索与发现]　建筑墙板是砌墙砖和建筑砌块之外的另一类墙体材料。与砖和砌块相比，其明显优势是自重轻，安装快，施工效率高，同时可提高建筑物的抗震性能，增加其使用面积。随着框架结构建筑的日益增多，墙体革新和建筑节能工程的实施，墙体板材将获得更迅猛的发展。

目前，我国可用于墙体的板材品种很多，有石膏板、纤维增强水泥板、纤维增强硅酸钙板、预应力混凝土空心墙板、植物纤维板材、复合墙板等。下面介绍几种有代表性的板材。

（一）石膏板

用作墙体材料的石膏板材品种较多，主要品种包括纸面石膏板、石膏空心条板、纤维石膏板、石膏刨花板、纤维增强硬石膏压力板等。

1. 纸面石膏板

纸面石膏板是以建筑石膏为胶凝材料，并掺入适量添加剂和纤维作为板芯，以特制的护面纸作为面层的一种轻质板材。

纸面石膏板按其用途分为普通纸面石膏板、耐水纸面石膏板和耐火纸面石膏板三种。

纸面石膏板的表观密度为 $800～950kg/m^3$，导热系数约为 0.20W/（m·K），隔声指数为 35～50dB，抗折荷载为 400～800N，表面平整、尺寸稳定，具有自重轻、保温隔热、隔声、防火、抗震、可调节室内湿度、加工性好、施工简便等优点，但用纸量较大，成本较高。

目前，在我国纸面石膏板主要用于公共建筑和高层建筑。普通纸面石膏板可作为室内隔墙板、复合外墙板的内壁板、顶棚板等。耐水型板可用于相对湿度较大（＞75%）的环境，如厕所、盥洗室等。耐火型纸面石膏板主要用于对防火要求较高的房屋建筑中。

2. 石膏空心条板

石膏空心条板是以建筑石膏掺加适量的水，并掺入一定量的粉煤灰或水泥，再加入少量增强纤维（或配置玻纤网格布），并加适量的膨胀珍珠岩作为轻质骨料，经拌合成料浆，浇注、入模、成型，再经初凝、抽芯、干燥等工序而制成空心条板。其长度为 2500～3000mm，宽度为 500～600mm，厚度为 60～90mm。

石膏空心板的表观密度为 $600～900kg/m^3$，抗折强度为 2～3MPa，导热系数约为 0.22W/（m·K），隔声指数大于 30dB，耐火极限为 1～2.25h。具有质轻、比强度高、隔热、隔声、防火、可加工性好等优点，且安装方便，适用于各类建筑的非承重内隔墙，但若用于相对湿度大于 75% 的环境中，则板材表面应作防水等相应处理。

（二）纤维增强低碱度水泥建筑平板

根据《纤维增强低碱度水泥建筑平板》（JC/T 626—2008）的规定，纤维增强低碱度水泥建筑平板（俗称 TK 板）是指以温石棉、短切中碱玻璃纤维或以抗碱玻璃纤维等为增强材料，以低碱度硫铝酸盐水泥为胶结材料制成的建筑平板。其常用规格为长 1220mm、1550mm、1800mm；宽 820mm；厚 40mm、50mm、60mm、80mm。

TK 板具有耐火性好，自身重量轻，具有较高的抗折、抗冲击性能，不燃，加工性能好，可根据用途切割成任意规格尺寸等特点，适用于框架结构的复合外墙板和内墙板。

（三）玻璃纤维增强水泥轻质多孔隔墙条板

根据《玻璃纤维增强水泥轻质多孔隔墙条板》（GB/T 19631—2005）规定，玻璃纤维增强水泥轻质多孔隔墙条板（GRC 板）是以低碱度硫铝酸盐水泥为胶凝材料，耐碱玻璃纤维制品为增强材料，膨胀珍珠岩为骨料，并配以发泡剂和防水剂等，经配料、搅拌、成型、养护而成的具有若干圆孔的条形板。它具有重量轻、强度高、韧性好、抗裂性优良、不燃烧、可锯、施工效率高等特点，主要用于非承重和半承重构件，可用作外墙板、复合外墙板、顶棚板、永久性模板等。

第二节　屋面材料

[学与问]　屋面材料的主要品种有哪些？其中哪些属于新型屋面材料？

[探索与发现]　屋面材料主要为各类瓦制品，按成分分为黏土瓦、水泥瓦、石棉水泥瓦、钢丝网水泥大波瓦、塑料大波瓦、沥青瓦等；按生产工艺分为压制瓦、挤制瓦和手工光彩脊瓦；按形状分为平瓦、波形瓦、脊瓦。新型屋面材料主要有轻钢彩色屋面板、铝塑复合板等。

一、石棉水泥瓦

石棉水泥瓦是以温石棉纤维与水泥为原料，经加水搅拌、压滤成型、蒸养、烘干而成的轻型屋面材料。按瓦的形状分为大波瓦、中波瓦、小波瓦三种。此外还有分别与这三种瓦配套的覆盖屋脊用的人字形脊瓦。石棉水泥的特点是单张面积大，有效利用面积大，具有防火、防腐、耐热、耐寒、绝热、质轻等性能，而且制作生产简便，造价低，大量用于工业建筑，如厂房、库房、堆货棚等。

[资料卡片]　石棉瓦最早是崇庆县（现在是崇洲市）白马乡 3 大队的一潘姓农民，在做大瓦容易碎的情况下，加上麻丝做成最初的石棉瓦。当时大瓦在农村比较实用。后来经过潘姓的改进，用了石棉、玻纤，在上世纪 80 年代初石棉还比较贵，一般都用玻纤，所以也叫玻纤瓦。在 1984 至 1985 年间潘姓家族到全国各地去做瓦，在此之后石棉瓦全国风靡。

二、钢丝网水泥瓦

钢丝网水泥瓦是用水泥和砂子，加水拌合后浇模，中间设置一层低碳冷拔钢丝网，成型后再经养护而成的大波波形瓦。其主要规格有两种，一种为 1700mm×830mm×14mm，重约 50kg；另一种为 1700mm×830mm×12mm，重约 39～49kg。脊瓦每块约 15～16kg。脊瓦要求瓦的初裂荷载每块不小于 2200N。在 100mm 的静水压力下，24h 后瓦背无严重洇水现象。

钢丝网水泥大波瓦，适用于工厂散热车间、仓库及临时居住的屋面，有时也可用作这些建筑的围护结构。

三、玻璃钢波形瓦

玻璃钢波形瓦是用不饱和聚酯树脂和无捻玻璃纤维布为原料，经手工糊制而成的波形瓦，其尺寸为 1800mm×740mm×（0.8～2.0）mm。这种波形瓦质轻、强度高、耐冲击、耐高温、透光、有色泽，适用于建筑遮阳板及车站月台、凉棚等的屋面。

四、彩色涂层钢板

彩色涂层钢板是以冷轧或镀锌钢板为基材，经表面处理后涂以各种保护、装饰涂层而成的产品。常用的涂层有无机涂层、有机涂层和复合涂层三大类。以有机涂层钢板发展最快，主要原因是有机涂层原料种类丰富、色彩鲜艳、制作工艺简单。彩色涂层钢板具有优异的装饰性，涂层附着力强，可长期保持鲜艳的色泽，并且具有良好的耐污染性能、耐高低温性能和耐沸水浸泡性能，另外加工性能也好。

彩色涂层钢板可用作建筑外墙板、屋面板、护壁板等。如作商业亭、候车亭的瓦楞板，工业厂房大型车间的壁板与屋顶等。另外，还可用作排气管道、通风管道、耐腐蚀管道、电气设备罩等。

五、塑料复合钢板

它是在 Q215、Q235 钢板上或压型钢板上覆以厚度为 0.2～0.4mm 的软质或半硬质聚氯乙烯塑料薄膜制成的，分单面和双面覆层两种。既具有绝缘、耐磨、耐腐蚀、耐油等特点，又具有普通钢板可进行弯折、咬口、钻孔等加工性能。在建筑方面主要用作墙板、顶棚及屋面板。

六、彩色压型钢板

彩色压型钢板是以镀锌钢板为基材经辊压、冷弯成异形断面，表面涂装彩色防腐涂层或烤漆而制成的轻型复合板材。这种钢板具有质量轻、抗震性好、耐久性强、色彩鲜艳、易加工以及施工方便等特点。

七、彩钢夹芯板

彩钢夹芯板是由彩色钢板作表层，闭孔自熄型聚苯乙烯泡沫塑料做芯材，通过自动化连续成型机将彩色钢板压型后用高强度粘合剂粘合而成的一种高效新型复合建筑材料。

八、彩色混凝土平瓦

彩色混凝土平瓦是以细石混凝土为基层，面层覆盖各种颜料的水泥砂浆，经压制而成。具有良好的防水性和装饰效果，且耐久性好，近年来发展较快。

第三节　门窗材料

[实践与探究]　通过调查分析，试比较塑料门窗与铝合金门窗各自的优缺点，按照取长补短的设计思路，试设计铝塑复合门窗材料。

一、塑料门窗

[探索与发现]　塑料门窗是以改性聚氯乙烯（PVC）树脂为主要原料，加上一定比例的多种添加剂，经挤出加工成型为各种断面的中空异型材，再经定长切割并在其内部空腔加钢质型材，通过热熔焊接组装成门窗框、扇，最后装配玻璃、五金件、密封条等构成门窗成品。型材内腔以型钢增强而形成塑钢结合体，故这种门窗也称为塑钢门窗。

塑料门窗的技术性质：

1. 强度高、耐冲击。塑料型材采用特殊的耐冲击配方和精心设计的耐冲击断面，在 -10℃、1m 高、自由落地冲击试验下不破裂，所制成的门窗能耐风压 1500 ～ 3500Pa，适用于各种建筑物。

2. 抗老化性能好。由于配方中添加了改性剂，光热稳定剂和紫外线吸收剂等各种助剂，使塑料门窗具有很好的耐候性、抗老化性能。可以在 -10 ～ 70℃ 之间各种条件下长期使用，经受烈日、暴雨、风雪、干燥、潮湿之侵袭而不变脆、不变质。

3. 隔热保温性好。硬质 PVC 材质的导热系数较低，仅为铝材的 1/125，钢材的 1/360，又因塑料门窗的型材为中空多腔结构，内部被分成若干紧闭的小空间，使导热系数进一步降低，因此具有良好的隔热和保温性。

4. 气密性、水密性好。塑料窗框、窗扇间采用搭接装配，各缝隙间都装有耐久性和弹性好的密封条或阻见板，防止空气渗透、雨水渗透性极佳，并在框、扇适当位置开设有排水槽孔，能将雨水和冷凝水排出室外。

5. 隔声性好。塑料门窗用型材为中空结构，内部有若干充满空气的密闭小空腔，具有良好的隔声效果。再经过精心设计，框扇搭接严密，防噪声性能好，其隔声效果在 30dB 以上，这种性能使塑料门窗更适用于交通频繁、噪声侵袭严重或特别需要安静的环境，如医院、学校及办公大厦等。

6. 耐腐蚀性好。硬质 PVC 材料不受任何酸、碱、盐、废气等物质的侵蚀，耐腐蚀、耐潮湿、不朽、不锈、不霉变、无需油漆。

7. 防火性能好。塑钢门窗不自燃、不助燃、能自熄、安全可靠。

8. 电绝缘性高。塑料 PVC 型材为优良的绝缘体，使用安全性高。

9. 热膨胀系数低，能保证正常使用。

二、铝合金门窗

铝合金门窗是指将已表面处理过的铝合金型材，经过下料、打孔、铣槽、攻丝、制配等加工工艺而制造的门窗框料构件，再加连接件，密封件，开闭五金件一起组合装配而成的门窗。

铝合金门窗的优点是气密性、水密性、抗风压性能、耐久性较好，色彩造型丰富；缺点是导热系数大，不利于建筑节能。

为了适应建筑节能的要求，人们开发出新型结构门窗——断桥铝门窗。所谓断桥铝门窗是在特定设计的铝合金空腔之中灌注有隔热王之称的 PU 树脂，再将铝壁分离形成断桥，阻止了热量的传导，并配合中空玻璃，使门窗的导热系数显著降低。

断桥铝合金门窗具有节能、隔声、防燥、防尘、防水等功能。其水密性、气密性良好。

思考复习题

1. 烧结普通砖的种类主要有哪些？
2. 常用的建筑砌块有哪些？
3. 常用的墙体材料的主要品种与主要用途有哪些？
4. 常用的门窗材料主要有哪些？

第八章　建筑塑料与胶粘剂

[思考与交流]　与传统建筑材料相比较，建筑塑料有哪些优缺点？

[探索与发现]　塑料是以天然或合成高分子化合物为基体材料，加入适量的填料和添加剂，在高温、高压下塑化成型，且在常温、常压下保持制品形状不变的材料。常用的合成高分子化合物是各种合成树脂。

第一节　建筑塑料

[学与问]　建筑塑料的组成成分有哪些？它们在塑料中各起什么作用？

[探索与发现]　建筑塑料是指用于建筑工程中的各种塑料，例如制作门窗、楼梯扶手、隔墙、壁纸、壁布、地砖（地毡）、踢脚板、墙裙、上下水管道、卫生洁具等。因此，塑料已经成为继水泥、钢材、木材之后发展最为迅速的第四大类建筑材料，发展前景广阔。

一、塑料的组成

1. 合成树脂

合成树脂是人工合成的高分子聚合物，简称树脂。它是由低分子量的有机化合物，经聚合反应而成，在塑料中主要起胶结作用。它不仅能自身胶结，还能将其他组成材料牢固地胶结在一起，并使塑料具有可加工成型的性能。合成树脂在塑料中的含量约占总质量的30%～60%。树脂还决定着塑料的硬化性质和工程性质。

常用的合成树脂有：聚乙烯、聚氯乙烯、聚苯乙烯、聚甲基丙烯酸甲酯、酚醛树脂、脲醛树脂、环氧树脂、有机硅树脂等缩聚高聚物。

2. 填充料

填充料是一些粉状或纤维状的无机化合物，其作用是调节塑料的物理化学性能，提高塑料的机械强度，扩大使用范围。例如加入玻璃纤维可提高塑料的机械强度；加入云母可改善塑料的电绝缘性；加入石棉可改善塑料的耐热性。加入不同填料可以得到不同性质的塑料。

常用的填充料有木粉、滑石粉、石灰石、炭黑、云母、玻璃纤维等，塑料中填料的掺入率约为40%～70%。

3. 增塑剂

增塑剂是一种增加塑料加工时的可塑性、柔软性的添加剂，它能使塑料在较低的温度和压力下成型。增塑剂不仅使塑料加工成型方便，而且可改变其性能，使其具有要求的强度、韧性、柔性等机械性能。

常用的增塑剂有邻苯二甲酸二辛酯、磷酸三甲酚酯、二苯甲酮、樟脑等。

4. 稳定剂

稳定剂是使塑料长期保持工程性质，延长使用寿命而加入的物质。常用的稳定剂有抗氧化剂、热稳定剂和紫外线吸收剂等，如硬脂酸盐、钛白粉等。

5. 着色剂

着色剂是指为了美观或特殊要求而使塑料表面呈现各种需要的色彩而添加的物质。常用的塑料着色剂有有机染料和无机颜料两种。

6. 固化剂

固化剂也称硬化剂。它能使线型高聚物交联成体型高聚物，使树脂具有热固性，形成稳定而坚硬的塑料制品。常用的有胺类、酸酐类及高分子类。

另外，根据塑料的使用要求，还可添加发泡剂、抗静电剂、阻燃剂、金属添加剂等。

二、塑料的性质

[学与问] 塑料具有哪些技术性质？其性质决定于什么？

[探索与发现] 塑料具有质量轻、比强度高、保温绝热性能好、可加工性能好及富有装饰性等优点，但也存在易老化、易燃烧、耐热性差及刚性差等缺点。

1. 优良的加工性能

塑料可以用多种加工工艺制成不同形状或特殊形状，各种厚薄不等的产品，适应建筑上不同用途的需要。此外还可以按需要调节制品硬度、密度、表观密度、色泽，便于切割与"焊接"。

2. 密度小

塑料的密度一般在 $0.9 \sim 2.2 g/cm^3$ 之间，只有钢材密度的 $1/8 \sim 1/4$、铝材的 $1/2$。这可以大大减轻建筑物的自重，尤其对高层建筑具有特殊意义。

3. 比强度大

塑料的强度较高，而表观密度低，所以比强度（强度与表观密度之比）远超过传统的建筑工程材料，是一种优质的轻质高强材料。

4. 保温绝热性能好

一般密实塑料的导热系数在 $0.23 \sim 0.70 W/(m \cdot K)$ 之间，是较好的保温绝热材料，特别是泡沫塑料，导热率接近于空气，在屋面、外墙保温隔热方面应用较多。

5. 优良的电气绝缘性能

各种塑料的电气绝缘性能良好，可与陶瓷、橡胶等绝缘材料相媲美，是建筑电路中不可缺少的绝缘材料。

6. 多功能

可通过改变配方与生产工艺，制成具有各种特殊性能的工程材料，如强度超过钢材的塑料基碳纤维复合材料；具有承重、质轻、隔声、保温的复合板材；柔软而富有弹性的密封、防水材料等。

7. 优良的装饰性

塑料制品不仅可以着色，而且色彩鲜艳耐久，可通过照相制版印刷，模仿天然材料的纹理（如木纹、大理石纹等）；还可电镀、热压、烫金制成各种图案和花型，使其表面具有立体感和金属的质感，能满足建筑设计人员丰富的想象力和创造力。

8. 耐腐蚀性

大多数塑料对酸、碱和盐等腐蚀性介质的作用具有较高的稳定性，但热塑性塑料可被某些有机溶剂溶解，而热固性塑料则不能被溶解，仅可能出现一定的溶胀，使用时应注意。

9. 易燃、易老化、耐热性差

塑料制品易燃、易老化、耐热性差，这是有机高分子材料的通病。但近年来随着改性添加剂和加工工艺的不断发展，塑料制品的这些缺点也得到了很大改善。如加入阻燃剂可使它成为优于木材的具有自熄性和难燃性的产品；而加入适量的防老化剂，可大大提高塑料的抗老化能力，应该说老化问题将不再是建筑中使用塑料的主要障碍。

此外，塑料抵抗生物破坏的能力强，在某些工程中是良好的代金属、代木材料。

[实践与探究] 根据塑料不易锈蚀的特性，研发家庭节水装置。

[资料卡片] 目前，国内外对家庭生活废水回收利用技术方案归纳起来有三个层次：第一，大型污水处理厂二级出水作为城市用水水源；第二，小区内（例如：一个居民区）的污水收集处理，并在小区内回收利用；第三，在建筑物内部（具有一定规模和用水量大的建筑）的回收利用。第一层次的中水利用系统，在我国大中城市已普遍展开，效果显著；第二层次的中水利用系统，在少数小区实施；第三层次的中水利用系统，只在具有一定规模和用水量大的建筑（例如：公共洗浴场所）中使用。由于城镇居民家庭中缺少中水利用系统，导致生活中很多可利用的废水直接排入下水道而浪费，现实中只有那些节水意识强的人，会利用各种器具把这部分生活废水储存起来，用于冲洗便器。由于一般盛水器具存放在卫生间要占用较大面积，再加之水价低廉，往往不被居民采用。如果我们能够通过技术创新，研发出适用于家庭生活废水自动收集装置，优化生活废水设备配置，减少占地面积，降低初次投资成本，就可以构筑起受居民欢迎的家庭中水利用系统工程。为此，我们投入了一定的人力，进行专项研究。

家用节水设备设计方案：城镇居民家庭中水利用系统（图8-1）是由一体式的双盆水槽、自动储存家庭废水的塑料贮水节水箱、双下水孔座便器及管路组成。自动储存家庭废水的塑料贮水节水箱是用塑料注塑（或焊接）的产品，箱体由底部的积水箱和上部的贮水箱组成。积水箱设有废水进水口，在进水口处装有滤网；积水箱底部设有排污管及截止阀；积水箱内部装有自吸泵，自吸泵通过软管与贮水箱上水管连通。贮水箱内部设有多级肋板，肋板与贮水箱壁面之间形成蛇形下水通道；贮水箱底部设有出水孔，出水孔与双下水孔座便器的水箱连通；贮水箱顶部的一侧面设有溢流管，其出口与下水道接通；贮水箱顶部的另一侧面设有上水管及滤网，过滤后的废水通过虹吸管进入蛇形通道，滤网上方设有带盖的更换口；贮水箱底部设有排污管和截止阀，排污管连通下水道；贮水箱上方中部还设有自来水补水口、电磁阀及控制开关。

实施方案：在选用家庭生活用水器具时首选一体式双盆水槽，指定其中的一个盆专洗带油腻的锅、碗、盘等器具，洗涤废水引入下水道；指定其中的另一个盆洗涤蔬菜、盛接淘米水，使无油腻的家庭生活用水通过该盆进行收集，利用导管与洗衣机用水、盥洗用水一起经过过滤网导入积水箱内腔中，自吸泵根据水位高低的变化自动进行工作，将收集在积水箱中的家庭废水通过贮水箱的上水管泵入贮水箱的顶部，穿过贮水箱滤网流入凹型管，通过虹吸管进入蛇形通道，积聚在贮水箱的底部，静止沉降，需要时通过贮水箱的出水口进入双下水孔座便器的水箱中，以备冲洗厕所使用。由于塑料贮水节水箱顶部设有凹型管，可以阻止贮水箱内部异味气体溢出。塑料贮水节水箱内部肋板间距小，使箱体的抗液压能力得以提高，而产生的噪声小。自动储存家庭废水的塑料贮水节水箱的体积为 1500mm × 200mm ×

2500mm，其大面（1500mm×2500mm）挂靠在卫生间的一侧面墙体上，而占用卫生间的面积仅为1500mm×200mm。运行时，当贮水箱内部的空腔被废水充满时，多余的废水会通过贮水箱的溢流孔排出；当贮水箱内部所储存的废水不能满足需求时，可启动电磁阀控制开关，向箱体内补充自来水以满足需求；当积水箱和贮水箱底部沉积有污垢时，可分别打开安装在积水箱和贮水箱底部的截止阀排除。系统中的双下水孔座便器水箱内的小出水孔与U型管、手动阀及自来水管相连接，冲洗座便时，先按下水箱的按钮，用生活废水冲洗座便器，然后按下手动阀，用少量（0.5升）的自来水，洗刷封存座便器。

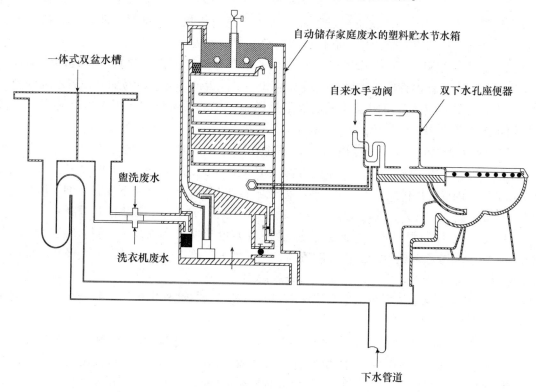

图8-1　城镇居民家庭中水利用系统

按照我国新颁布的《城市生活用水定额》规定的标准，市民人均日用水最大量为120升。如果这个用水量的29%为冲厕水，那么每人每天用于冲厕所的自来水为34.8升，使用6升的节水型抽水马桶可以冲洗6次。实施本项目后，假设每人每天使用抽水马桶仍为6次，累计需要消耗自来水0.5升×6＝3.0升，则每人每天可以节省31.8升自来水，占人均日用水量26.5%。

实施本发明专利符合国家的节能减排的绿色转型政策，对建设节水型社会、推动节水设施、节水器具的应用具有示范作用。

三、常用建筑塑料及其制品

[学与问]　建筑塑料的常用品种有哪些？它们在建筑工程中应用于哪些领域？

[探索与发现]　与传统的水泥混凝土、钢材、木材等相比，高分子建筑塑料具有节能、自重轻、耐水、耐化学腐蚀、外观美丽以及安装方便等优点，已经广泛地应用于各个建筑

领域。

（一）塑料的常用品种

塑料种类虽多，但按塑料所用树脂的性质可分为热塑性塑料和热固性塑料两大类。

1. 热塑性塑料

（1）聚氯乙烯塑料（PVC）。聚氯乙烯塑料是建筑中用量最大的一种塑料。它的化学稳定性好，抗老化性能好，但耐热性能差，在100℃以上时会引起分解、变质而破坏，通常使用温度应在60~80℃以下。聚氯乙烯是一种多功能的塑料，通过调整增塑剂的加入量，可以得到硬质或软质的塑料，软质聚氯乙烯可挤压或注射成板材、型材、薄膜、管道、地板砖、壁纸等。硬质聚氯乙烯使用于制作排水管道、外墙面板和建筑配件等。

（2）聚乙烯塑料（PE）。聚乙烯塑料是由乙烯单体聚合而成。它具有良好的化学稳定性、机械强度及耐低温性能，密度小，透气性和吸水性很低，无毒，易加工。聚乙烯塑料易燃烧，设计产品时应注意使用条件或采取阻燃措施。聚乙烯塑料主要用来生产防水防潮薄膜、给排水水管和卫生洁具。

（3）聚丙烯塑料（PP）。聚丙烯塑料的密度在所有塑料中是最小的，约为 $0.9g/cm^3$。聚丙烯易燃并容易产生熔融滴落现象，但它的耐热性能优于聚乙烯，在100℃时仍能保持一定的抗拉强度。聚丙烯的机械性能高于聚乙烯，耐化学腐蚀性能很好，常温下没有溶剂，但耐低温冲击性能差，抗大气性差，故适用于室内。聚丙烯常用来生产管材、卫生洁具等制品。

（4）聚苯乙烯塑料（PS）。聚苯乙烯塑料为无色透明类似玻璃的塑料，透明度可达88%~92%。聚苯乙烯塑料的机械性能较高，但脆性大，敲击时有金属脆声。聚苯乙烯的耐溶剂性较差，能溶于苯、甲苯、乙苯等芳香族溶剂。

聚苯乙烯在建筑中主要用来生产泡沫隔热材料和管材，此外也被用于制造灯具、发光平顶板等制品。

（5）ABS塑料。ABS是丙烯腈、丁二烯、苯乙烯的共聚物。ABS塑料具有聚苯乙烯的良好工艺性能，聚丁二烯的高韧性和弹性，聚苯烯腈的高化学稳定性和表面硬度等。改变ABS塑料中三组分的比例，可以在一定范围内调整其性能，以适应不同用途。

ABS为不透明的塑料，具有较高的冲击韧性，而且在低温时也不明显下降，耐热性也高于聚苯乙烯。ABS塑料可制作压有花纹图案的塑料装饰板及管材。

（6）有机玻璃（聚甲基丙烯酸甲酯PMMA）。PMMA是透光最好的一种塑料，它不仅能透过92%以上的日光，而且还能透过73.5%的紫外线，因此被用来制造有机玻璃。它质轻、坚韧并具有弹性，在低温时仍具有较高的冲击强度，有优良的耐水性和耐热性，易加工成型，可制成板材和管材等。

2. 热固性塑料

（1）酚醛树脂塑料（PF）。它是以酚醛树脂为基层的最古老的塑料，应用很广。酚醛树脂塑料具有较高的机械强度、耐热性、化学稳定性和自熄性。其缺点是性脆易碎、颜色深暗，装饰性欠佳。

酚醛树脂在建筑上的主要用途是制造各种层压板、保温绝热材料、玻璃纤维增强塑料、胶粘剂及聚合物混凝土等。

（2）环氧树脂（EP）。环氧树脂是一种热固性塑料，未固化时为高黏度液体或脆性固体，易溶于丙酮或二甲苯溶剂。加入固化剂后可在室温或高温下固化。其突出性能是它与各种材料都有很强的粘结力，且固化时的收缩率很低。

环氧树脂主要用于生产玻璃钢、胶粘剂或涂料等产品。

（3）有机硅树脂。有机硅是一种憎水、透明的树脂，主要优点是耐高温、耐水。它可用作防水及防潮涂层，并在许多防水材料中作为憎水剂。

（4）在建筑工程中，有机硅树脂可作为混凝土的表面防水涂料，使混凝土具有很高的抗水、抗渗和抗冻性能。

（二）常用塑料制品

1. 塑钢门窗

塑钢门窗一般采用聚氯乙烯（PVC）塑料，它是在 PVC 塑料中空异型材内安装金属衬筋，采用热焊接和机械连接制成。塑钢门窗有良好的隔热性、气密性，有明显的节能效果。

2. 塑料管材

塑料管材在建筑、市政等工程以及工业中被广泛应用。它是以高分子材料为原料，经挤出、注塑、焊接等成型工艺制成的管材和管件。与传统铸铁管和镀锌管相比，塑料管材具有以下优点：

（1）质量轻，施工安装和维修方便。

（2）表面光滑，不生锈，不结垢，流体阻力小。

（3）强度高，韧性好，耐腐蚀，使用寿命长。

（4）品种多样，可满足各行业的使用要求。

塑料管材按管材的材质可分为：硬质聚氯乙烯（PVC）管，聚乙烯（PE）管，聚丙烯（PP）管，聚丁烯（PB）管、ABS 管、玻璃钢管、铝塑管等。

建筑工程中以 PVC 管材用量最大，主要用于民用住宅室内供水系统；非压力管道主要用于排水排污系统。压力管要求液压密封试验在 1.5MPa 静压下无渗漏现象；非压力管要求在 0.2MPa 静压下无渗漏现象。硬质 PVC 管使用温度为 0 ~ 50℃，不能输送热水和蒸汽。

3. 纤维增强塑料

纤维增强塑料包括玻璃纤维增强塑料、碳纤维增强塑料和其他有机合成纤维增强塑料。其中应用最多的是玻璃纤维增强塑料。

玻璃纤维增强塑料又称玻璃钢制品，是一种优良的纤维增强复合材料，因其比强度很高而被越来越多地用于一些新型建筑结构中。

玻璃纤维增强塑料，是以聚合物为基体，以玻璃纤维及其制品（玻璃布、带、毡等）为增强材料而制成的复合材料。玻璃钢最主要的特点就是密度小、强度高，其比强度接近甚至超过高级合金钢，因此得名"玻璃钢"。玻璃钢的比强度为钢的 4 ~ 5 倍，这对高层建筑和空间结构有特别重要的意义。但玻璃钢最大的缺点是刚度不如金属。

玻璃纤维在聚合物中的分布可以有多种形式，由于聚合物本身强度远低于玻璃纤维的强度，所以就纵向拉伸能力来讲，主要决定于玻璃纤维，而聚合物基体主要起胶结作用，将玻璃纤维粘结成整体，在纤维间传递荷载，并使荷载均匀。至于横向拉伸性能、压缩性能、剪切性能、耐热性能等则与聚合物基体更为密切相关。因此，玻璃纤维在玻璃钢中的分布状态就决定了玻璃钢性能的方向性，即玻璃钢制品通常是各向异性的。

第二节　胶粘剂

[学与问]　什么是胶粘剂？它的基本组成原料有哪些？

[探索与发现]　胶粘剂是一种能将两种材料紧密地粘结在一起的物质。胶粘剂使用广泛，如墙面、地面、吊顶工程的装修粘结，屋面防水毡和新旧混凝土接缝等。它是建筑工程中不可缺少的配套材料。胶粘剂品种繁多，按主要原料性质可分为无机胶粘剂和有机胶粘剂两大类。无机胶粘剂有磷酸盐类、硼酸盐类、硅酸盐类等；有机胶粘剂又分为天然胶粘剂和合成胶粘剂，其中合成胶粘剂应用广泛，包括热固性树脂胶粘剂、热塑性树脂胶粘剂、橡胶型胶粘剂和混合型胶粘剂。

一、胶粘剂的基本组成

胶粘剂通常是以黏性高分子化合物为基本原料，加入固化剂、填料、增韧剂、稀释剂、防老化剂等添加剂而组成的一种混合物。

（一）基料

基料是使胶接剂具有粘结特性的必要成分，是由一种或几种高分子化合物混合而成，通常为合成树脂或合成橡胶。它的性质决定了胶粘剂的性能和用途。

（二）固化剂

固化剂也是胶粘剂的主要成分之一。它能使线型高分子形成网型或体型结构，从而使胶粘剂固化。

（三）填料

填料是一种活性或惰性矿物粉末。一般不参加化学反应，但加入填料可以改善胶粘剂的机械性能，如可以降低胶粘剂收缩性，增加稠度和增大黏度，提高强度和耐热性。同时可以降低胶粘剂的生产成本。

（四）增韧剂

树脂固化后一般较脆，加入增韧剂可提高冲击韧性，改善胶粘剂的流动性、耐寒性与耐振性。但会降低弹性模量、抗蠕变性和耐热性。

（五）稀释剂

稀释剂的作用是降低黏度，便于涂布施工，同时起到延长使用寿命的作用。

（六）改性剂

为改善胶粘剂某一性能，满足特殊需要，还可加入一些改性剂。如改善胶粘剂的界面性能、提高胶粘强度可加入偶联剂；为促进固化反应可加入固化促进剂等。

二、常用建筑胶粘剂

[学与问]　常用的建筑胶粘剂有哪些？各种胶粘剂的优缺点是什么？

[探索与发现]

（一）环氧树脂胶粘剂

环氧树脂胶粘剂俗称"万能胶"，它是以环氧树脂为原料，添加适量的固化剂、增韧剂、填料、稀释剂、促进剂、偶联剂等配制而成。在环氧树脂结构中含有很多强极性基团，使其与被胶结物之间产生很强的粘结力。环氧树脂固化收缩率小，固化后的产物能耐酸、耐碱和有机溶液的侵蚀，具有良好的化学稳定性，广泛用于粘结金属和非金属材料及其建筑物修补。

环氧树脂胶粘剂主要缺点是耐热性不高、耐紫外线性能较差、部分添加剂有毒等。

（二）聚醋酸乙烯乳液胶粘剂

聚醋酸乙烯乳液胶粘剂是由聚醋酸乙烯单体聚合而成，俗称"白乳胶"。白乳胶常温固化速度快，初期黏强度高，尤其是对极性物质粘结力强。多用于木材、纤维制品、纸制品等多孔材料；也可用于水泥混凝土制品、皮革等。但聚醋酸乙烯乳液胶粘剂耐水性和抗蠕变能力差，耐热性也不好，只适用于40℃以下。

（三）氯丁橡胶胶粘剂

氯丁橡胶胶粘剂是氯丁橡胶、填料和各种辅助材料经混炼后溶于溶剂而制成。有较好耐油、耐水、耐酸、耐碱、耐溶剂性能，可实现橡胶与橡胶、橡胶与纤维、木材、塑料、金属的胶结。它的主要缺点是较差的储存稳定性、不良的低温性能和含有有机溶剂等。

（四）水性聚氨酯胶粘剂

水性聚氨酯胶粘剂是指聚氨酯分散于水中而形成的胶粘剂，在实际应用中水性聚氨酯以聚氨酯乳液或分散液居多，水溶液型较少。水性聚氨酯胶粘剂与溶剂聚氨酯胶粘剂比较，水性聚氨酯胶粘剂不含NCO基团，而含有羧基、羟基等基团。此外水性聚氨酯具有极性基团，如氨酯键、离子键等，因此对极性材料有良好的粘结性。但水性聚氨酯胶粘剂干燥速度慢、对非极性基材润湿性差、初黏性低以及耐水性不好等。用环氧树脂、聚丙烯酸酯改性的水性聚氨酯胶粘剂可以提高产品的初黏性或粘结强度。

（五）胶粘剂的选用原则

胶粘剂的品种很多，性能差异很大，每一种胶粘剂都有其局限性。选用时要考虑以下因素：

1. 被胶结材料的极性。不同的材料，其本身分子结构不同，极性大小不同，其粘结强度也不同。因此，必须根据不同的材料，选择不同的胶粘剂。

2. 受力条件。受力构件应选用粘结强度高、韧性好、耐久性能优的胶粘剂；若用于工艺定位而受力不大时，则可选用通用型胶粘剂。

3. 工作温度。通常，橡胶型胶粘剂只能在 $-60 \sim 80℃$ 下工作；环氧树脂胶粘剂工作温度在 $-50 \sim 180℃$。冷热交变是胶粘剂最苛刻的使用条件之一，特别是当被胶结材料性能差别较大时，由于它们热膨胀系数不同，在胶粘剂粘结部位产生较大的内应力。因此，在温差波动较大或冷热交变条件下，应选用韧性较好的胶粘剂。

4. 其他。胶粘剂选用还应考虑成本和应用环境等其他因素。

思考复习题

1. 塑料的主要组成有哪些？各组成成分有何作用？
2. 试述塑料的优缺点。
3. 塑料的主要性能决定于什么？
4. 何谓塑料的老化？
5. 胶粘剂的组成及各组成的作用是什么？

第九章　防水材料

[学与问]　什么是防水材料？防水材料有哪些类型？建筑物中为什么要使用防水材料？

[探索与发现]　防水材料是指能够防止雨水、地下水与其他水渗透的重要组成材料。建筑物中使用防水材料主要是为了防潮和防漏，避免水和盐分等对建筑材料的侵蚀破坏，保护建筑构件。防潮一般是指防止地下水或地基中的盐分等腐蚀性物质渗透到建筑构件的内部；防漏一般是指防止雨水或融化雪水从屋顶、墙面或混凝土构件等接缝处渗漏到建筑构件内部或住宅中。

建筑防水是保证建筑物发挥其正常功能和寿命的一项重要措施。防水材料质量的好坏直接影响到人们的居住环境、生活条件及建筑物的寿命。

建筑防水材料品种繁多，按其制品的特征，可分为防水卷材、涂料、密封材料等；按施工特点可分为柔性防水材料和刚性防水材料两种；按材料成分可分为沥青防水材料、高分子橡胶防水材料、塑料防水材料、聚氨酯防水材料、丙烯酸防水材料等。

第一节　沥青防水材料

一、石油沥青

[学与问]　石油沥青共分为几个组分？其组分与石油沥青的三大技术指标之间的相互关系如何？

[探索与发现]　沥青是高分子碳氢化合物及其非金属（氧、氮、硫等）衍生物组成的极其复杂的混合物，在常温下呈现黑色或黑褐色的固体、半固体或液体状态，不溶于水，可溶于多种有机溶剂，具有一定的黏性、塑性、耐腐蚀性和防水性，是建筑工程中一种重要的防水、防潮和防腐材料。

沥青的主要产源有：

天然沥青：石油在自然条件下，长时间经受地球物理因素作用形成的产物。

石油沥青：石油经各种炼油工艺加工而得到的石油产品。

煤沥青：煤经干馏所得的煤焦油，经再加工后得到的产品。

页岩沥青：页岩炼油工业的副产品。

目前，工程中常用的有石油沥青和少量的煤沥青。

石油沥青是石油原油经过常压蒸馏和减压蒸馏，提炼出汽油、煤油、柴油等轻质油及润滑油后，在蒸馏塔底部的残留物，或经再加工而得到的产品。

（一）石油沥青的组成与结构

1. 石油沥青的组分

石油沥青的主要化学成分是碳氢化合物，其中碳占 80% ~ 87%，氢占 10% ~ 15%。此外还含有少量的 O、N、S 等非金属元素。但是石油沥青是由多种复杂的碳氢化合物及其非金属衍生物组成的混合物，其化学组成很复杂。由于这种化学组成结构的复杂性，使许多化学成分相近的沥青，性质上表现出很大的差异性；而性质相近的沥青，其化学成分并不一定相同。即对石油沥青这种材料，在化学组成与性质之间难以找出直接的对应关系。所以通常是从实用的角度出发，将沥青中分子量在某一范围之内，物理、力学性质相近的化合物划分为几组，称为石油沥青的组分。各组分具有不同的特性，直接影响石油沥青的宏观物理、力学性质。一般将石油沥青划分为油分、树脂和地沥青质三个组分，这三个组分可利用沥青在不同有机溶剂中的选择性溶解分离出来。不同组分对石油沥青性能的影响不同。

（1）油分。是一种常温下呈淡黄色至红褐色的油状液体，赋予沥青流动性。油分含量愈多，沥青的延度愈大，软化点愈低，流动性愈大。

（2）树脂。是一种深褐色至红褐色之间的黏稠状物质（半固体），它赋予沥青具有良好的塑性和粘结性。树脂的含量直接决定着沥青的变形能力和粘结力，树脂含量的增加，沥青的延度和粘结力增加。树脂的化学稳定性较差，在空气中容易氧化缩合，部分转化为分子量较大的地沥青质。

（3）地沥青质。是一种深褐色至黑色固体无定形的脆性固体微粒，它的作用是提高沥青的软化点，改善温度敏感性，但使沥青的脆性变大。地沥青质的含量愈高，石油沥青的软化点愈高，黏性愈大，温度稳定性愈好，但同时沥青也愈硬脆。

以上三大组分，随着分子量范围增大，塑性降低，黏滞性和温度稳定性提高。合理地调整三者的比例，可获得所需要性质的沥青。但是石油沥青在长期使用过程中，受大气的作用，部分油分挥发，而部分树脂逐步聚合为地沥青质，使石油沥青的塑性降低，黏滞性增大，变硬变脆。

2. 石油沥青的结构

在石油沥青中，油分与树脂互溶，树脂浸润地沥青质。因此，石油沥青的结构是以地沥青质为核心，周围吸附部分树脂和油分后形成胶团，无数胶团分散在油分中而形成的胶体结构。当沥青中地沥青质含量较少而油分和树脂含量较多时，胶团间距较大，胶团间相对运动较为容易，这种结构称为溶胶结构。具有溶胶结构的石油沥青，黏度小、流动性大、塑性好、温度稳定性差。

当沥青中地沥青质含量较多而油分和树脂较少时，胶团外膜较薄，胶团靠近聚集，移动比较困难，这时沥青形成凝胶结构。具有凝胶结构的石油沥青弹性和粘结性较高，温度稳定性较好，但塑性较差。

当地沥青质含量适当，并有较多的树脂作为保护膜层时，胶团之间保持一定的吸引力，这时沥青形成溶-凝胶结构。

（二）石油沥青的技术性质

［学与问］ **1. 石油沥青的主要技术性质有哪些？其三大技术指标是什么？**

2. 石油沥青软化点指标反映了沥青的什么性质？沥青的软化点偏低，用于屋面防水工程上会产生什么后果？

［探索与发现］ 1. 黏滞性（黏性）

石油沥青的黏滞性是指沥青材料在外力作用下抵抗黏性变形的能力，是反映石油沥青内部阻碍其相对流动的一种特性，也是我国现行标准划分沥青牌号的主要技术指标。

沥青的黏滞性与其组分及所处的温度有关。当地沥青质含量较高、树脂含量适量、油分含量较少时，黏滞性较大。在一定的温度范围内，随沥青温度升高，其黏滞性降低，反之则增大。一般采用针入度来表示石油沥青的黏滞性，其数值越小，表明黏度越大。

针入度是指温度为25℃时，以附重100g的标准针，经5s沉入沥青试样中的深度，每1/10mm深，定为1度（图9-1）。

2. 塑性

塑性是指石油沥青在受外力作用时产生变形而不破坏，除去外力后，仍保持变形后形状的性质。它是石油沥青性质的重要指标之一。

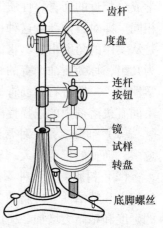

图9-1　针入度测定示意图

石油沥青的塑性用延度表示，延度愈大，塑性愈好。延度是将沥青试样制成∞字形标准试件，在规定温度（25℃）的水中，以规定的速度（5cm/min），拉伸至试件断裂时的伸长值（图9-2），以cm为单位表示。沥青的低温抗裂性、耐久性与其延度密切相关，从这个角度出发，沥青的延度值愈大，对其愈有利。沥青的延度决定于沥青的胶体结构、组分和试验温度。当石油沥青中树脂含量较多且其他组分含量又适当时，则塑性较大；温度升高，则延度增大；沥青膜层厚度愈厚，则塑性愈高。反之，膜层愈薄，则塑性愈差。

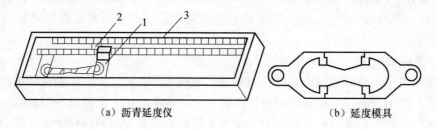

（a）沥青延度仪　　　　　　　　　　（b）延度模具

图9-2　沥青延度仪及延度模具
1—滑板；2—指针；3—标尺

在常温下，塑性较好的沥青在产生裂缝时，也可能由于特有的黏塑性而自行愈合。故塑性还反映了沥青开裂后的自愈能力。沥青的塑性对冲击振动荷载有一定的吸收能力，并能减少摩擦时的噪声，故沥青是一种优良的路面材料。温度降低时，沥青会表现出明显的塑性下降，在较低温度下甚至表现为脆性。特别是在冬季低温下，用于防水层或路面中的沥青由于温度降低时产生的体积收缩，很容易导致沥青材料的开裂。低温脆性主要取决于沥青的组分，当树脂含量较多、树脂成分的低温柔性较好时，其抗低温能力就较强；当沥青中含有较多石蜡时，其抗低温能力就较差。

3. 温度稳定性（敏感性）

温度稳定性是指石油沥青的黏滞性和塑性随温度升降而变化的性能，是沥青的又一重要指标。在工程上使用的沥青，要求有较好的温度稳定性，否则容易发生沥青材料夏季流淌或冬季变脆甚至开裂等现象。

通常用软化点来表示石油沥青的温度稳定性。软化点是指沥青受热由固态转变为具有一定流动性膏体时的温度。可采用环球法测定，如图9-3所示。它是把沥青试样装入规定尺寸（直径为16mm，高度为6mm）的铜环内，试样上放置一标准钢球（直径9.5mm，质量为3.5g），浸入水中或甘油中，以规定的升温速度（5℃/min）加热，使沥青软化下垂。当沥青下垂量达25.4mm挠度时的温度（℃），即为沥青软化点。软化点越高，表明沥青的耐热性越好，即温度稳定性越好。

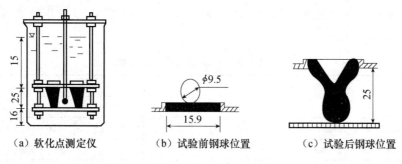

（a）软化点测定仪　　　（b）试验前钢球位置　　　（c）试验后钢球位置

图9-3　测定石油沥青软化点（mm）

工程中使用的沥青软化点不能太低，否则夏季易融化发软；但也不能太高，否则不易施工，并且品质太硬，冬季易发生脆裂现象。石油沥青温度稳定性与地沥青质含量和蜡含量密切相关。地沥青质增多，温度敏感性降低。应用时往往加入滑石粉、石灰石粉或其他矿物填料的方法来降低沥青的温度敏感性。沥青中含蜡量增多时，其温度敏感性增大。针入度是在规定温度下沥青的条件黏度，而软化点则是沥青达到规定条件黏度时的温度。所以，软化点既是反映石油沥青材料温度稳定性的一个指标，也是石油沥青黏度的一种量度。

4. 大气稳定性

大气稳定性是指石油沥青在热、阳光、氧气和潮湿等因素的长期综合作用下抵抗老化的性能。在阳光、空气和热等综合作用下，沥青各组分会不断递变，低分子化合物将逐步转变成高分子物质，即油分和树脂发生氧化、挥发、缩合、聚合等作用转化成地沥青质。研究发现，树脂转变为地沥青质比油分转变为树脂的速度快得多。因此，石油沥青随着时间的推移而流动性和塑性逐渐减小（针入度和延度值减小），软化点增高，硬脆性逐渐增大，直至脆裂。这个过程称为石油沥青的"老化"。所以大气稳定性可以用抗"老化"性能来表明。

石油沥青的大气稳定性常以蒸发损失和蒸发后针入度比来评定。先测定沥青试样的重量及针入度，然后将试样置于加热损失试验专用的烘干箱中，在163℃下蒸发5h，待冷却后再测定其重量和针入度。计算蒸发损失重量占原重量的百分数，称为蒸发损失；计算蒸发后针入度占原针入度的百分数，称为蒸发后针入度比。蒸发损失百分数愈小和蒸发后针入度比愈大，则表示大气稳定性愈高，"老化"愈慢。

综上所述，针入度、延度、软化点是评价沥青性能最常用的技术指标，也是划分沥青牌号的主要依据。所以统称为沥青的"三大指标"。此外，还有溶解度、蒸发损失、蒸发后针入度比、含蜡量、闪点和水分等，这些都是全面评价石油沥青性能的依据。

（三）建筑石油沥青的技术标准与选用

[学与问]　石油沥青的牌号是怎样划分的？牌号的大小与沥青的主要性质间的关系如

何？在施工中选用沥青时，是不是牌号愈高质量愈好？

1. 建筑石油沥青的技术标准

[科学视野]　我国现行石油沥青标准，将石油沥青分为道路石油沥青、建筑石油沥青、防水防潮和普通石油沥青等。表9-1列出了建筑石油沥青的技术标准《建筑石油沥青》（GB/T 494—2010）。

建筑石油沥青的牌号主要是根据针入度、延度和软化点指标划分并以针入度值表示。在同一种石油沥青中，牌号愈大，相应的针入度值愈大（黏性愈小）、延度愈大（塑性愈大）、软化点愈低（温度稳定性愈小）。

表9-1　建筑石油沥青的技术指标

项目		质量指标		
		10 号	30 号	40 号
针入度(25℃,100g,5s)/(1/10mm)		10～25	26～35	36～50
针入度（46℃，100g，5s)/(1/10mm)		报告（实测值）		
针入度（0℃，200g，5s）/ (1/10mm)	≥	3	6	6
延度（25℃，cm/min），cm	≥	1.5	2.5	3.5
软化点（环球法），℃	≥	95	75	60
溶解度（三氯乙烯），%	≥	99.0		
蒸发损失（163℃，5h)，%	≤	1		
蒸发后25℃针入度比，%	≥	65		
闪点（开口杯法），℃	≥	260		

2. 建筑石油沥青的选用

[探索与发现]　选用石油沥青的原则是根据工程性质（房屋、道路或防腐）及当地气候条件、所处工程部位（屋面、地下）等具体情况，合理选用不同品种和牌号的沥青。在满足使用要求的前提下，尽量选用较大牌号的石油沥青，以保证较长的使用年限。这是因为牌号高的沥青比牌号低的沥青含油分多，其挥发、变质所需要时间较长，不易变硬，所以抗老化能力强，耐久性好。

通常情况下，建筑石油沥青多用于建筑屋面工程和地下防水工程、沟槽防水以及作为建筑防腐蚀材料。使用时制成的沥青胶膜较厚，增大了对温度的敏感性。同时黑色沥青表面又是好的吸热体，一般同一地区的沥青屋面的表面温度比其他材料的都高，据高温季节测试沥青屋面达到的表面温度比当地最高温度高25～30℃，为避免夏季流淌，一般屋面用沥青材料的软化点还应比本地区屋面最高温度高20℃以上。

3. 石油沥青的掺配

[探索与发现]　在实际工程中，有时一种沥青难以满足某种技术指标的要求，这时可以利用两种或多种沥青按适当比例掺配在一起，使掺配后沥青的技术性能满足工程的要求。在掺配时，为了不使掺配后的沥青胶体结构破坏，应选用表面张力相近和化学性质相似的沥青。研究证明同产源的沥青容易保证掺配后的沥青胶体的均匀性。所谓同产源是指同属石油沥青，或同属煤沥青。

两种沥青掺配的比例可用下式估算：

$$Q_1 = \frac{T_2 - T}{T_2 - T_1} \times 100 \tag{9-1}$$

$$Q_2 = 100 - Q_1 \tag{9-2}$$

式中　Q_1——较软石油沥青用量，%；

Q_2——较硬石油沥青用量，%；

T——掺配后的石油沥青软化点，℃；

T_1——较软石油沥青软化点，℃；

T_2——较硬石油沥青软化点，℃。

以估算的掺配比例和其邻近的比例（±5% ~ ±10%）进行试配（混合熬制均匀），测定掺配后沥青的软化点，然后绘制掺配比——软化点关系曲线，即可从曲线上确定出所求的掺配比例。同样可采用针入度指标按上述方法估算及试配。

当沥青过于黏稠影响使用时，可以加入溶剂进行稀释，但必须采用同一产源的油料作稀释剂，如石油沥青应采用汽油、柴油等轻质油料作稀释溶剂。

二、改性石油沥青

[学与问]　目前，沥青防水屋面普遍存在着使用寿命短、渗漏严重等问题，应如何改进？

[探索与发现]　改性石油沥青是采用各种措施使其性能得到改善的沥青。

建筑上使用的沥青必须具有一定的物理性质和黏附性；在低温条件下应有良好的弹性和塑性；在高温条件下要有足够的强度和稳定性；在加工使用条件下具有抗"老化"能力；与各种矿料和结构表面有较强的黏附力；对构件变形的适应性和耐疲劳性等。通常，石油加工厂制备的沥青不一定能全面满足这些要求，致使目前沥青防水屋面渗漏现象严重，使用寿命短。

为了弥补石油沥青性能的不足，经常在沥青中添加橡胶、树脂和矿物填料对其进行改性。橡胶、树脂和矿物填料等通称为石油沥青改性材料。

目前，提高沥青流变性质效果较好的有下列几种类型改性剂：

（一）橡胶类改性沥青

橡胶类改性剂主要有天然橡胶乳液、丁苯橡胶、氯丁橡胶、聚丁二烯橡胶、嵌段共聚物（苯乙烯-丁二烯-苯乙烯，即SBS）及再生橡胶。橡胶改性沥青的特点是低温变形能力提高，韧性增大，高温黏度增大。目前国际上40%左右的改性沥青都采用了SBS。

（二）树脂类改性沥青

树脂类改性剂主要有聚乙烯（PE）、聚丙烯（PP）、聚氯乙烯（PVC）等热塑性树脂。由于它们的价格较为便宜，所以很早就被用来改善沥青性质。聚乙烯和聚丙烯改性沥青的性能，主要是提高沥青的黏度，改善高温稳定性，同时可增大沥青的韧性。

（三）纤维类改性沥青

纤维类改性沥青主要有石棉、聚丙烯纤维、聚酯纤维、纤维素纤维等。纤维类物质加入沥青中，可显著地提高沥青的高温稳定性，同时可增加低温抗拉强度。但纤维类改性沥青对纤维的掺配工艺要求很高。

三、橡胶

[学与问]　建筑中常用的合成橡胶制品有哪些？其各自的特性是什么？

[探索与发现]　橡胶是弹性体的一种，即使在常温下它也具有显著的高弹性能。在外力作用下它很快发生变形，变形可达百分之数百。但当外力除去后，又会恢复到原来的状态，这是橡胶的主要性质，而且保持这种性质的温度区间范围很大。建筑工程中使用橡胶主要是利用它的这一特性。

建筑中常用的橡胶主要是合成橡胶及其制品，而合成橡胶的主要成分是二烯烃的高聚物。常用的合成橡胶有如下几种：

（一）氯丁橡胶

氯丁橡胶是由单体氯丁二烯聚合而成，为浅黄色及棕褐色弹性体，与天然橡胶比较，氯丁橡胶绝缘性较差，但抗拉强度、耐油性、耐热性、耐臭氧、耐酸碱、耐腐蚀性、透气性和耐磨性较好，耐燃性较好，粘结力较高，最高使用温度为120~150℃。

（二）丁基橡胶

也称异丁基橡胶。它是由异丁烯与少量异戊二烯在低温下加聚而成，为无色的弹性体，透气性约为天然橡胶的1/20~1/10。它是耐化学腐蚀、耐老化、不透气性和绝热性最好的橡胶，且抗撕裂性能好，耐热性好，吸水率小。但在常温下弹性较小，只有天然橡胶的1/4，黏性较差，难以与其他橡胶混用。丁基橡胶耐寒性较好，脆化温度为-79℃，最高使用温度为150℃。

（三）乙丙橡胶和三元乙丙橡胶

乙丙橡胶是乙烯与丙烯的共聚物；三元乙丙橡胶是乙烯与丙烯加上少量共轭二烯单体的共聚物。它们是最轻的橡胶，而且耐光、耐热、耐氧及臭氧、耐酸碱、耐磨等性能都非常好，也是最廉价的合成橡胶。

（四）丁苯橡胶

它是丁二烯与苯乙烯的共聚物，为浅黄褐色的弹性体，具有优良的绝缘性，在弹性、耐磨性和抗老化性方面均超过天然橡胶，溶解性与天然橡胶相似，但耐热性、耐寒性、耐挠曲性和可塑性较天然橡胶差，脆化温度为-50℃，最高使用温度为80~100℃，能与天然橡胶混合使用。

（五）再生橡胶

再生橡胶是由废旧轮胎和胶鞋等橡胶制品或生产中的下脚料经再生处理而得到的橡胶。这类橡胶来源广，价格低，建筑上多使用。

第二节　防水卷材

[学与问]　高聚物改性沥青油毡和合成高分子防水卷材有哪些优点？

[探索与发现]　防水卷材是一种常用的防水构造形式。沥青防水卷材由于其质量轻、

成本低、防水效果较好、施工方便等优点，被广泛用于工业、民用建筑防水工程。目前，我国大多数屋面防水工程均采用沥青防水卷材。

沥青防水卷材的品种繁多，包括以纸、织物、纤维毡、金属箔等为胎基，两面浸涂沥青材料而制成的各种卷材和以橡胶或其他高分子聚合物为改性材料制成的各种卷材。

防水卷材按照材料的组成可分为沥青防水卷材、高聚物改性沥青防水卷材和合成高分子防水卷材等三大类。

一、沥青基防水卷材

沥青基防水卷材分为有胎卷材和无胎卷材。有胎卷材是指用玻璃布、石棉布、棉麻制品、厚纸等作为胎体，浸渍石油沥青，表面撒一层防黏材料而制成的卷材；无胎卷材是将橡胶粉、石棉粉等与沥青混炼再压延而成的防水卷材，也称辊压卷材。沥青类防水卷材价格低廉、结构致密、防水性能良好、耐腐蚀、黏附性好，是目前建筑工程中最常用的柔性防水材料。广泛用于工业、民用建筑、地下工程、桥梁道路、隧道涵洞及水工建筑等很多领域。但由于沥青材料的低温柔性差、温度敏感性强、耐大气性差，故属于低档防水卷材。

二、改性沥青防水卷材

沥青防水卷材由于其温度稳定性差、延伸率小等，很难适应基层开裂及伸缩变形的要求。采用高聚物材料对传统的沥青防水卷材进行改性，则可以改善传统沥青防水卷材温度稳定性差、延伸率低的不足，从而使改性沥青防水卷材具有高温不流淌、低温不脆裂、拉伸强度高和延伸率较大等优异性能。主要改性沥青防水卷材有：

（一）APP 改性沥青防水材料

在石油沥青中加入 25% ～35% 的无规聚丙烯（APP）可以大幅度提高沥青的软化点，并能明显改善其低温柔韧性。

APP 改性沥青防水卷材是以聚酯毡或玻纤毡为胎体，以 APP 改性沥青为浸渍涂盖层，以砂粒或聚乙烯薄膜为防粘隔离层的防水卷材。其特征是具有良好的防水性能、优良的耐高温性能和较好的柔韧性，能形成强度高、耐撕裂、耐穿刺的防水层、耐紫外线照射、耐久性长、热熔法粘结可靠性强等特点。

APP 改性沥青防水卷材不仅可以在一般建筑工程中使用，而且更加适应于高温或有太阳辐照地区的建筑物的防水。

（二）SBS 改性沥青防水卷材

SBS 改性沥青防水卷材是采用玻纤毡、聚酯毡为胎体，苯乙烯-丁二烯-苯乙烯（SBS）热塑性弹性体作改性剂，涂盖在经沥青浸渍后的胎体两面，上面撒布矿物质粒、片料或覆盖聚乙烯膜，下表面撒布细砂或覆盖聚乙烯膜所制成的新型中、高档防水卷材，是弹性体橡胶改性沥青防水卷材中的代表性品种。

SBS 改性沥青防水卷材具有优良的耐高低温性能，可形成高强度防水层，耐穿刺、耐硌伤、耐撕裂、耐疲劳，具有优良的延伸性和较强的抗基层变形能力，低温性能优异。

SBS 改性沥青防水卷材除用于一般工业与民用建筑防水外，尤其适用于高级和高层建筑物的屋面、地下室、卫生间等的防水防潮，以及桥梁、停车场、屋顶花园、游泳池、蓄水池、隧道等建筑的防水。又由于该卷材具有良好的低温柔韧性和极高的弹性、延伸性，更适合于北方寒冷地区和结构易变形的建筑物的防水。

（三）其他改性防水卷材

氧化沥青防水卷材是以氧化沥青或优质氧化沥青作为浸涂材料，以无纺玻纤毡、加纺玻纤毡、黄麻布、铝箔或玻纤铝箔复合为胎体加工制造而成。该卷材造价低，属于中低档产品。优质氧化沥青油毡具有很好的低温柔韧性，适合于北方寒冷地区建筑物的防水。

丁苯橡胶改性沥青防水卷材是指采用低软化点氧化沥青浸渍原纸，然后以催化剂和丁苯橡胶改性沥青加填料涂盖两面，再撒以撒布料所制成的防水材料。该类卷材适用于一般建筑物的防水、防潮，具有施工温度范围广的特点，在 -15℃ 以上均可施工。

三、合成高分子防水卷材

合成高分子防水卷材是以合成橡胶、合成树脂或两者共混体系为基料，加入适量化学助剂，经塑炼、混炼、压延或挤出成型、硫化、定型等工序加工制成的可卷曲的无胎防水片材。

合成高分子防水卷材具有强度高、断裂伸长率大、抗撕裂强度高、耐热性能好、低温柔性好、耐腐蚀、耐老化及可以冷施工等一系列优异性能，而且彻底改变了沥青基防水卷材施工条件差、污染环境等缺点，是值得大力推广的新型高档防水卷材。目前多用于高级宾馆、大厦、游泳池、厂房等要求有良好防水性的屋面、地下等防水工程。

根据组成材料的不同，合成高分子防水卷材一般可分为橡胶型、树脂型和橡塑共混型防水材料三大类，各类又分别有若干品种。下面介绍一些常用的合成高分子防水卷材。

（一）三元乙丙橡胶防水卷材

三元乙丙橡胶防水卷材是以三元乙丙橡胶为主要原料，掺入适量的丁基橡胶、硫化剂、促进剂、补强剂、稳定剂、填充剂和软化剂等，经过密炼、塑炼、过滤、拉片、挤出（或）压延成型、硫化等工序制成的高强高弹性防水材料。

三元乙丙橡胶防水卷材按工艺可分为硫化型、非硫化型两种，其中硫化型占主导。

三元乙丙橡胶防水卷材是目前耐老化性能最好的一种卷材，其使用寿命可达 30 年以上。它具有防水性好、重量轻、耐候性好、耐臭氧性好、弹性和抗拉强度大、抗裂性强、耐酸碱腐蚀等特点，而且耐高低温性能好，并可以冷施工，目前在国内属于高档防水材料。三元乙丙橡胶防水卷材最适用于工业与民用建筑的屋面工程的外露防水层，并适用于受振动、易变形的建筑工程防水，也适用于刚性保护层或倒置式屋面以及地下室、水渠、贮水池、隧道、地铁等建筑工程防水。

（二）聚氯乙烯防水卷材

聚氯乙烯防水卷材是以聚氯乙烯树脂为主要原料，掺加填充料和适量的改性剂、增塑剂、抗氧化剂、紫外线吸收剂、其他加工助剂等，经过混合、造粒、挤出或压延、定型、压花、冷却卷曲等工序加工而成的防水卷材。

聚氯乙烯防水卷材的特点是价格便宜、抗拉强度和断裂伸长率较高，对基层伸缩、开裂、变形的适应性强；低温柔韧性好，可在较低温度下施工和应用；卷材的搭接除了可用胶粘剂外，还可以用热空气焊接的方法，接缝处严密。

聚氯乙烯防水卷材不仅适用于一般建筑工程，而且更适用于刚性层下的防水层及旧建筑混凝土构件屋面的修缮工程，以及有一定耐腐蚀要求的室内地面工程的防水、防渗工程等。

（三）氯化聚乙烯－橡胶共混防水卷材

氯化聚乙烯－橡胶共混防水卷材是以氯化聚乙烯（聚乙烯的氯化物）树脂和合成橡胶共混物为主体，加入各种适量的助剂和填料，经混炼、压延或挤出等工序制成的防水卷材。

氯化聚乙烯－橡胶共混防水卷材兼有塑料和橡胶的特点。它不仅具有氯化聚乙烯所特有的高强度和优异的耐臭氧、耐老化性能，而且具有橡胶类材料所特有的高弹性、高延伸性和良好的低温柔性。

从物理性能来看，氯化聚乙烯－橡胶共混防水卷材的性能指标已接近三元乙丙橡胶防水卷材，其适用范围和施工方法与三元乙丙橡胶防水卷材基本相同。

第三节　防水涂料

[学与问]　**1. 什么是防水涂料？其有哪些特点？**

2. 防水涂料分为哪几种类型？各类防水涂料的成膜机理有何不同？

[探索与发现]　防水涂料是一种流态或半流态物质，可用喷、刷等工艺涂布在基层表面，经溶剂挥发或各组分间化学反应，形成具有一定弹性和一定厚度的连续薄膜，使基层表面与水隔绝，并能抵抗一定的水压力，从而起到防水、防潮作用（图9-4）。

防水涂料的固化膜要具有以下性能：一定的耐热度，高温下不软化变形、不流淌；在低温下仍有良好的柔性；较高延伸性，以适应基层的变形。

防水涂料按液态类型可分为溶剂型、水乳型和反应型三种。溶剂型的粘结性好，但污染环境；水乳型价格低，但粘结性差些；反应型组分多，施工复杂，污染环境。从涂料发展的趋势看，随着水乳型的性能提高，它的应用越来越广。按主要成膜物

图9-4　对建筑物基础涂刷防水涂料

质可分为沥青类、高聚物改性沥青类和合成高分子类。传统的沥青防水涂料，受沥青性能限制，使用寿命短。目前应用较多的是聚合物改性沥青基防水涂料和高分子防水涂料。

一、高聚物改性沥青防水涂料

用于改性的高聚物主要有氯丁橡胶、SBS和再生橡胶。这里只介绍氯丁橡胶改性的沥青防水涂料。

氯丁橡胶沥青防水涂料可分为溶剂型和水乳型两种。水乳型氯丁橡胶沥青防水涂料，又称氯丁胶乳沥青防水涂料。这种涂料价格较低，在我国用量很大。它具有成膜快、强度高、耐候性好、抗裂性好、可冷施工等优点，已成为我国防水涂料的主要品种之一。但它固体含量低、防水性能一般，在屋面上一般不能单独使用，也不适用于地下室及浸水环境下的建筑

物表面。

溶剂型的氯丁橡胶沥青防水涂料，又称氯丁橡胶-沥青防水涂料，是氯丁橡胶和石油沥青以及适量助剂溶解于甲苯（或二甲苯）而形成的一种混合胶体溶液。

溶剂型的氯丁橡胶沥青防水涂料性能与水乳型的大体相当。但由于成膜条件不同，溶剂型涂料可以用于地下室及浸水环境下建筑物表面的防水。

二、合成高分子防水涂料

以合成橡胶或合成树脂为主要成膜物质，加入适量的活性剂、增塑剂等制成的单组分或双组分防水涂料，称为合成高分子防水涂料。主要品种有聚氨酯防水涂料、聚氨酯煤焦油防水涂料、丙烯酸酯防水涂料、硅橡胶防水涂料等，这里仅介绍最有代表性也是应用最多的聚氨酯防水涂料。

聚氨酯防水涂料属双组分反应型涂料。甲组分是含有异氰酸基的预聚体，乙组分由含有多羧基的固化剂与增塑剂、填充料、稀释剂等组成。甲乙两组分混合后，经固化反应，即形成均匀、富有弹性的防水涂膜。

这类涂料是借助组分间的化学反应直接由液态变为固态，固化时几乎不产生体积收缩，易成厚膜，操作简便，弹性好、延伸率大，并具有优异的耐候、耐油、耐磨、耐臭氧、耐海水、不燃烧等性能。施工厚度在 1.5~2.0mm（分 3~4 层涂刷）时，耐用年限在 10 年以上。因此，聚氨酯涂膜防水材料在中高级建筑的卫生间、厨房、水池及地下室防水工程和有保护层的屋面防水工程中得到广泛应用。

第四节　建筑密封材料

[学与问]　什么是建筑密封材料？建筑密封材料有哪些特性？

[资料卡片]　建筑密封材料是使建筑物的各种接缝或裂缝、变形缝（沉降缝、伸缩缝、抗震缝）保持水密、气密性能，并具有一定强度，能连接构件的填充材料。建筑密封材料种类很多，可分为定型和不定型两大类，前者是指软质带状嵌缝条，后者是指胶泥状嵌缝油膏。

建筑密封材料应具备以下特性：

1. 良好的粘结性、抗下垂性、不渗水透气、易于施工。

2. 在接缝发生伸缩、振动等变化时，填充的密封材料应不断裂、剥落，具有一定弹塑性。

3. 良好的耐热、耐紫外线老化性能，有较长的使用寿命。

建筑密封材料的选用应主要考虑以下两点：

1. 密封材料的粘结性能。根据结构构件的材质、表面状态来选用具有良好粘结力的密封材料，同时应考虑到密封材料的耐疲劳和耐老化性能。

2. 密封材料的使用部位。建筑物中不同部位的接缝，对密封材料的要求是不同的。例如，对室外部位的接缝来说，要求有较高的耐候性，而对伸缩缝，则要求有较好的弹性和粘结性。

一、常用不定型材料

不定型材料（嵌缝油膏）是一种胶泥状物质，具有很好的粘结性和延伸性，用来密封建筑物中的各种接缝。传统的不定型材料（嵌缝油膏）是改性沥青基的，属于塑性油膏，弹性较差。用高分子材料制得的油膏则为弹性油膏，延伸大，耐低温性能突出。将嵌缝油膏用溶剂稀释也可以作为防水涂料使用。常用嵌缝油膏有：胶泥、有机硅橡胶、聚硫密封膏、丙烯酸密封膏、氯磺化聚乙烯密封膏等。

（一）胶泥

胶泥是目前国内常用的一种密封材料。它实际上是一种聚合物改性的沥青油膏，主要成分是煤焦油和煤沥青，用聚氯乙烯进行改性。胶泥的价格较低，防水性好，有弹性，耐寒和耐热性较好。但它必须热施工，通常随配方的不同在 $60 \sim 110℃$ 进行热灌。配方中若加入少量溶剂，油膏变软，就可冷施工，但收缩较大。填料通常用碳酸钙和滑石粉。为了降低胶泥的成本，可以选用废旧聚氯乙烯塑料制品来代替氯乙烯树脂，这样得到的密封油膏习惯上称为塑料油膏。

（二）硅酮密封膏

硅酮密封膏大部分为单组分，它是以有机硅氧烷聚合物为主体，加入硫化剂、硫化促进剂以及增强填料组成。硅酮密封膏具有耐热、耐寒、耐候、粘结性能好、耐伸缩疲劳性强、耐水性好等特性。主要用于高层建筑的玻璃幕墙、隔热玻璃粘结密封、建筑门窗密封、预制混凝土墙板、水泥板、大理石板的外墙接缝密封、混凝土和金属框架的粘结、卫生间和高速公路接缝的防水密封等。硅酮密封膏施工时，施工表面必须清洁干燥、无霜和稳固，金属与玻璃表面应该用干净的布沾上酒精、丙酮之类的溶剂擦抹干净。粘结面为混凝土时需要打底。

（三）聚硫密封膏

聚硫密封膏是由液态聚硫橡胶为基料，加入各种填充料、硫化剂等配制而成。聚硫密封膏具有耐候、耐水、耐湿热等优良性能；使用温度范围宽，在 $-40 \sim 90℃$ 的温度范围内均能保持它的各项性能指标；与钢、铝等金属材料及其他各种建筑材料都有良好的粘结性，并有较高的抗撕裂强度。聚硫密封膏施工时，粘结面应清洁干燥，对混凝土等多孔材质表面要进行打底。

（四）丙烯酸酯建筑密封膏

丙烯酸酯建筑密封膏通常为水乳型，其制作工艺是把表面活性剂、增塑剂等化学助剂在高速搅拌下均匀地分散在丙烯酸酯乳液中，然后把粉状填充料掺入到混合乳液中，经研磨制成均匀、细腻的稠状膏体。丙烯酸酯建筑密封膏具有粘结性、耐老化性、耐化学腐蚀及防水性都很好的特点。但其弹性和延伸性较小，不宜用在伸缩较大的接缝中。丙烯酸酯密封膏施工时需打底，可用于潮湿基面，但雨天不可施工。施工温度要求在 $5℃$ 以上，如施工温度超过 $40℃$，应用水冲刷冷却，待稍干后再施工。

（五）聚氨酯密封膏

聚氨酯密封膏是一种双组分反应固化型的建筑密封材料。甲组分含有异氰酸基的预聚体，乙组分含有多羧基的固化剂与其他辅料。使用时将甲乙两组分按比例混合，经固化反应成为弹性体。聚氨酯密封膏是一种高档的密封材料。它的弹性、粘结性、耐疲劳性和耐候性优良，并且耐水、耐油，广泛应用于屋顶、墙板、地下室、门窗、管道、卫生间、蓄水池、泳池、机场跑道、公路、桥梁的接缝密封防水。聚氨酯密封膏施工时不需要打底，但要求接缝干净（无油污等）和干燥。

二、定型材料（嵌缝条）

定型材料（嵌缝条）是采用塑料或橡胶经挤出成型的一类软质带状制品，所用材料有软质聚氯乙烯、氯丁橡胶、EPDM、丁苯橡胶等，嵌缝条主要用来密封伸缩缝和施工条。

（一）丁基密封腻子

以丁基橡胶为基料，并添加增塑剂、增黏剂、防老化剂等辅助材料配制成的一种建筑密封材料。具有良好的耐水粘结性和耐候性，带水堵漏效果好，使用温度范围宽（－40～100℃），且与混凝土、金属、塑料等多种材料具有良好的粘结力，可冷施工，使用方便。

（二）止水带

止水带也称为封缝带，是以天然橡胶或合成橡胶为主要原料，掺入各种助剂和填料模压而成。它具有良好的弹塑性、耐磨性和抗撕裂性能。其使用温度范围一般为－40～40℃，适用于建筑工程、水利工程、地下工程等的变形缝防水。

思考复习题

1. 试述石油沥青的主要组成及其性质，各组成相对含量的变化对沥青的性质有何影响？

2. 石油沥青的牌号是如何划分的？牌号大小与沥青的性质有何关系？

3. 石油沥青软化点指标反映了沥青的什么性质？沥青的软化点偏低，用于屋面防水工程上会产生什么后果？

4. 什么叫沥青的老化？

5. 高聚物改性沥青油毡和合成高分子防水卷材有哪些优点？

6. 举出几种新型防水卷材和常用的防水涂料。

7. 什么是防水涂料？它有哪些特点？

8. 对建筑密封材料的要求有哪些？

第十章 木 材

[学与问] 树木按树叶外观形状不同分为几大类？各类具有哪些性能？

[探索与发现] 树木按树叶外观形状不同分为针叶树和阔叶树两大类。

针叶树多为常绿树，其树叶细长，树干通直高大、其纹理顺直材质均匀，木质较软且易于加工，又称软木材。针叶树强度较高、表观密度和胀缩变形较小、耐腐蚀性较强。在建筑工程中被广泛用作承重构件和门窗、地面材料及装饰材料等。常用树种有松、杉、柏等。

阔叶树多为落叶树，其树叶宽大，树干通直部分较短，材质重而硬，大多不易加工，又称为硬木材。阔叶树具有表观密度大、强度高、干湿变形大、易于开裂翘曲等特点，仅适用于尺寸较小的非承重木构件，如水曲柳、杨树、樟树、柞树、榆树等。因其加工后表现出天然美丽的木纹和颜色，具有很好的装饰性，常用作家具及建筑装饰材料。

建筑工程中如屋架、梁、柱、支撑、门窗、地板、桥梁、混凝土模板以及室内装修等，都需要使用大量木材。木材用于建筑工程，已有悠久历史。近年来，虽然出现了很多新材料，但由于木材具有其独特的优点，在建筑工程中仍占有重要地位。

木材作为建筑材料，具有许多优良性能，如轻质高强，即比强度高；有较高的弹性和韧性，耐冲击、振动；易于加工；长期保持干燥或长期置于水中，均有很高的耐久性；导热系数小；大部分木材都具有美丽的纹理，装饰性好等。

木材是天然资源，树木生长比较缓慢。为了保持生态平衡，建筑工程中应尽可能少用木材，并合理使用木材。

一、木材的构造

[学与问] 木材的构造是如何影响木材性能的？

[资料卡片] 木材的构造分为宏观构造和微观构造。

（一）木材的宏观构造

木材的宏观构造是指用肉眼或放大镜所能见到的木材组织特征。通常从树干的三个切面来进行剖析，即从横切面、弦切面、径切面了解木材的特性和应用。与树干主轴成直角的锯切面称横切面。木材的宏观构造如图10-1所示。

由图10-1可见，树木是由树皮、木质部和髓心三个主要部分组成，树皮在建筑上用途不大；木质部是指从树皮至髓心的部分，是木材的主体也是建筑用材的主体；髓心是树干中心松软部分，其木质强度低、易腐朽，故锯切的板材不宜带有髓心部分。按生长阶段的不同，木质部又可区分为边材、心材等部分。靠近髓心颜色较深的称为心材；靠近树皮颜色较浅的称为边材。心材材质较硬、密度大，抗变形性、耐久性

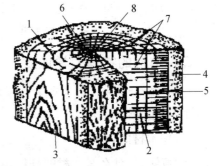

图10-1 树干的三个切面

1—横切面；2—径切面；3—弦切面；4—树皮；
5—木质部；6—年轮；7—髓线；8—髓心

和耐腐蚀性均较边材好。因此，一般来说心材比边材的利用价值高些。

从横切面上看到深浅相间的同心圆环，即所谓年轮。在同一轮内，春天生长的木质，色较浅，质松软，称为春材（早材），夏秋两季生长的木质，色较深，质坚硬，称为夏材（晚材）。相同树种，年轮越密且均匀，材质越好；夏材部分越多，木材强度越高。

从髓心向外的辐射线，称为髓线。髓线与周围连接较差，木材干燥时易沿髓线开裂。年轮和髓线组成了木材美丽的天然纹理。

（二）木材的微观构造

在显微镜下观察到的木材构造称为微观构造。在显微镜下，可以看到木材是由无数呈管状的细胞紧密结合而成的，绝大部分细胞呈纵向排列形成纤维结构，少部分横向排列形成髓线。每个细胞分为细胞壁和细胞腔两部分。细胞壁由细胞纤维组成，细胞纤维间具有极小的空隙，能吸附和渗透水分；细胞腔则是由细胞壁包裹而成的空腔。木材的细胞壁越厚，腔越小，木材越密实，表观密度和强度也越大，但胀缩变形也大。一般来说，夏材比春材细胞壁厚。

针叶树和阔叶树的微观构造有较大的差别。针叶树的显微结构简单而规则，主要由管胞、髓线和树脂道组成，其中管胞占树木总体积的 90% 以上，且其髓线较细而不明显（图 10-2）；阔叶树材显微构造较复杂，其细胞主要由导管、木纤维及髓线等组成（图 10-3）。其髓线粗大而明显，导管壁薄而腔大。因此，有无导管以及髓线的粗细是鉴别阔叶树或针叶树的显著特征。

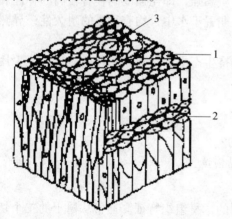

图 10-2　针叶树（马尾松）微观构造
1—管胞；2—髓线；3—树脂道

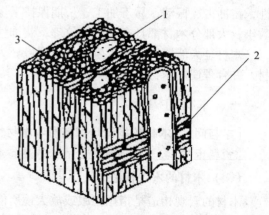

图 10-3　阔叶树（柞木）微观构造
1—管胞；2—髓线；3—木纤维

二、木材的物理力学性质

木材的物理力学性质主要有含水率、湿胀干缩、强度等性能，其中含水率对木材的湿胀干缩性和强度影响很大。

（一）木材的含水量

[学与问]　什么是木材的纤维饱和点和平衡含水率？木材含水率的变化对其强度、变形、导热性和耐久性等有何影响？

[探索与发现]　木材中具有纤维状结构和大量的孔隙，潮湿的木材在干燥的空气中能

178

失去水分，干燥的木材能从周围的空气中吸收水分，这种性能称为木材的吸湿性。木材的吸湿性用含水率表示，即木材中所含水分的质量占木材干燥质量的百分比。

木材中所含的水分按其存在的状态分为：自由水、吸附水和化合水三种。自由水是指存在于细胞腔和细胞间隙中的水分，它影响木材的表观密度、导热性、抗腐朽性、干燥性和燃烧性，而对变形和强度影响不大；吸附水是指被吸附在细胞壁内细纤维之间的水分，吸附水的变化则影响木材强度和胀缩变形性能；化合水是指木材化学成分结合的水，它在常温下不变化，故其对木材常温下物理力学性质无影响。

1. 木材的纤维饱和点

当木材细胞壁中的吸附水达到饱和，而细胞腔和细胞间隙中尚无自由水时的木材含水率，称为木材的纤维饱和点。木材的纤维饱和点随树种而异，一般介于 25% ~ 35%，通常取其平均值，约为 30%。木材的纤维饱和点是木材物理力学性能变化的转折点。

2. 木材的平衡含水率

木材中的所含的水分是随着环境的温度和湿度的变化而变化的，当木材长时间处于一定温度和湿度的环境中时，木材中的含水率最后会达到与周围环境湿度相平衡，这时木材的含水率称为平衡含水率。木材的平衡含水率是木材进行干燥时的重要指标。由于各地区温、湿度有差别，木材的平衡含水率随其所在地区不同而异。

新伐木材含水率常在 35% 以上，风干木材含水率为 15% ~ 25%，室内干燥的木材含水率常为 8% ~ 15%。

（二）木材的湿胀与干缩变形

[学与问]　湿胀干缩对木材的性能有何影响？

[探索与发现]　木材具有显著的湿胀干缩性，而引起木材湿胀干缩的主要因素并不是热胀冷缩（木材随温度的升降而引起的体积胀缩数值甚微，一般可忽略不计），而是木材自身含水率的变化。其规律是：当木材的含水率在纤维饱和点以下时，随着含水率的增大，木材体积产生膨胀，随着含水率减小，木材体积收缩；而当木材含水率在纤维饱和点以上，只是自由水增减变化时，木材的体积不发生变化。从木材含水率与其胀缩变形的关系可以看出，纤维饱和点是木材发生湿胀干缩变形的转折点。

由于木材为非匀质构造，故其胀缩变形各向不同，其中弦向最大，径向次之，纵向（即顺纤维方向）最小。木材常因湿胀干缩而改变尺寸，产生变形或开裂等，致使木材和木制品的利用价值降低。

木材的湿胀干缩对木材的使用有严重影响，干缩使木结构构件连接处发生缝隙而致接合松弛、拼缝不严、翘曲开裂，湿胀则造成凸起变形，强度降低。为了避免这种情况，最根本的办法是预先将木材进行干燥至使用情况下的平衡含水率。因此木材锯解后，需要进行及时和适当的干燥处理、化学药剂浸注（如胶压木、浸渍木、塑合木等）或用涂料涂刷等，使含水率达到当地年平均温度和湿度所对应的平衡含水率，以减少木制品在使用过程中的湿胀干缩变形，使得木材尺寸的稳定性获得改进。另外，延长存放时间使木质细胞老化，也可降低木材变形。

（三）木材的强度

[学与问]　影响木材强度的主要因素有哪些？比较木材各项强度的高低，解释在工程

应用中，为什么木材较多地用于承受顺纹抗压和抗弯的构件？

[探索与发现]　在建筑工程中，常用到木材的强度有抗压、抗拉、抗剪和抗弯强度。由于木材是非匀质各向异性材料，因而不同的作用力方向将影响木材的各种强度。

1. 抗压强度

木材的抗压强度分为顺纹抗压强度和横纹抗压强度。顺纹抗压强度为作用力方向与木材纤维方向平行时的抗压强度。这种受压破坏是木材细胞壁失去稳定而非纤维的断裂。横纹抗压强度为作用力方向与木纤维方向垂直时的抗压强度，这种作用是木材横向受力压紧产生显著变形而造成的破坏。

木材的横纹抗压强度比顺纹抗压强度低得多，其比值随木纤维构造和树种而异，一般针叶树横纹抗压强度约为顺纹抗压强度的 10%；阔叶树约为 15% ~ 20%。因此，在建筑工程中，木材常用于柱、桩、斜撑及桁架等承重构件。

2. 抗拉强度

顺纹抗拉强度是指拉力方向与木纤维方向一致时的抗拉强度。这种受拉破坏，往往是木纤维未被拉断，而纤维间先被撕裂。木材顺纹抗拉强度是木材所有强度中最大的。木材的疵点（如木节、斜纹等）对木材顺纹抗拉强度影响极为显著。

木材横纹抗拉强度很低，一般不使用。

3. 抗弯强度

木材受弯曲时内部应力十分复杂，在梁的上部是受到顺纹抗压，下部为顺纹抗拉，而在水平面中则有剪切力。木材受弯破坏时，通常在受压区首先达到强度极限，开始形成微小的不明显的皱纹，但并不立即破坏，随着外力增大，皱纹在受压区域扩展，产生大量塑性变形，以后当受拉区域许多纤维达到强度极限时，则因纤维本身及纤维间联结的断裂而最后破坏。

木材的抗弯强度很高，在建筑工程中常用于地板、梁、桁架等结构中。

此外，环境温度对木材的强度有显著影响，温度由 25℃ 升到 50℃ 时，针叶树抗拉强度降低 10% ~ 15%，抗压强度降低 20% ~ 24%。当木材长期处于 60 ~ 100℃ 温度下时，会导致水分和所含挥发物的蒸发，而使变形增大、强度下降。温度超过 140℃ 时，木材中的纤维素发生热裂解，颜色逐渐变黑，强度明显下降。因此，长期处于高温环境下的建筑物，不宜采用木结构。

三、木材及其制品在建筑结构中的应用

（一）木材的优缺点

[学与问]　木材有哪些优缺点？

[探索与发现]　木材是人类最早使用的建筑材料之一，至今在建筑中仍有广泛的应用，其主要优点表现在以下四点：

1. 力学性能好。木材的比强度高，松木顺纹抗拉比强度为 0.20，相当于建筑钢材比强度的 4 倍，属于轻质高强材料。此外，木材的弹性和耐冲击性也很好。

2. 隔声绝热性能好。木材的导热系数小，热容量大，是优良的保温材料，且对电、热的绝缘性能好（尤其是干木材）。木材固有的纤维结构导致其具有扩大、吸收、反射或阻隔

其他物体产生声音的能力，根据各种木材的声学性质，可作隔声材料。

3. 装饰性能好。木材独有的天然纹理，加上其深浅不一的颜色，使木材具有高贵的装饰气质。

4. 可加工性好。木材可以锯、刨、钉，易于加工成各种形状。

木材用作建筑材料时大多有不耐腐、不抗蛀蚀、易变形、易燃烧、有木节和斜纹理等天然缺陷，通过防腐、阻燃、塑合等处理方式可以提高其材质和利用价值。

（二）木材在建筑结构中的应用

[学与问]　木材在建筑中有哪些用途？

[探索与发现]　建筑工程中直接使用的木材常有三种形式，即原木、方木和板材。原木是指去皮、根、枝梢后按规定直径加工成一定长度的木料；方木是截面宽度不足厚度3倍的木材；板材是指截面宽度为厚度的3倍或3倍以上的木料。这些木材在建筑结构中的应用大体有以下两类：一类是用于结构物的梁、板、柱、拱；另一类是用于装饰工程中的门窗、天棚、护壁板、栏杆、龙骨等。

为了节约资源、改善天然木材的不足，同时提高木材的利用率和使用年限，将木材加工中的大量边角、碎屑、刨花、小块等再加工，生产各种人造板材是木材综合利用的重要途径之一。

常用的人造板材有下列几种：

1. 细木工板

细木工板又称大芯板，是中间为木条拼接，两个表面胶粘一层或两层单片板而成的实心板材。由于中间为木条拼接有缝隙，因此可降低因木材变形而造成的影响。细木工板具有较高的硬度和强度，质轻、耐久、易加工，适用于家具制造、建筑装饰、装修工程中，是一种极有发展前景的新型木型材。细木工板的质量要求排列紧密、无空洞和缝隙，选用软质木料，以保证有足够的持钉力且便于加工。

2. 胶合板

胶合板是由原木沿年轮切成大张薄片，经选切、干燥、涂胶后，按木材纹理纵横交错，以奇数层数，经热压加工而成的人造板材。常用的有3、5、7、9层胶合板，一般称作三合板、五合板、七合板、九合板等。由于胶合板的相邻木片的纤维互相垂直，在很大程度上克服了木材的各向异性的缺点，使之具有良好的物理力学性能。胶合板具有材质均匀、强度高、幅面大、兼具木纹真实、自然的特点，被广泛用作室内隔墙、顶棚板、门面板、室内装修及家具制作等。

3. 纤维板

纤维板是用木材碎料（或甘蔗渣等植物纤维）作原料，经切削、软化、磨浆、施胶、成型、热压等工序制成的一种人造板材。纤维板按其表观密度可分为硬质纤维板（表观密度 $>800kg/m^3$）、中密度纤维板（表观密度 $500 \sim 800kg/m^3$）和软质纤维板（表观密度 $<500kg/m^3$）三种。硬质纤维板和中密度纤维板一般用作隔墙、地面、家具等。软质纤维板质轻多孔，为隔热吸声材料，多用于吊顶。

纤维板材质构造均匀，各向强度一致，弯曲强度较大（可达55MPa），耐磨，不腐朽，无木节、虫眼等缺陷，故又称无疵点木材。并具有一定的绝缘性能。其缺点是背面有网纹，造成板材两面表面积不等，吸湿后因产生膨胀力差异而使板材翘曲变形；硬质板材表面坚硬，钉钉困难，耐水性差。

4. 刨花板、木丝板、木屑板

刨花板、木丝板、木屑板是利用木材加工过程中产生的大量刨花、木丝、木屑，填加或不填加胶料，经热压而成的板材。这类板材一般表观密度较小，强度较低，主要用作绝热和吸声材料，且不宜用于潮湿处。其表面粘贴塑料贴面或胶合板作饰面层后可用作吊顶、隔墙、家具等。

5. 木塑材料

木塑材料（又称塑木或塑胶木）是近年来发展起来的一种新型材料，是用塑料和木纤维（木粉、稻壳、麦秸、花生壳等天然纤维）经过高分子改性，通过配料、混合、挤出等工艺加工制成的一种复合材料。

木塑制品与木制品相比较有很大的性能优势：

（1）具有与原木相同的加工性能，可钉、可钻、可刨、可粘、表面光滑细腻，无需磨光和油漆，其油漆附着性好，亦可根据个人喜好上漆。

（2）摒弃了木材自然的缺陷，如龟裂、翘曲、色差等，因此无需定时保养。

（3）弯曲特性强，适合制作板条与装饰材料等。

（4）具有多种颜色及木纹、多种规格、尺寸、形状、厚度，无需打磨、上漆，后期加工成本低。

（5）具有防火、防水、抗腐蚀、耐潮湿、不被虫蛀、不滋养真菌、耐酸碱、等优良性。

（6）使用寿命长，可回收循环重复使用多次，平均使用时间比木材使用时间长5倍以上，使用成本是木材的1/3~1/2，性价比有很大优势。

（7）质坚、量轻、保温、表面光滑平整。

（8）加工成型性好，可以根据需要制作成较大的规格以及十分复杂的形状塑木型材。可以制成地板、吊板、屋顶、天窗、墙板、铺板、门板、踏脚板、栏杆、扶手、地脚板、门窗型材、家具、篱笆、栅栏、平台、路板、站台等。

木塑材料采用大量可再生材料代替石油资源，产品兼备塑料和木材的主要特点，可以在许多场合替代塑料和木材，是一种极具发展潜力的环保型新材料。

四、木材的防腐与防火

[学与问]　建筑工程中应用木材时，应如何防止木材腐朽和防火？

[探索与发现]　建筑工程中应用木材时，必须考虑木材的防腐和防火问题。

（一）木材的防腐

木材是天然生长的有机材料，易受真菌、昆虫侵害而腐朽变质。木材防腐的指导思想是设法阻断真菌及昆虫的生长和繁殖。

常见的防腐措施有：

（1）干燥法。采用蒸汽、微波、超高温处理等方法将木材进行干燥，降低其含水率至20%以下，并长期保持干燥。

（2）水浸法。将木材浸没在水中或深埋地下。

（3）表面涂覆法。在木构件表面涂刷油漆进行防护。

（4）化学防腐剂法。将有毒化学剂注入木材使真菌无法生存。

（二）木材的防火

木材属木质纤维材料，易燃烧，它是具有火灾危险性的有机可燃物。木材的防火就是将木材经过具有阻燃性能的化学物质处理后，变成难燃的材料，以达到遇小火能自熄，遇大火能延缓燃烧的目的，从而赢得扑救的时间。

常用木材防火处理的方法有两种：

（1）表面涂覆法。在木材表面涂覆防火涂料，起到既防火又具防腐和装饰的作用。

（2）溶液浸注法。将木材充分干燥并初步加工成型后，以常压或加压方式将防火溶剂浸注木材中，利用其中的阻燃剂达到防火作用。

思考复习题

1. 木材的含水率对变形和强度都有什么影响？如何影响？

2. 影响木材强度的主要因素有哪些？

3. 引起木材腐朽的主要原因有哪些？如何防止木材腐朽？

4. 木材胶合板是如何生产的？有什么特性？

第十一章 建筑装饰材料

第一节 概 述

一、建筑装饰材料

[学与问] 什么是建筑装饰材料？

[探索与发现] 建筑装饰是依据一定的方法，对建筑物进行美的设计和美的包装，具体表现在装饰风格、结构形式、装饰材料、施工技术、工具设备、环境意识、美学心理等综合技术的应用。

建筑装饰材料是指用于建筑物的表面（内/外表面），起保护、美化、修饰作用的材料的总称。它是建筑的重要物质基础。只有了解或掌握建筑装饰材料的性能、特点，按照建筑物及其使用环境条件，合理选用装饰材料，才能更好地发挥每一种材料的长处，做到材尽其用，物尽其用，更好地表达设计意图。

二、建筑装饰材料的分类

[学与问] 建筑装饰材料是如何分类的？

[探索与发现] 建筑装饰材料种类繁多，通常有三种分类：

1. 按化学成分分类：包括无机材料、有机材料和复合材料。

2. 按建筑物装饰部位分类：包括外墙装饰材料、内墙装饰材料、地面装饰材料和顶棚装饰材料等。

3. 按装饰材料的名称分类：包括石材、玻璃、陶瓷、涂料、塑料、金属、装饰水泥、装饰混凝土等。

三、建筑装饰材料的基本要求和选用

[学与问] 如何根据装饰部位的要求选择装饰材料？

[探索与发现] 选用建筑装饰材料，外观固然重要，但还需具有一定的物理化学性质，以满足其使用部位的性能要求，同时还应对相应的建筑部位起保护作用。

内墙装饰材料的功能是保护墙体，保证室内使用环境美观、整洁和舒适。内墙体使用的装饰材料一般有抹灰、油漆、贴面等。传统的抹灰能延长墙体使用年限，当室内相对湿度较大，墙面易被溅湿或需用水刷洗时，内墙需做隔气隔水层予以保护。如浴室、手术室，墙面用瓷砖贴面，厨房、厕所做水泥墙裙或油漆或瓷砖贴面等。

外墙体使用的装饰材料，不仅色彩与周围环境协调美观，具有耐水抗冻、抗侵蚀等物理化学性质，还能保护墙体结构，提高墙体材料抗风吹、日晒、雨淋以及辐射、大气及微生物的作

用。若兼有隔热保温则更为完美。例如：玻璃幕墙、镶嵌大理石、粘贴瓷砖、涂刷涂料等。

顶棚材料不仅要满足保护顶棚及装饰目的，还需具有一定的防潮、耐脏、表观密度小等功能。顶棚装饰材料的色彩应选用浅淡、柔和的色调，给人以华贵大方之感，不宜采用浓艳的色调。常见的顶棚多为白色，以增强光线反射能力，增加室内亮度。顶棚装饰还应与灯具相协调，除平板式顶棚制品外，还可采用轻质浮雕顶棚装饰材料。

第二节　天然装饰石材

[学与问]　建筑装饰石材的主要品种有哪些？各自的组成和性能有何不同？

[探索与发现]　天然石材用于建筑装饰的历史已经很悠久了，早在两千多年前的古罗马时代，就开始使用白色及彩色大理石等作为建筑饰面材料。在近代，随着石材加工水平的提高，石材独特的装饰效果得到充分展示，作为高档饰面材料，颇受人们欢迎。装饰石材中应用最多的是大理石和花岗石。

一、大理石

大理石因云南大理盛产而得名。大理石是由石灰岩和白云岩在高温、高压下矿物重新结晶变质而成，主要矿物成分为方解石或白云石，质地比较密实、抗压强度较高、吸水率低，具有光洁细腻的天然纹理，经锯切、雕琢和磨平、抛光等处理后表面光洁细腻，纹理自然流畅，有很高的装饰性（图 11-1）。纯净的大理石为白色，称汉白玉。如在变质过程中混进其他杂质，就会出现不同的颜色与花纹、斑点，如含碳呈黑色；含氧化铁呈玫瑰色、橘红色；含氧化亚铁、铜、镍呈绿色；含锰呈紫色等。我国的汉白玉、丹东绿、雪花白等大理石均为世界著名的高级建筑装饰材料。

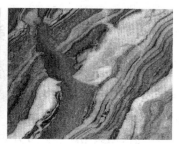

图 11-1　各种大理石

大理石的主要化学成分为 CaO、MgO、CO_2 和少量的 SiO_2 等，在空气中受硫化物及水汽的作用，易发生腐蚀。除个别品种（如汉白玉、艾叶青等）外，它一般只用于室内。

天然大理石板材及异型材制品是室内及家具制作的重要材料。用于大型公共建筑如宾馆、展厅、商场、机场、车站等室内墙面、地面、楼梯踏板、栏板、台面、窗台板、踏脚板等，也用于家具台面和室内家具。

二、花岗石

花岗石以石英、长石和云母为主要成分。其中长石含量为 40% ~ 60%，石英含量为

20%～40%，其颜色决定于所含成分的种类和数量。花岗石为全结晶结构的岩石，优质花岗石晶粒细而均匀、构造紧密、石英含量多、长石光泽明亮。

花岗石的二氧化硅含量较高，属于酸性岩石。某些花岗石含有微量放射性元素，这类花岗石应避免用于室内。花岗石（图11-2）结构致密、质地坚硬、耐酸碱、耐气候性好，可以在室外长期使用。

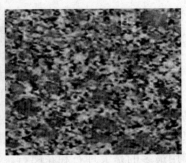

图11-2　各种花岗石

花岗石的表观密度为 2500～2700kg/m³，抗压强度为 120～250MPa，吸水率小于 1%，表面硬度大、化学稳定性好，耐久性强，但耐火性差。

花岗石是一种优良的建筑石材，它常用于基础、桥墩、台阶、路面，也可用于砌筑房屋、围墙，尤其适用于修建有纪念性的建筑物，天安门前的人民英雄纪念碑就是由一整块100t的花岗石琢磨而成的。在我国各大城市的大型建筑中，曾广泛采用花岗石作为建筑物立面的主要材料。也可用于室内地面和立柱装饰，耐磨性要求高的台面和台阶踏步等。

由于修琢和铺贴费工，因此是一种价格较高的装饰材料。在工业上，花岗石常用作耐酸材料。

第三节　建筑装饰陶瓷

[学与问]　陶、炻、瓷各有何特性？为什么外墙饰面砖用炻质而不能选用陶质釉面砖？

[探索与发现]　陶瓷是以黏土及其天然矿物为原料，经过粉碎混炼、成型、焙烧等工艺过程所制得的各种制品。

陶瓷根据其用途不同可分为日用陶瓷、建筑卫生陶瓷、化工陶瓷、化学陶瓷、电瓷及其他工业用陶瓷。根据陶瓷的材质结构和吸水率大小不同，陶瓷可分为陶器、炻器、瓷器三大类。

一、釉面砖

常用的釉面砖是精陶质的，一般采用两次烧制，即高温素烧，低温釉烧，为了提高遮盖力和白度，通常施釉浊釉。

釉面砖的主要物理性能要求为：吸水率不大于21%，一般为16%～19%；热稳定性，比冷水温度高130℃至流动冷水中急冷一次不裂；白度不小于78度，抗弯强度平均值不低于16MPa。

釉面砖种类有白色釉面砖、彩色釉面砖、装饰釉面砖、图案砖、陶瓷画及色釉陶瓷字

186

等。白色釉面砖色泽白、釉面光亮，贴于墙面，清洁而又大方。

彩色釉面砖包括有光彩釉面砖和无光彩色釉面砖。有光彩色釉面砖的釉面光亮晶莹，色彩丰富雅致。无光彩色釉面砖的釉面色调柔和。

装饰釉面砖包括花釉砖、结晶釉砖、斑纹釉砖和理石釉面砖等。花釉砖是在同一砖上，施以多种釉彩，经高温烧成。色釉互相渗透，花纹千姿百态，有良好的装饰效果。结晶釉砖在油料中加入结晶形成剂，经严格控制烧成，在砖面形成明显粗大结晶，使砖面晶花辉映，纹理多姿，斑纹釉砖的釉面呈斑纹状图案，丰富多彩。理石釉面砖呈天然大理石花纹，颜色丰富，美观大方。

图案砖有白地图案砖和色地图案砖两类。白地图案砖是在白色釉面砖上装饰各种图案，经高温烧成，纹理清晰，色彩明朗，清洁优美。色地图案砖是在有光或石光彩色釉面砖上，装饰各种图案，经高温烧成，产生浮雕、缎光、绒毛、彩漆等效果，做内墙饰面别具风格。

瓷砖画是以各种釉面砖拼成各种瓷砖画，或根据已有画稿烧制成釉面砖，然后拼装成各种瓷砖画，清洁优美，永不褪色。色彩陶瓷字坚固耐久、色彩丰富、光亮优美，经日晒雨淋、风吹冰冻不褪色和损坏，可以做招牌、铭牌、纪念碑，也可以做成商标图案等。

釉面砖色泽柔和、典雅、朴实大方，表面光滑且易清洁，热稳定性好，防潮、防火、耐酸碱。主要用于厨房、卫生间、实验室、精密仪器车间及医院等室内墙面、台面的饰面材料，既清洁卫生，又美观耐用。

釉面砖为多孔的精陶质坯体，在长期与空气接触过程中，特别是在潮湿环境中使用，会吸收大量水分而产生吸湿膨胀现象，使釉面产生开裂。如果用于室外，经常受到大气温度、湿度影响及日晒雨淋、冻融作用，更易出现剥落掉皮现象。所以釉面砖一般只能用于室内，而不能用于室外。

二、外墙贴面砖

外墙砖是用于建筑物外墙的饰面砖，通常为炻质制品。

外墙砖的主要物理力学性能为：吸水率不大于10%；热稳定性，温差130℃重复三次无裂纹；抗冻性，在 $-15 \sim \geqslant 0℃$ 清水中冻融循环20次无裂纹；产品抗弯强度平均值不低于24.5MPa，有良好的耐化学腐蚀性能。

外墙贴面砖包括带釉贴面砖、不带釉贴面砖、线砖及外墙立体贴面砖等。无釉外墙贴面砖又称墙面砖，有白、浅黄、深黄、红、绿等色，表面质感有光面的和毛面的。有釉外墙贴面砖又称彩釉砖，有粉红、蓝、绿、金砂釉、黄、白等色。线砖表面有凸起线纹，有釉，有黄、绿等色。外墙立体贴面砖又称立体彩釉砖，表面有釉，做成各种立体图案。

外墙贴面砖具有强度高、防潮、抗冻、防火、色调柔和、耐磨、耐腐蚀、易于清洗等特点，具有理想的装饰效果。

三、地砖及防滑条

地砖是用于地面装饰的耐磨陶瓷砖，花色有红、白、浅黄、深黄等色，形状有方形、长方形和六角形三种。红地砖多不带釉，其他有带釉者，也有不带釉者。

红地砖吸水率不大于8%，其他各色砖不大于4%，冲击强度在 6～8 次以上。地砖砖面平整，色调均匀，耐磨耐腐，施工方便，还可以拼成图案。一般用于室外台阶、地面及室内门厅、厨房、浴厕等处地面。

防滑条属于地面砖的附属产品，坚固耐磨，表面有凸起条纹，故防滑性能较好。

第四节 玻璃装饰制品

[学与问]　普通平板玻璃有哪些技术性质？常用的建筑装饰玻璃制品有哪些？

[探索与发现]　玻璃是现代建筑的主要材料之一。随着现代建筑业发展的需要和玻璃制作技术上的飞跃进步，玻璃正在向多品种多功能方面发展。例如，其制品由过去单纯作为采光和装饰功能，逐渐向着控制光线、调节热量、节约能源、控制噪声、降低建筑自重、改善建筑环境、提高建筑艺术等多种功能发展，具有良好装饰性和多种适用性的玻璃新品种不断出现，为室内外装饰装修提供了更大的选择性。

一、玻璃的概念和组成

玻璃是一种具有无规则结构的非晶态固体。它没有固定的熔点，在物理和力学性能上表现为均质的各向同性。

玻璃是以石英砂（SiO_2）、纯碱（Na_2CO_3）、石灰石（$CaCO_3$）、长石等为主要原料，经 $1550 \sim 1600℃$ 高温熔融、成型、退火而制成的固体材料。

其主要成分是 SiO_2（含量72%左右）、Na_2O（含量15%左右）和 CaO（含量9%左右），另外还有少量的 Al_2O_3、MgO 等。

二、普通平板玻璃的技术性质

（一）玻璃的密度

玻璃内几乎无孔隙，属于致密材料。玻璃的密度与其化学组成关系密切，此外还与温度有一定的关系。普通玻璃的密度为 $2.6g/cm^3$。

（二）玻璃的光学性质

当光线入射玻璃时可发生三种现象：透射、吸收和反射，其能力大小分别用透射比、反射比、吸收比表示。

玻璃越厚，成分中铁含量越高，透射比越低，采光性越差。反射比越高，玻璃越刺眼，容易造成光污染。光线入射角越小，玻璃表面越光洁平整，光反射越强。玻璃对光的吸收比取决于玻璃的厚度和颜色。

（三）玻璃的热工性质

玻璃是热的不良导体，它的热工性能包括导热性、热膨胀性、热稳定性等。

1. 导热性

玻璃的导热率一般为 $0.73 \sim 0.82W/(m \cdot K)$，约为紫铜的 1/1500，混凝土的 1/2，与黏土砖砌体的导热率相当。但随着温度的升高将增大。另外，导热性还受玻璃的颜色和化学成分的影响。

2. 热膨胀性

玻璃的热膨胀系数为 $8 \times 10^{-6} \sim 10 \times 10^{-6}/℃$。热膨胀系数的大小取决于组成玻璃的化学成分及其纯度，玻璃的纯度越高热膨胀系数越小，不同成分的玻璃热膨胀性差别很大。

3. 热稳定性

玻璃的热稳定性是指抵抗温度变化而不破坏的能力。玻璃抗急热的破坏能力比抗急冷破坏的能力强。

玻璃的热稳定性主要受热膨胀系数影响。玻璃热膨胀系数越小，热稳定性越高。玻璃越厚、体积越大，热稳定性越差；带有缺陷的玻璃，特别是带结石、条纹的玻璃，热稳定性更差。

（四）玻璃的力学性质

1. 抗压强度

玻璃的抗压强度较高，超过一般的金属和天然石材，一般为 $600 \sim 1200 MPa$。其抗压强度值会随着化学组成的不同而变化。

2. 抗拉与抗弯强度

玻璃的抗拉强度很小，一般为 $40 \sim 120 MPa$，因此，玻璃在冲击力的作用下极易破碎。抗弯强度也取决于抗拉强度，通常在 $50 \sim 130 MPa$ 之间。

（五）玻璃的化学稳定性

一般的玻璃具有较高的化学稳定性，在通常情况下，对酸、碱、盐以及化学试剂或气体等具有较强的抵抗能力，能抵抗氢氟酸以外的各种酸类的侵蚀。但是长期遭受侵蚀性介质的腐蚀，也能导致变质和破坏，如玻璃长期与碱液接触，会导致玻璃中的 SiO_2 溶解，受到侵蚀。

三、常用建筑装饰玻璃

（一）平板玻璃

平板玻璃是指未经其他加工的平板状玻璃制品，也称为白片玻璃或净片玻璃。按生产方法不同，可分为普通平板玻璃和浮法玻璃，其中浮法玻璃质量较好。

平板玻璃主要用于门窗、室内隔断、橱窗、展台等方面，起采光（可见光透射比 $84\% \sim 89\%$）、围护、保温、隔声等作用，也是进一步加工成其他品种玻璃的原片。

（二）吸热玻璃

吸热玻璃是一种能控制阳光中热能透过的玻璃，它可以显著地吸收阳光中热作用较强的红外线，而又能保持良好的透明度。

吸热玻璃的制造一般有两种方法：一种方法是在普通玻璃中加入一定量的着色剂；另一种方法是在玻璃的表面喷涂具有吸热和着色能力的氧化物薄膜。

吸热玻璃的性能特点：①吸收太阳的辐射热；②吸收太阳的可见光；③能吸收太阳的紫外线；④具有一定的透明度，能清晰地观察室外景物；⑤色泽经久不变，能增加建筑物的外形美观。

凡是既有采光要求又有隔热要求的场所均可使用吸热玻璃。采用不同颜色的吸热玻璃能合理利用太阳光，调节室内温度，节省空调费用，而且对建筑物的外表有很好的装饰效果。一般多用作高档建筑物的门窗或玻璃幕墙。此外，它还可以按不同的用途进行加工，制成磨光、夹层、中空玻璃等。

（三）热反射玻璃

热反射玻璃是由无色透明的平板玻璃镀覆金属膜或金属氧化物膜而制得，又称镀膜玻璃或阳光控制膜玻璃。

生产这种镀膜玻璃的方法有热分解法、喷涂法、浸涂法、金属离子迁移法、真空镀膜、真空磁控溅射法、化学浸渍法等。

热反射玻璃的特点：①对光线的反射和遮蔽作用，亦称为阳光控制能力；②单向透视性；③镜面效应。

热反射玻璃可用作建筑门窗玻璃、幕墙玻璃，还可以用于制作高性能中空玻璃、夹层玻璃等复合玻璃制品。但热反射玻璃幕墙使用不恰当或使用面积过大会造成光污染和建筑物周围温度升高，影响环境的和谐。

（四）中空玻璃

中空玻璃是由两片或多片平板玻璃用边框隔开，中间充以干燥的空气或惰性气体，四周边缘部分用胶结或焊接方法密封而成的，其中以胶结方法应用最为普遍。

中空玻璃按玻璃层数，有双层和多层之分，一般是双层结构。

制作中空玻璃的原片可以是普通玻璃、浮法玻璃、钢化玻璃、夹丝玻璃、着色玻璃和热反射玻璃、低辐射膜玻璃等，厚度通常是3mm、4mm、5mm和6mm。

高性能中空玻璃的外侧玻璃原片应为低辐射玻璃。中空玻璃的中间空气层厚度为6～12mm。颜色有无色、绿色、茶色、蓝色、灰色、金色、棕色等。

1. 光学性能

中空玻璃的可见光透视范围10%～80%，光反射率25%～80%，总透过率25%～50%。

2. 热工性能

中空玻璃比单层玻璃具有更好的隔热性能。由双层热反射玻璃或低辐射玻璃制成的高性能中空玻璃，隔热保温性能更好。

3. 防结露功能

（1）结露原因：建筑物外围护结构结露的原因一般是在室内一定的湿度环境下，物体表面温度降到某一数值时，湿空气使其表面结露、直至结霜（表面温度在0℃以下）。

（2）防结露原理：使用中空玻璃可大大提高防结露能力。

4. 隔声性能

中空玻璃具有较好的隔声性能，一般可使噪声下降30～40dB，即能将街道汽车噪声降低到学校教室的安静程度。

5. 装饰性能

中空玻璃的装饰性主要取决于所采用的原片，不同的原片玻璃使制得的中空玻璃具有不同的装饰效果。

中空玻璃主要用于需要采暖、空调、防噪声、控制结露、调节光照等建筑物上，或要求较高的建筑场所，也可用于需要空调的车、船的门窗等处。

中空玻璃是在工厂按尺寸生产的，现场不能切割加工，所以使用前必须先确定尺寸。

中空玻璃失效的直接原因主要有两种：一是间隔层内露点上升。二是中空玻璃的炸裂。

（五）钢化玻璃

钢化玻璃为减小玻璃的脆性、提高使用强度，通常可采用的方法有：①用退火法消除玻璃的内应力；②消除平板玻璃的表面缺陷；③通过物理钢化（淬火）或化学钢化而在玻璃中形成可缓解外力作用的均匀预应力；④采用夹丝或夹层处理。凡通过物理钢化（淬火）或化学钢化处理的玻璃称为钢化玻璃。采用上述方法改性后的玻璃统称为"安全玻璃"。

思考复习题

1. 常用的建筑石材有哪几种？每一种石材的主要特性和用途有哪些？
2. 为什么大理石不宜用于室外？
3. 简述陶瓷制品的表面装饰方法。
4. 建筑装饰玻璃有哪些？各有什么特点？

第十二章 绝热材料和吸声材料

[**思考与交流**] 在建筑中实施节能减排的有效措施有哪些?

[**探索与发现**] 建筑物的围护结构采用适当的绝热材料和吸声材料,不仅能提高其自身的保温隔热性能和降低噪声的干扰,给人们提供舒适的居住办公条件,而且还有利于建筑节能减排的实施。因此,建筑技术人员有必要掌握绝热材料及吸声材料的品种、性能及应用方法。

第一节 绝热材料

[**学与问**] 什么是绝热材料? 影响绝热材料导热性能的主要因素有哪些? 工程上对绝热材料有何要求?

[**探索与发现**] 在建筑上,习惯把用于控制室内热量外流的材料叫做保温材料;把防止室外热量进入室内的材料叫做隔热材料。保温和隔热材料统称为绝热材料。

一、绝热材料的基本原理

在任何介质中,当存在温差时,就会产生热的传递,热能将由温度高的部分向温度低的部分转移,热能传递的数量和快慢,与材料本身的结构和尺寸有关。

热量传递有对流、辐射、传导三种形式。对于固体材料,对流与辐射所占比例比较小,在建筑热工计算中,均不予考虑,仅考虑热的传导问题。在建筑材料中,热量传导的性质用导热系数表示。导热系数越小,材料的绝热性能就越好。

影响材料导热系数的主要因素有物质组成、微观结构、孔隙构造、温度、湿度和热流方向等。

(1)物质组成:金属材料导热系数最大,无机非金属次之,有机材料导热系数最小。

(2)微观结构:相同化学组成的材料,结晶结构的导热系数最大,微晶结构次之,玻璃体结构最小。

(3)孔隙构造:由于固体物质的导热系数比空气的导热系数大得多,故一般来说,材料的孔隙率越大,导热系数越小。在孔隙率相近的情况下,孔径越大,孔隙相通将使材料导热系数有所提高,这是由于孔隙内空气流通与对流的结果。对于纤维状材料,还与压实程度有关。当压实达到某一表观密度时,其导热系数最小,称该表观密度为最佳表观密度。当小于最佳表观密度时,材料内空隙过大,由于空气对流作用会使导热系数有所提高。

(4)温度:材料的导热系数随温度升高而增大。因此绝热材料在低温下的使用效果更佳。

(5)湿度:因为固体物质的导热最好、液体次之、气体导热最差,所以,材料受潮会使导热系数增大。例如,水结冰导热系数明显增大,为了保证保温效果,对绝热材料要特别注意防潮。

（6）热流方向：对于木材等纤维状材料，热流方向与纤维排列方向垂直时，材料的导热系数要小于平行时的导热系数。

二、绝热材料的基本要求和特点

绝热材料的基本要求是：导热系数小于 $0.23W/(m \cdot K)$ ，表观密度小于 $600kg/m^3$ ，有足够的抗压强度（一般不低于 $0.3MPa$ ）。

除此之外，还要根据工程特点，考虑材料的吸湿性、温度稳定性、耐腐蚀性等性能以及技术经济指标。

常用绝热材料的特点：绝热材料一般是轻质的、疏松的、多孔的、松散颗粒、纤维状的材料，而且孔隙之间不相连通的，绝热性能好。

三、常用绝热材料

绝热材料按化学成分可分为有机和无机两大类；按材料的构造可分为纤维状、松散粒状和多孔状三种。通常可制成板状、片状、卷材或管壳等多种形式的制品。一般来说，无机绝热材料的表观密度较大，但不易腐蚀，不会燃烧，有的能耐高温。有机绝热材料则质轻，绝热性能好，但耐热性较差。建筑工程中常用的绝热材料如表 12-1。

表 12-1　常用绝热材料的主要组成、特性和应用

品种	主要组成材料	主要性质	主要应用
矿渣棉	熔融矿渣用离心法制成的纤维状絮状物	表观密度为 $110 \sim 130kg/m^3$ 、导热系数小于 $0.047 \sim 0.82W/(m \cdot K)$ 、最高使用温度 $\leq 600℃$ 。	绝热保温填充材料
岩棉	熔融岩石用离心法制成的纤维状絮状物	表观密度为 $80 \sim 160kg/m^3$ 、导热系数小于 $0.040 \sim 0.52W/(m \cdot K)$ 、最高使用温度 $\leq 600℃$ 。	绝热保温填充材料
沥青岩棉毡	以沥青粘结岩棉，经压制而成	表观密度为 $130 \sim 160kg/m^3$ 、导热系数为 $0.049 \sim 0.052W/(m \cdot K)$ 、最高使用温度 $250℃$	墙体、屋面、冷藏库等
岩棉板（管壳、毡、带等）	以酚醛树脂粘结岩棉，经压制而成	表观密度为 $80 \sim 160kg/m^3$ 、导热系数为 $0.040 \sim 0.052W/(m \cdot K)$ 、最高使用温度 $\leq 600℃$	墙体、屋面、冷藏库、热力管道
玻璃棉	熔融玻璃用离心法等制成的纤维状絮状物	表观密度为 $30 \sim 60kg/m^3$ 、导热系数为 $0.040 \sim 0.050W/(m \cdot K)$ 、最高使用温度 $400℃$	绝热保温填充材料
玻璃棉毡（带、毡、管壳）	玻璃棉、树脂胶等	表观密度为 $80 \sim 120kg/m^3$ 、导热系数为 $0.040 \sim 0.058W/(m \cdot K)$ 、最高使用温度 $350 \sim 400℃$	墙体、屋面等

品种	主要组成材料	主要性质	主要应用
膨胀珍珠岩	珍珠岩等经焙烧、膨胀而得	堆积密度为 40～300kg/m³、导热系数为 0.025～0.048W/(m·K)、最高使用温度 800℃	绝热保温填充材料
膨胀珍珠岩制品（块、板、管壳等）	以水玻璃、水泥、沥青等胶结膨胀珍珠岩而成	表观密度为 200～500kg/m³、导热系数为 0.055～0.116W/(m·K)、抗压强度为 0.2～1.2MPa，以水玻璃膨胀珍珠岩制品的性能较好	屋面、墙体、管道等，但沥青珍珠岩制品仅适合在常温或负温下使用
膨胀蛭石	蛭石经焙烧、膨胀而得	堆积密度为 80～200kg/m³、导热系数为 0.046～0.070W/(m·K)、最高使用温度 1000～1100℃	绝热保温填充材料
膨胀蛭石制品（块、板、管壳等）	以水泥、水玻璃等胶结膨胀蛭石而成	表观密度为 300～400kg/m³、导热系数为 0.076～0.105W/(m·K)、抗压强度为 0.2～1.0MPa	屋面、管道等
泡沫玻璃	碎玻璃、发泡剂经融化、发泡而得，气孔直径为 0.1～5mm	表观密度为 150～600kg/m³、导热系数为 0.054～0.128W/(m·K)、抗压强度 0.8～15MPa、吸水率小于 0.2%，抗冻性高，最高使用温度 500℃，为高级绝热材料	墙体或冷藏库等
聚苯乙烯泡沫塑料	聚苯乙烯树脂、发泡剂等经发泡而得	表观密度为 15～50kg/m³、导热系数为 0.030～0.047W/(m·K)、抗压强度 0.15MPa、吸水率小于 0.03g/cm³，耐腐蚀性高，最高使用温度 80℃，为高效保温绝热材料	墙体、屋面、冷藏库等
硬质聚氨酯泡沫塑料	异氰酸酯和聚醚或聚酯等经发泡而得	表观密度为 30～45kg/m³、导热系数为 0.017～0.026W/(m·K)、抗压强度 0.25MPa、耐腐蚀性高、吸水率小于 1%，抗冻性高，使用温度 -60～120℃，可现场浇注发泡，为高效绝热材料	墙体、屋面、冷藏库、热力管道等
塑料蜂窝板	蜂窝状心材两面各粘贴一层薄板而成	导热系数为 0.046～0.058W/(m·K)、抗压强度与抗折强度高、抗震性好	围护结构

第二节　吸声材料

[学与问]　什么是吸声材料？选用吸声材料的基本标准是什么？

[资料卡片]　为了改善声波在室内传播的质量，保持良好的音响效果和减少噪声的危害，对一些大型公共场所，如大会堂等室内的墙面、地面、顶棚等部位，应选用适当的吸声

材料。

一、材料吸声的基本原理

声音在传播过程中，一部分由于声能随着距离的增大而扩散，另一部分则因空气分子的吸声而减弱。声能的这种减弱现象，在室外空旷处颇为明显，但若房间的体积不太大，声能减弱就不起主要作用，而重要的是墙壁、顶棚板、地板等材料表面对声能的吸收。

当声波遇到材料表面时，一部分声反射；另一部分则穿透材料；其余部分传递给材料，在材料的空隙中引起空气分子与孔壁的摩擦和黏滞阻力，相当一部分声能转化为热能而被吸收掉。这些被吸收的热量（E）与原先传递给材料的全部能量（E_0）之比值，即为评定材料吸声性能的主要指标，称为吸声系数，用公式表示如下：

$$\alpha = \frac{E}{E_0} \times 100\%$$

吸声系数与声音的频率、声波的方向有关。因此，吸声系数用声音从各方向入射的吸收平均值表示，并需指出是对哪一频率的吸收。通常采用的 6 个频率为 125Hz、250Hz、500Hz、1000Hz、2000Hz、4000Hz。即材料对某一频率的吸声系数为 α，材料的面积为 S，则吸声总量等于 $\alpha \cdot S$（吸声单位）。

任何材料对声音都能吸收，只是吸收程度有很大的不同。通常把对上述 6 个频率的平均吸声系数 α 大于 0.2 的材料，列为吸声材料。

一般材料的吸声系数越高，吸声效果越好。在室内采用吸声材料可以抑制噪声，保持良好的音质（声音清晰但不失真），如在公共场所、礼堂、影剧院等室内必须装上吸声材料，以降低噪声。

二、选用吸声材料的基本要求

1. 为发挥吸声材料的作用，必须选择材料的气孔是开放的，且是互相连通的，气孔越多，吸声性能越好。这与绝热材料有着完全不同的要求，同样都是多孔材料，但在气孔特征上，绝热材料则要求封闭的、不相连通的气孔。获得不同气孔特征的材料，主要决定于所用的材料、生产工艺、加热、加压条件的不同，可获得气孔特征不同的产品。

2. 大多数吸声材料强度较低，因此，吸声材料应设置在护臂高度以上，以免碰撞坏。多孔吸声材料易于吸湿，安装时应考虑胀缩的影响。

3. 应尽可能选用吸声系数较大的材料，这样可以使用较少数量的材料达到较高的经济效果。

三、常用吸声材料和吸声结构形式

1. 多孔吸声材料

当声波进入材料内部互相贯通的孔隙，空气分子受到摩擦和黏滞阻力，使空气产生振动，从而使声能转化为机械能，最后因摩擦而转变为热能被吸收。这类多孔材料的吸声系数，一般从低频率到高频率逐渐增大，故对中频和高频的声音吸收效果较好。材料中开放的互相连通的、细致的气孔越多，其吸声性能越好。

2. 柔性吸声材料

具有密闭气孔和一定弹性的材料，如泡沫塑料，声波引起的空气振动不易传递至其内部，只能相应地产生振动，在振动过程中由于克服材料内部的摩擦而消耗了声能，引起声波衰减。这种材料的吸声特性是在一定的频率范围内出现一个或多个吸收频率。

3. 薄板振动吸声结构

将胶合板、薄木板、纤维板、石膏板等的周边钉在墙或顶棚的龙骨上，并在背后留有空气层，即成薄板振动吸声结构。其原理是采用薄板在声波交变压力作用下振动，使板弯曲变形，将机械能转变为热能而消耗声能。该吸声结构主要吸收低频率的声波。

4. 穿孔板组合共振吸声结构

穿孔的各种材质薄板周边固定在龙骨上，并在背后设置空气层即成穿孔板组合共振吸声结构。当入射声波的频率和系统的共振频率一致时，孔板颈处的空气产生激烈振动摩擦，使声能减弱。这种吸声结构具有适合中频的吸声特性，使用普遍。

思考复习题

1. 什么是绝热材料？影响绝热材料导热性的主要因素有哪些？工程上对绝热材料有哪些要求？

2. 绝热材料的基本特征如何？常用的绝热材料品种有哪些？

3. 什么是吸声材料？其基本特征如何？

建筑材料试验

概　述

建筑材料是以生产实践和科学试验为基础的一门实践性较强的课程。因此，试验是本课程的重要环节。

建筑材料试验的任务是验证基本理论、学习试验方法、检验材料的性能以及培养学生动手能力和严谨的科学态度，同时为培养学生创新创业能力奠定基础。学生必须认真上好试验课、做好试验记录并及时写好试验报告。

本书试验内容是按照建筑材料教学大纲的要求，并依据国家最新标准编写而成的。教师可根据实际情况选用。

一个完整的试验一般遵循以下过程：

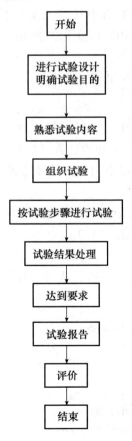

试验一　建筑材料的基本性质试验

建筑材料基本性质的试验项目较多，对于各种不同材料，测试的项目往往根据其用途与具体要求而定。通常进行的项目有以下几项：

一、密度试验

（一）试验目的

通过试验测定材料密度，计算材料孔隙率和密实度。本试验以黏土砖的密度试验为例。

（二）主要仪器设备

李氏瓶：容积为 250mL，精确至 0.1mL，见试图 1-1；

筛子：方孔，孔径为 0.9mm；

天平：感量为 0.01g；

烘箱：温度能控制在（105±5）℃；

小型球磨机、恒温水槽、干燥器、温度计等。

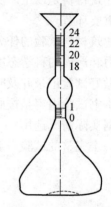

（三）试样制备

1. 将黏土砖破碎、加入小型球磨机中（或人工）磨细，预先通过 0.9mm 方孔筛后，并在（105±5）℃的烘箱中，烘至恒重；

2. 将烘干试样放入干燥器中冷却至室温待用。

试图 1-1　李氏瓶（mL）

（四）测定步骤

1. 向李氏瓶中注入与试样不发生反应的液体（水）至 0 刻度线处，置于恒温水槽中，温度控制为 20℃，恒温 30min，并记录初始读数（V_1）。

2. 用天平称取 60～90g 试样，用小勺和漏斗小心地将试样徐徐送入李氏瓶中，直至液面上升至 20mL 刻度左右为止。

3. 用瓶内液体将黏附在瓶颈和瓶壁的试样洗入瓶内液体中，轻轻摇动李氏瓶，使瓶中气泡排出，恒温 30min，记录液面刻度（V_2）。

4. 称取未注入瓶内剩余试样的质量，计算出装入瓶中试样的质量（m）。

5. 将注入试样后的李氏瓶中液面读数 V_2 减去未注前的读数 V_1，得出试样的绝对体积（V）。

（五）试验结果计算与评定

按下式计算出密度 ρ，精确至 0.01g/cm³。

$$\rho = \frac{m}{V}$$

式中　ρ——材料密度，g/cm³；

　　　m——材料在干燥状态下的质量，g；

　　　V——材料在绝对密实状态下的体积，cm³。

按规定，密度试验用两个试样平行进行，以其计算结果的算术平均值作为最后结果。但两次结果之差不应大于 $0.02 \mathrm{g/cm^3}$，否则重做。

二、表观密度试验

（一）砂的表观密度试验（容量瓶法）

1. 主要仪器设备

天平：称量为 1000g，感量为 0.1g；

容量瓶：容积为 500mL；

烘箱：温度能控制在（105 ±5）℃；

铝制料勺、温度计、搪瓷盘、干燥器等。

2. 试样制备

将试样用四分法（见砂、石试验）缩分约为 660g，装入搪瓷盘内，在温度为（105 ±5）℃的烘箱中烘干至恒重，并在干燥器中冷却至室温，分成大致相等的两份待用。

3. 测定步骤

（1）称取烘干试样 300g（m_0），精确至 0.1g。将试样装入容量瓶，注入冷开水至接近 500mL 的刻度处，倾斜摇转容量瓶，使试样在水中充分摇动，排出气泡，塞紧瓶塞，静置 24h。

（2）用滴管小心加水至瓶颈 500mL 刻度处，塞紧瓶塞，擦干瓶外水分，称取其质量（m_1），精确至 1g。

（3）倒出容量瓶中的水和试样，洗净容量瓶，再向瓶内注入与前面水温相差不超过 2℃ 的冷开水至 500mL 刻度处。塞紧瓶塞，擦干瓶外壁的水分，称取质量（m_2），精确至 1g。

4. 试验结果计算与评定

按下式计算砂的表观密度 ρ_{os}，精确至 $10 \mathrm{kg/m^3}$。

$$\rho_{os} = \left(\frac{m_0}{m_0 + m_2 - m_{1t}} - \alpha_t \right) \times \rho_w$$

其中 $\rho_w = 1000 \mathrm{kg/m^3}$。

试表 1-1 不同水温对砂（碎石或卵石）的表观密度影响的修正系数

水温（℃）	15	16	17	18	19	20	21	22	23	24	25
α_t	0.002	0.003	0.003	0.004	0.004	0.005	0.005	0.006	0.006	0.007	0.008

以两次平行试验结果的算术平均值作为测定值。当两次结果的差值大于 $20 \mathrm{kg/m^3}$ 时，应重新取样进行试验。

（二）石子表观密度试验

试验时各项称量宜在 15 ~ 25℃范围内进行。

广口瓶法（适宜于最大粒径不超过 37.5mm 的碎石或卵石）

（1）主要仪器设备

广口瓶：容积为 1000mL，磨口；

天平：称量为 2000g，感量为 0.1g；

烘箱：温度能控制在（105 ±5）℃；

筛子：方孔，孔径为 4.75mm；

搪瓷盘、温度计、玻璃片等。

（2）试样制备

按规定取样，并缩分至略大于试表 1-2 规定的数量，风干后，应筛去 4.75mm 以下的颗粒，洗刷干净后，分成大致相等的两份待用。

试表 1-2　表观密度试验所需试样数量

最大粒径（mm）	<26.5	31.5	37.5	63.0	75.0
最少试样质量（kg）	2.0	3.0	4.0	6.0	6.0

（3）测定步骤

①将试样浸水饱和后，装入广口瓶中，然后注满饮用水，用玻璃片覆盖瓶口，以上下左右摇晃的方法排除气泡。

②气泡排出后，向瓶内添加饮用水至水面凸出到瓶口边缘，然后用玻璃片沿瓶口迅速滑行，使其紧贴瓶口水面。擦干净瓶外的水分，称取总质量（m_1），精确至 1g。

③将瓶中的试样倒入搪瓷盘中，置于（105±5）℃的烘箱中烘至恒重，冷却至室温后称取试样的质量（m_0），精确至 1g。

④将瓶洗净，重新注入与前面水温相差不超过 2℃ 的饮用水，用玻璃片紧贴瓶口水面，擦干净瓶外的水分后称取质量（m_2），精确至 1g。

（4）试验结果计算与评定

按下式计算石子的表观密度 ρ_{og}，精确至 $10kg/m^3$。

$$\rho_{og} = \left(\frac{m_0}{m_0 + m_2 - m_1} - \alpha_t \right) \times \rho_w$$

其中　$\rho_w = 1000kg/m^3$，α_t 的取值可参照试表 1-1。

以两次平行试验结果的算术平均值作为测定值。当两次结果的差值大于 $20kg/m^3$ 时，应重新取样进行试验。对于颗粒材质不均匀的试样，如两次试验结果之差大于 $20kg/m^3$，可取四次试验结果的算术平均值作为测定值。

三、体积密度试验

（一）规则几何开口试样的测定（加气混凝土）

1. 主要仪器设备

游标卡尺：精度为 0.02mm；

钢直尺：精度为 0.5mm；

天平：称量为 2000g，感量为 1g；

烘箱、干燥器等。

2. 试样制备

将试样按照规定程序烘干至恒重［一般材料为（105±5）℃烘箱中烘干］，取出置于干燥器中，冷却至室温待用。

3. 测定步骤

（1）用游标卡尺测出试样尺寸。

平行六面体试样：量取 3 对平行面一个方向的中线长度，两两取平均值。

圆柱体试样：量取十字对称直径，上、中、下部位各量两次，取六次测量值的平均值；

量取十字对称方向高度，取四次测定结果的平均值。

（2）计算体积（V_0）。

（3）用天平称取试样的质量（m_0）。

4. 试验结果计算

按下式计算出体积密度 ρ_0，精确至 10kg/m^3。

$$\rho_0 = \frac{m_0}{V_0}$$

（二）不规则形状试样的测定（如卵石等）

此类材料体积密度的测定需在其表面涂蜡，封闭开口孔后，再用静水（浸水）天平法进行测定。

1. 主要仪器设备

静水（浸水）天平：由电子天平和静水力学装置组合而成，称量为 10kg，感量为 5g；

烘箱：温度能控制在（105±5）℃；

盛水容器、温度计、网篮等。

2. 试样制备

将试样在（105±5）℃的烘箱内烘干至恒重，取出放入干燥器内冷却至室温备用。

3. 测定步骤

（1）称取试样质量（m_0）。

（2）将试样表面涂蜡，待冷却后称取质量（m_1）。

（3）用静水天平称出涂蜡试样在水中的质量（m_2），（步骤与石子表观密度试验相同）。

4. 试验结果计算

按下式计算体积密度 ρ_0，精确至 10kg/m^3。

$$\rho_0 = \left(\frac{m_0}{(m_1 - m_2) - (m_1 - m_0)/\rho_L} \right) \times \rho_w$$

其中 ρ_w 为水的密度，$\rho_w = 1000\text{kg/m}^3$；$\rho_L$ 为蜡的密度，$\rho_L = 930\text{kg/m}^3$。

四、堆积密度试验

堆积密度的测定根据所测定材料的粒径不同，采用不同的方法，但原理相同。下面以砂和石子为例介绍两种堆积密度的测定方法。

（一）砂的堆积密度测定

1. 主要仪器设备

容量筒：金属制圆柱形，容积为 1L；

标准漏斗：具体尺寸见试图 1-2；

秤：称量为 5kg，感量为 5g；

烘箱：温度能控制在（105±5）℃；

方孔筛、直尺、垫棒等。

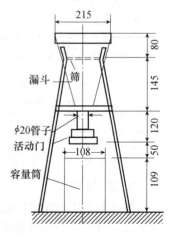

试图 1-2　标准漏斗（mm）

2. 试样制备

用四分法缩取砂样约 3L，在温度为（105±5）℃的烘箱中烘至恒重，冷却至室温后，筛除大于 4.75mm 的颗粒，分为大致相等的两份备用。

3. 测定步骤

（1）松散堆积密度

①称取容量筒质量（m_1），将容量筒置于漏斗下方，使漏斗对正中心。

②取一份试样，用料勺将试样装入漏斗中（漏斗出料口距容量筒筒口不应超过 50mm），打开活动门，使试样徐徐落入容量筒内，直至超出筒口。

③用直尺沿筒口中心线向两个相反方向刮平，称取总质量（m_2），精确至 1g。

（2）紧密堆积密度

①称取容量筒质量（m_1），取一份试样，分两次装入容量筒。

②装第一层后，在筒底放直径为 10mm 的垫棒，按住筒左右交替颠击 25 次。

③装第二层后，再将垫棒方向转 90°，同样按住筒左右交替颠击 25 次。

④加试样超过筒口中，用直尺将多余的试样沿筒口中心线向两个相反方向刮平，称取总质量（m_2），精确至 1g。

4. 试验结果计算与评定

按下列计算试样的堆积密度 ρ_0'，精确至 10kg/m^3。

$$\rho_0' = \frac{m_2 - m_1}{V_0'}$$

式中　V_0'——容量筒的容积，L。

最后结果取两个平行试样试验结果的算术平均值。

（二）石子堆积密度试验

1. 主要仪器设备

容量筒：规格见试表 1-3；

秤：称量为 100kg，感量为 100g；

烘箱、铁锹等。

试表 1-3　容量筒规格

碎石或卵石的最大公称粒径（mm）	容量筒容积（L）	容量筒尺寸（mm）		
		内径	净高	筒壁厚度
10.0，16.0，20.0，25	10	208	294	2
31.5，40.0	20	294	294	3
63.0，80.0	30	360	294	4

注：测定紧密密度时，对最大公称粒径为 31.5mm，40.0mm 的骨料，可采用 10L 的容量筒，对最大公称粒径为 63.0mm，80.0mm 的骨料，可采用 20L 容量筒。

2. 试样制备

按试表 1-3 的规定称取试样，放入浅盘，在（105±5）℃的烘箱中烘干，也可摊在清洁的地面上风干，拌匀后分成两份备用。

3. 测定步骤

（1）松散堆积密度：取一份试样，置于平整干净的地板或铁板上，用平头铁锹铲起试样，使石子自由落入容量筒内。此时，从铁锹的齐口至容量筒上口的距离应保持为 50mm 左右。装满容量筒除去凸出容器表面的颗粒，并以合适的颗粒填入凹陷部分，使表面稍凸起部分体积与凹陷部分体积大致相等。称取试样和容量筒总质量（m_2）。

（2）紧密堆积密度：取一份试样，分三层装入容量筒。装完一层后，在筒底垫放一根直径为 10mm 的垫棒，将筒按住并左右交替颠击地面各 25 下，然后装入第二层。第二层装满后，用同样方法颠实（但筒底所垫钢筋的方向应与第一层放置方向垂直），然后再装入第三层，如法颠实。待三层试样装填完毕后，加料直到试样超出容量筒筒口，用垫棒沿筒边缘滚转，刮下高出筒口的颗粒，用合适的颗粒填平凹处，使表面稍凸起部分体积与凹陷部分体积大致相等。称取试样和容量筒总质量（m_2）。

4. 试验结果计算与评定

按下式计算试样的堆积密度 ρ'_0，精确至 $10kg/m^3$。

$$\rho'_0 = \frac{m_2 - m_1}{V'_0}$$

最后结果取两个平行试样试验结果的算术平均值。

五、孔隙率、空隙率的计算

（一）按下式计算材料的孔隙率 P，精确至 1%。

$$P = \frac{V_孔}{V_0} = \frac{V_0 - V}{V_0} = \left(1 - \frac{\rho_0}{\rho}\right) \times 100\%$$

式中　P——材料的孔隙率，%；

　　　ρ——材料的密度，kg/m^3；

　　　ρ_0——材料的表观密度，kg/m^3。

（二）按下式计算材料的空隙率 ρ'，精确至 1%。

$$P' = \frac{V_k}{V'_0} = \frac{V'_0 - V_0}{V'_0} = \left(1 - \frac{\rho'_0}{\rho_0}\right) \times 100\%$$

式中　P'——材料的空隙率，%；

　　　ρ_0——材料颗粒的体积密度，kg/m^3；

　　　ρ'_0——材料的堆积密度，kg/m^3。

试验二　水泥试验

一、水泥试验的一般规定

（一）试验前的准备及注意事项

1. 水泥试样应存放在密封干燥的容器中（一般使用铁桶或塑料桶），并在容器上注明生产厂家、品种、强度等级、出厂日期、送检日期等。

2. 检测用水必须是洁净的饮用水或蒸馏水。

3. 检测前，一切检测用材料（水泥、标准砂、水等）均应与试验室温度相同，即达到

$(20 \pm 2)℃$。试验室温度和相对湿度工作期间每天至少记录一次。

4. 检测时不得使用铝制或锌制模具、钵器和匙具等。

（二）水泥取样方法

水泥取样方法有两种，一种用于出厂水泥的取样；一种用于水泥使用单位的现场取样。

1. 出厂水泥的取样按 GB/T 12573—2008《水泥取样方法》进行。

2. 水泥使用单位现场取样按下述方法进行：

水泥进场时应对其品种、级别、包装或散装仓号、出厂日期等进行检查，并应对其强度、安定性及其他必要的性能指标进行复验，其质量必须符合现行国家标准的规定。

当在使用中对水泥质量有怀疑或水泥出厂超过三个月（快硬硅酸盐水泥超过一个月）时，应进行复验，并按复验结果使用。

检查数量：按同一生产厂家、同一等级、同一品种、同一批号且连续进场的水泥，袋装不超过 200t 为一批，散装不超过 500t 为一批，每批抽样不少于一次。

取样方法按 GB 12573 进行。取样应具有代表性、可连续取，亦可从 20 个以上不同部位抽取等量样品，总量至少 12kg。检验项目包括需要对产品进行考核的全部技术要求。

二、水泥细度试验（选择性指标）

（一）试验目的

通过采用 45μm 方孔筛和 80μm 方孔筛对水泥试样进行筛析试验，用筛上筛余物的质量百分数来表示水泥的细度。规范要求矿渣硅酸盐水泥、火山灰质硅酸盐水泥、粉煤灰水泥和复合硅酸盐水泥的细度以筛余表示，其中 80μm 方孔筛筛余不大于 10%，45μm 方孔筛筛余不大于 30%。

（二）筛析法

1. 负压筛析法

（1）主要仪器设备

负压筛：由圆形筛框和筛网组成，筛网符合 GB/T 6005 R20/3 80μm，GB/T 6005 R20/3 45μm 的要求，见试图 2-1；

负压筛析仪：由筛座、负压筛、负压源及收尘器组成，其中筛座由转速为 30r/min ± 2r/min 的喷气嘴、负压表、控制板、微电机及壳体构成，见试图 2-2；

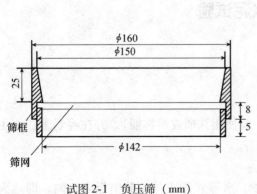

试图 2-1　负压筛（mm）

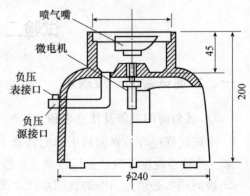

试图 2-2　负压筛析仪筛座（mm）

天平：感量为 0.01g；

料勺等。

（2）测定步骤

试验前所用的试验筛应保持清洁，负压筛和手工筛应保持干燥。试验时，80μm 筛析试验称取试样 25g，45μm 筛析试验称取试样 10g。

①筛析试验前，应把负压筛放在筛座上，盖上筛盖，接通电源，检查控制系统，调节负压为 4000～6000Pa，喷气嘴上口平面应与筛网之间保持 2～8mm 的距离。

②称取试样精确至 0.01g（W），置于洁净的负压筛中，盖上筛盖，放在筛座上，开动筛析仪连续筛析 2min，在此期间，如有试样附着在筛盖上，可轻轻敲击使其落下。筛毕，用天平称取筛余物质量（R_1）。

若工作时负压小于 4000Pa 时，应清理吸尘器内水泥，使负压恢复正常。

2. 水筛法

（1）主要仪器设备

水筛架和喷头：结构尺寸符合 JC/T 728 规定；

天平：精确至 0.01g；

烘箱：温度能控制在（105±5）℃。

（2）测定步骤

①筛析试验前，调整好水压及水筛架的位置，使其能正常运转，喷头底面和筛网之间距离为 35～75mm。

②称取试样精确至 0.01g（W），置于洁净的水筛中，立即用洁净水冲洗至大部分细粉通过后，放在水筛架上，用水压为（0.05±0.02）MPa 的喷头连续冲洗 3min。

③筛毕取下，用少量水把筛余物冲至蒸发皿中，等水泥颗粒全部沉淀后，小心倒出清水，烘干并用天平称量筛余物（R_1）。

3. 手工干筛法

（1）主要仪器设备

手工筛：方孔筛；

天平：精确至 0.01g；

料勺等。

（2）测定步骤

称取水泥试样精确至 0.01g（W），倒入筛内，一手执筛往复摇动，另一只手轻轻拍打筛子，拍打速度约为 120 次/min，其间每 40 次向同一方向转动 60°，使试样均匀分布在筛网上，直至每分钟通过量不超过 0.03g 时为止，称取筛余物质量（R_1）。

4. 试验结果计算与评定

按下式计算水泥筛余百分数 F，精确至 0.1%。

$$F = \frac{R_1}{W} \times 100$$

式中　F——水泥试样的筛余百分数，%；

　　　R_1——水泥筛余物的质量，g；

　　　W——水泥试样的质量，g；

筛析结果取两个平行试样筛余的算术平均值。两次结果之差超过 0.5% 时（当筛余大于

5.0%时可放宽至1.0%），再做试验，取两次相近结果的算术平均值。

负压筛法和水筛法或手工干筛法测定的结果发生争议时，以负压筛法为准。

三、水泥标准稠度用水量试验

（一）试验目的

水泥的标准稠度用水量，是指水泥净浆达到标准稠度时的用水量，以水占水泥质量的百分数表示。此试验可消除试验条件的差异，有利于不同水泥间的比较，为进行凝结时间和安定性试验做准备。

（二）标准法

1. 主要仪器设备

水泥净浆搅拌机：符合JC/T 729的要求。

标准法维卡仪：见试图2-3（a）所示。标准稠度测定用试杆及装水泥净浆的试模见试图2-3（b）所示。试杆有效长度为（50±1）mm，由直径为（10±0.05）mm的圆柱形耐腐蚀金属制成，滑动部分的总质量为（300±1）g；

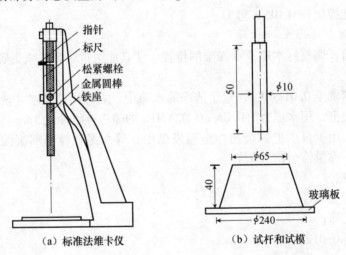

试图2-3 测定水泥标准稠度用的维卡仪及配件示意图（mm）

天平：称量为1000g，感量为1g；

量水器：最小刻度为0.1mL，精度为1%；

小刀、料勺等。

2. 测定步骤

标准稠度用水量可用调整水量和不变水量两种方法中任一种测定，如发生争议时，以前者为准。

试验前需检查维卡仪的滑动杆能否自由滑动，调整至试杆接触玻璃板时指针应对准零点，净浆搅拌机能正常运行。

（1）用湿布擦抹水泥净浆搅拌机的锅内壁和叶片，将拌合水倒入搅拌锅内，然后在5～10s内小心将称好的500g水泥加入水中，防止水泥和水溅出；拌合时先将搅拌锅放到搅拌机锅座上，升至搅拌位置，启动搅拌机，慢速搅拌120s，停15s，同时将叶片和锅壁上的水泥浆刮入锅中，接着快速搅拌120s停机。

（2）拌合完毕后，立即取适量水泥净浆一次性装入已置于玻璃底板上试模内，浆体超过试模上端，用宽约25mm的直边刀轻轻拍打超出试模部分的浆体5次以排除浆体中的孔隙，然后在试模上表面约1/3处，略倾斜于试模分别向外轻轻锯掉多余净浆，再从试模边沿轻抹顶部一次，使净浆表面光滑。在锯掉多余净浆和抹平的操作时，注意不要压实净浆；抹平后迅速将试模和底板移到维卡仪底座上，并将其中心定在试杆下，降低试杆直至与水泥净浆表面接触，拧紧螺丝1～2s后，突然放松，使试杆垂直自由地沉入水泥净浆中。在试杆停止沉入或释放试杆30s时记录试杆距底板之间的距离，升起试杆后，立即擦净；整个操作应在搅拌后1.5min内完成。

（3）以试杆沉入净浆距底板（6±1）mm的水泥净浆为标准稠度净浆，其拌合水量为该水泥的标准稠度用水量（P），按水泥质量的百分比计。

3. 试验结果的计算与确定

按下式计算水泥标准稠度用水量P，精确至0.1%。

$$P = \frac{m_w}{m_c} \times 100\%$$

四、水泥凝结时间测定

（一）试验目的

水泥凝结时间是重要的技术性质之一。通过测定水泥的凝结时间，评定水泥的凝结硬化性能，判定是否达到标准要求。

（二）主要仪器设备

测定凝结时间用维卡仪：见试图2-3（a）所示。测定凝结时间时取下试杆，用试针替换。试针由钢制成，其有效长度初凝试针为（50±1）mm、终凝试针为（30±1）mm，直径为（1.13±0.05）mm；滑动部分的总质量为（300±1）g。终凝针上有一直径为5mm的圆台体；试模为截顶圆锥体，见试图2-4（c）；

水泥净浆搅拌机、天平等。

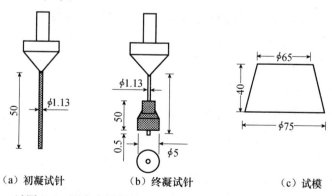

（a）初凝试针　　（b）终凝试针　　（c）试模

试图2-4　测定水泥凝结时间用维卡仪配件示意图（mm）

（三）测定步骤

试验前，将圆模放在玻璃板上，在模内侧稍涂一层机油；调整试针接触玻璃板时，将指针对准零点。

1. 将标准稠度水泥净浆装入圆模内，振动数次后刮平，放入标准养护箱内，记录水泥全部加入水中的时间作为凝结时间的起始时间。

2. 凝结时间测定

（1）初凝时间：在加水后 30min 时进行第一次测定。测定时，从养护箱内取出试模，放到初凝试针下，使试针与净浆面接触，拧紧螺丝 1~2s 后，突然放松，试针垂直自由地沉入净浆，记录试针停止下沉或释放试针 30s 时指针的读数。临近初凝时间时每隔 5min（或更短时间）测定一次，当试针下沉至距底板（4±1）mm 时，为水泥达到初凝状态。

（2）终凝时间：测定时，试针更换成终凝试针。完成初凝时间测定后，立即将试模与浆体以平移的方式从玻璃板取下，翻转 180°，直径大端向上，小端向下放在玻璃板上，再放入湿气养护箱中继续养护。临近终凝时间时，每隔 15min（或更短时间）测定一次，当试针沉入试体 0.5mm 时，即环形附件开始不能在试体上留下痕迹时，为水泥达到终凝状态。

（四）试验结果的计算与评定

1. 初凝时间：自水泥全部加入水中时起，至初凝试针沉入净浆中距离底板（4±1）mm 时所需的时间，用 min 来表示。

2. 终凝时间：自水泥全部加入水中时起，至终凝试针沉入净浆中 0.5mm，且不留环形痕迹时所需的时间，用 min 来表示。

3. 当第一次到达初凝时应立即重复测一次，当两次结论相同时才能确定到达初凝状态；到达终凝时，需要在试体另外两个不同点测试，确认结论相同才能确定到达终凝状态。

五、安定性试验

安定性试验方法有雷氏法（标准法）和试饼法（代用法），当试验结果有争议时以雷氏夹法为准。

（一）试验目的

通过试验测定水泥硬化后体积变化的均匀性，以控制因安定性不良引起的工程质量事故。

（二）主要仪器设备

沸煮箱：符合 JC/T 955 的要求。

雷氏夹膨胀测定仪及雷氏夹：其结构见试图 2-5（a）和（b）；

天平：最大称量不小于 1000g，感量不大于 1g；

量水器：精度 ±0.5mL；

水泥净浆搅拌机、湿气养护箱、玻璃板等。

（三）雷氏法（标准法）

雷氏法则是通过测定水泥标准稠度净浆试件在雷氏夹中沸煮后试针的相对位移表征其体积膨胀的程度。

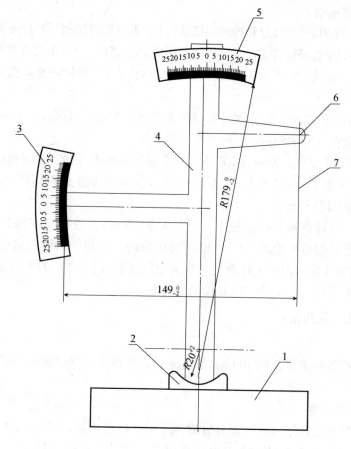

（a）雷氏夹膨胀测定仪

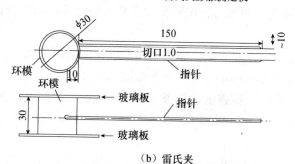

（b）雷氏夹

试图 2-5　雷氏夹膨胀测定仪及雷氏夹（mm）

1—底座；2—模子座；3—测弹性标尺；4—立柱；5—测膨胀值标尺；6—悬臂；7—悬丝

1. 试验准备

①雷氏夹检验：检查雷氏夹是否符合要求。将一根指针的根部先悬挂一根金属丝或尼龙丝，另一根指针的根部再挂上 300g 质量的砝码，两根指针的针尖距离增加应在（17.5 ± 2.5）mm 范围以内。当去掉砝码后针尖的距离能恢复至挂砝码前的状态。

②每个试样需成型两个试件，每个雷氏夹需配备两个边长或直径约 80mm、厚度 4～5mm 的玻璃板，凡与净浆接触的玻璃板和雷氏夹内表面都要稍稍涂上一层矿物油。

209

2. 雷氏夹试件成型

将预先准备好的雷氏夹放在已稍擦油的玻璃板上，并立即将已制好的标准稠度净浆一次装满雷氏夹，装浆时一只手轻轻扶持雷氏夹，另一只手用宽约25mm的直边刀在浆体表面轻轻插捣3次，然后抹平，盖上稍涂油的玻璃板，接着立即将试件移至湿气养护箱内养护（24±2）h。

3. 沸煮

①调整沸煮箱内的水位，使能保证在整个沸煮过程中都超过试件，不需中途添补试验用水，同时又能保证在（30±5）min内加热至沸腾。

②脱去玻璃板取下试件，先测量雷氏夹指针尖端间的距离（A），精确到0.5mm，接着将试件放入沸煮箱水中篦板上，针尖朝上，然后在（30±5）min内加热至沸腾并恒沸（180±5）min。

4. 试验结果的计算与评定

沸煮结束后，立即放掉箱中的热水，打开箱盖，待箱体冷却至室温，取出试件进行判别。测量雷氏夹指针尖端的距离（C），精确到0.5mm，当两个试件煮后增加距离的平均值不大于5.0mm时即认为水泥安定性合格；当两个试件的（$C-A$）的平均值大于4.0mm时，应用同一样品立即重做一次实验。以复检结果为准。

（四）试饼法（代用法）

1. 试验准备

每个样品需准备两块边长约100mm的玻璃板，凡与水泥净浆接触的玻璃板都需稍稍涂上一层矿物油。

2. 试饼的试件成型

将制好的标准稠度净浆取出一部分分成两等份，使之成球形，放在涂过油的玻璃板上，轻轻振动玻璃板并用湿布擦过的小刀由边缘向中央抹动，做成直径70~80mm、中心厚约10mm、边缘渐薄，表面光滑的试饼，接着将试饼放入湿气养护箱内养护（24±2）h。

3. 沸煮

①调整沸煮箱内的水位，使能保证在整个沸煮过程中都超过试件，不需中途添补试验用水，同时又能保证在（30±5）min内加热至沸腾箱内的水位。

②脱去玻璃板取下试件，检查试饼是否完整，在试饼无缺陷的情况下，将试饼置于沸煮箱内水中的篦板上，在（30±5）min内加热至沸并恒沸（180±5）min。

4. 试验结果评定

沸煮完成，立即放掉箱中的热水，打开箱盖，待箱体冷却至室温，取出试件进行判别。目测试饼未发现裂缝，用钢直尺检查也没有弯曲（使钢直尺和试饼底部紧靠，以两者间不透光为不弯曲）的试饼为安定性合格，反之为不合格。当两个试饼判别结果有争议时，该水泥的安定性为不合格。

六、水泥胶砂强度检验方法（ISO法）

（一）试验目的

采用40mm×40mm×160mm棱柱试体测试水泥胶砂在一定龄期时的抗折强度和抗压强度，从而确定或检验水泥的强度等级。

（二）主要仪器设备

水泥胶砂搅拌机：行星式，符合 JC/T 681 要求，见试图 2-6；

试模：由三个 40mm×40mm×160mm 模槽组成，其材质和尺寸符合 JC/T 726 要求，见试图 2-7；

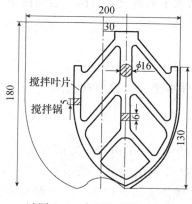

试图 2-6　水泥胶砂搅拌机

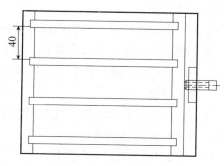

试图 2-7　水泥胶砂试模

抗折夹具：应符合 JC/T 724 要求，见试图 2-8（a）；抗压夹具：应符合 JC/T 683 的要求，见试图 2-8（b）；

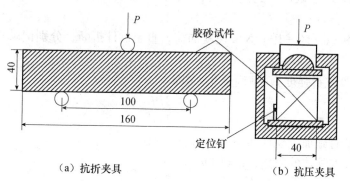

（a）抗折夹具　　　　　　　　　（b）抗压夹具

试图 2-8　抗折和抗压夹具示意图（mm）

抗压强度试验机：最大工作荷载为 200～300kN，精度为 1%；

胶砂振实台、模套、刮平直尺等。

（三）测定步骤

1. 试验准备

（1）将试模擦净，紧密装配，内壁均匀刷一层薄机油。

（2）每成型三条试件需称量水泥（450±2）g，标准砂（1350±5）g，拌合用水量为（225±1）g，水胶比为 0.5。

2. 试件成型

（1）把拌合水加入锅内，再加入水泥，把锅旋紧升至固定位置立即开动机器。低速搅拌 30s 后，在第二个 30s 开始的同时均匀地将标准砂加入，再高速搅拌 30s，停拌 90s，在停拌的第一个 15s 内将叶片和锅壁上的胶砂刮到锅内，再高速搅拌 60s 停机。

211

（2）把试模和模套固定在振实台上，搅拌锅内的胶砂分两层装入试模，装第一层时，每槽约放 300g 胶砂，用大播料器垂直架在模套顶部沿每个模槽来回一次将料层播平，接着振实 60 次，再装入第二层胶砂，用小播料器播平，再振实 60 次。移走模套，取下试模。

（3）用一个金属直尺以近似 90° 的角度从试模一端沿长度方向以横向锯割动作慢慢向另一端移动，刮去超过试模部分的胶砂。并用直尺以近似水平的情况下将试体表面抹平。在试模上作标记或加字条标明试件编号。

3. 试件养护

（1）将试模水平放入养护箱或养护室内，养护 20～24h 后，取出脱模。

（2）脱模后立即放入水中养护。将做好的标记试件水平或竖直放在（20±1）℃水中养护，水平放置时刮平面应朝上。养护至规定龄期。

4. 强度试验

（1）试件龄期从水泥加水搅拌开始试验时算起。龄期为 3d 和 28d 的试件必须在 3d ± 45min，28d ± 2h 内分别进行强度测定。任何到龄期的试件应在试验（破型）前 15min 从水中取出（除 24h 龄期或延迟至 48h 脱模的试件）。揩去试件表面沉积物，并用湿布覆盖至试验为止。

（2）抗折强度试验

①每龄期取出 3 个试件，先进行抗折试验，以试件侧面与圆柱接触方向放入抗折夹具中。

②开动抗折机以（50±10）N/s 速度加荷，直至试件折断，分别记录三个试件的破坏荷载 P。

③按下式计算抗折强度 f，精确至 0.1MPa。

$$f = \frac{3PL}{2bh^2}$$

式中　P——折断时施加于棱柱体中部的荷载，N；

　　　L——支撑圆柱体的距离，$L = 100mm$；

　　b、h——试件断面宽及高均为 40mm。

④抗折强度结果取 3 个试件抗折强度的算术平均值，精确至 0.1MPa。当 3 个强度值中有一个超出平均值 ±10% 时，应予剔除，取其余两个的平均值作为抗折强度试验结果。如有两个试件的测定结果超过平均值的 ±10% 时，应重做试验。

（3）抗压强度试验

①取抗折试验后的 6 个半截棱柱体进行抗压试验，抗压强度测定采用抗压夹具，试件受压面积为 40mm × 40mm，试件放入夹具之前应清除试体表面与加压板间的砂粒或杂物。试验时以试体的侧面作为受压面。

②开动试验机，以（2400±200）N/s 的速率均匀加荷至破坏。分别记录破坏荷载 $P(N)$。

③按下式计算抗压强度，精确至 0.1MPa。

$$f = \frac{P}{A}$$

式中　P——试件破坏荷载，N；

　　　A——受压面积，即 40mm × 40mm。

④抗压强度结果取 6 个棱柱体试件的抗压强度的算术平均值，精确至 0.1MPa。如 6 个测定结果中有一个超出 6 个平均值的 ±10% 时，应剔除这个结果，以剩下 5 个平均值作为结果。如果 5 个测定结果中再有超过它们的平均值的 ±10% 的，则此组结果作废。

试验三　砂、石试验

试验内容有典型的砂、石性能指标试验，主要包括砂的筛分析、含泥量、含水率试验，石子的筛分析以及石子的针、片状颗粒的总含量及压碎指标试验。

一、砂试验

（一）取样方法与检验规则

1. 砂的取样

在料堆上取样时，铲除表层后从料堆不同部位均匀取 8 份砂；从皮带运输机上取样时，应用接料器在出料处定时抽取大致等量的 4 份砂；从火车、汽车和货船上取样时，从不同部位和深度抽取大致等量的 8 份砂。分别组成一组样品。

2. 试样处理

除堆积密度、人工砂坚固性检验所用试样不经缩分，在拌匀后直接进行试验外，其他试验用试样须经处理，方法如下：

（1）分料器法：将样品在潮湿状态下拌合均匀，然后通过分料器，取接料斗的其中一份再次通过分料器，重复上述过程，直至把样品缩分到试验所需量为止。

（2）人工四分法：将所取砂样置于平板上，在潮湿状态下拌匀后摊成厚度约 20mm 的圆饼，在其上划十字线，分成大致相等的四份，取其对角线的两份混合后，再按同样的方法持续进行，直至缩分后的材料量略大于试验所需的数量为止。

3. 检验规则

砂检验项目主要有颗粒级配、表观密度、堆积密度、空隙率、含泥量、石粉含量和泥块含量、坚固性、碱-骨料反应和有害物质。经检验后，其结果符合标准规定的相应要求时，可判为该产品合格，若其中一项不符合，则应从同一批产品中加倍抽样对该项进行复检，复检后指标符合标准要求时，可判该类产品合格，仍不符合要求时，则该批产品不合格。

（二）砂的筛分析试验

1. 试验目的

通过试验测定砂在各号筛上的筛余量，计算出各号筛的累计筛余百分率和砂的细度模数，评定砂的颗粒级配和粗细程度。

2. 主要仪器设备

标准筛：方孔筛，筛孔边长为 9.5mm、4.75mm、2.36mm、1.18mm、0.60mm、0.30mm、0.15mm 并附有筛底及筛盖；

天平：称量为 1000g，感量为 0.1g；

烘箱：温度能控制在 （105±5）℃；

摇筛机、搪瓷盘、毛刷等。

3. 试样制备

将缩取约1100g的试样，置于（105±5）℃的烘箱中烘至恒重，冷却至室温后先筛除大于9.5mm的颗粒，计算筛余，再分为大致相等的两份备用。

4. 测定步骤

（1）准确称取试样500g(特细砂可称量250g)，精确至0.1g；

（2）将试样倒入按孔径从大到小顺序排列、有筛底的套筛上。将套筛置于摇筛机上，筛分10min；

（3）取下套筛，按孔径大小顺序再逐个用手筛，筛至每分钟通过量不超过试样总量的0.1%时为止，通过的颗粒并入下一号筛内一起筛分。依次进行直至各号筛全部筛完为止。

（4）称取各号筛的筛余量，精确至0.1g。试样在各号筛上的筛余量均不得超过下式的量：

$$G = \frac{A \times d^{1/2}}{200}$$

式中　G——在一个筛上的筛余量，g；

　　　A——筛面面积，mm^2；

　　　D——筛孔尺寸，mm。

筛余量若超过计算值应按下列方法之一处理。

①将该粒级试样分成少于按上式计算出的量，分别筛分，并以筛余量之和作为该号筛的筛余量。

②将该粒级及以下各粒级的筛余混合均匀，称出质量，精确至0.1g；以四分法分为大致相等的两份，取一份称其质量并进行筛分。计算该粒级及以下各粒级的分计筛余量时，应根据缩分比例进行修正。

（5）称取各号筛的筛余量，精确至0.1g。分计筛余量和底盘中剩余质量的总和与筛分前的试样总质量之比，其差值不得大于1%。

5. 试验结果计算与评定

（1）计算分计筛余百分率——以各号筛的筛余量占筛分试样总质量的百分率表示，精确至0.1%；

（2）计算累计筛余百分率——该号筛的分计筛余百分率与大于该号筛的分计筛余百分率之和，精确至0.1%。

（3）粗细程度确定

按下式计算细度模数 M_x，精确至0.01。

$$M_x = \frac{(A_2 + A_3 + A_4 + A_5 + A_6) - 5A_1}{100 - A_1}$$

式中　A_1、A_2、A_3、A_4、A_5、A_6——4.75mm、2.36mm、1.18mm、0.60mm、0.30mm、
　　　　　　　　　　　　　　　0.15mm孔径筛的累计筛余百分率。

测定结果取两次平行试验结果的算术平均值，精确至0.1；两次所得的细度模数之差不应大于0.2，否则重做。

根据细度模数的大小来确定砂的粗细程度。

（4）级配的评定——累计筛余百分率取两次试验结果的平均值，绘制筛孔尺寸——累

计筛余率曲线，或对照规定的级配区范围，判定是否符合级配区要求。

注：除4.75mm和0.63mm筛孔外，其他各号筛的累计筛余百分率允许略有超出，但超出总量不应大于5%。

（三）砂的含泥量测定

1. 试验目的

通过试验测定砂中含泥量，评定砂是否达到技术要求，能否用于指定工程中。

2. 主要仪器设备

试验筛：筛孔公称直径为80μm及1.25mm的方孔筛各一个；

天平：称量为1000g，感量1g；

烘箱：温度能控制在（105±5）℃；

淘洗容器（深度大于250mm）、搪瓷盘、毛刷等。

3. 试样制备

将试样缩分至约1100g，置于温度为（105±5）℃的烘箱内烘至恒重，冷却至室温后，称取各为500g（m_0）试样两份备用。

4. 测定步骤

（1）取烘干试样一份置于容器中，注入饮用水，使水面高出试样面约150mm，充分搅拌均匀后浸泡2h。然后用手在水中淘洗，使尘屑、黏土及淤泥与砂粒分离，并使之悬浮或溶于水中，缓缓地将浑浊液倒入公称直径为1.25mm、80μm的方孔筛（1.25mm筛放置在上面），滤去小于80μm的颗粒。试验前筛子的两面应先用水润湿，在整个试验过程中应注意避免砂粒丢失。

（2）再向容器内注入清水，重复上述操作，直到容器内的水清澈为止。

（3）用水淋洗剩余在筛上的细粒，并将80μm筛放在水中（使水面略高出筛中砂粒的上表面）来回摇动，以充分洗掉小于80μm的颗粒。然后将两只筛的筛余颗粒和清洗容器中已经洗净的试样一并倒入搪瓷盘，放入温度为（105±5）℃的烘箱中烘干至恒重，待冷却至室温后称取其质量（m_1）。

5. 试验结果计算与评定

按下式计算砂的含泥量 ω_c，精确至0.1%。

$$\omega_c = \frac{m_0 - m_1}{m_0} \times 100\%$$

式中　m_0——试验前的烘干试样质量，g；

　　　m_1——试验后的烘干试样质量，g

以两个试样试验结果的算术平均值作为测定结果。两次结果之差大于0.5%时，应重新取样进行试验。

（四）砂的含水率试验

1. 试验目的

通过试验测定砂的含水率，计算混凝土的施工配合比，确保混凝土配合比的准确性。

2. 主要仪器设备

天平：称量为1000g，感量0.1g；

烘箱：温度能控制在（105±5）℃；

容器、毛刷等。

3. 试样制备

将自然潮湿状态下的砂用四分法缩分约1100g试样，拌匀后分为大致相等的两份备用。

4. 试验方法及步骤

由密封的样品中取各重500g的试样两份，分别放入已知质量的干燥容器（m_1）中称重，记下每盘试样与容器的总质量（m_2）。将容器连同试样放入温度为（105±5）℃的烘箱中烘至恒重，待试样冷却至室温，称量烘干后的试样与容器的总质量（m_3）。

5. 试验结果计算与评定

按下式计算砂的含水率 W_{wc}，精确至0.1%。

$$W_{wc} = \frac{m_2 - m_3}{m_3 - m_1} \times 100\%$$

式中　W_{wc}——砂的含水率，%；

　　　m_1——容器质量，g；

　　　m_2——未烘干的试样与容器的总质量，g；

　　　m_3——烘干后的试样与容器的总质量，g。

以两次试验结果的算术平均值作为测定值。

二、石子试验

（一）取样方法与检验规则

1. 石子的取样

在料堆取样时，铲除表层后从料堆不同部位均匀取大致相等的16份石子；从皮带运输机上取样时，用接料器在出料处抽取大致相等的8份石子；从火车、汽车及货船上取样时，应从不同部位和深度抽取大致等量的16份石子。分别组成一组样品。

2. 四分法缩取试样

将石子试样在自然状态下拌匀后堆成锥体，在其上划十字线，分成大致相等的四份，取其中对角线的两份拌匀后，再按同样的方法持续进行，直至缩分后的材料量略大于试验用量为止。

3. 检验规则

石子检验项目主要有颗粒级配、表观密度、堆积密度、空隙率、含泥量和泥块含量、针片状颗粒总含量、坚固性、强度、压碎指标、碱-骨料反应和有害物质等。经检验后，其结果符合规定的相应要求时，判定该产品合格，若一项指标不符合，则从同一批样品中加倍抽样对该项复检，复检后符合要求时，判定该类产品合格，仍不符合要求时，则该批产品不合格。

（二）石子的筛分析试验

1. 试验目的

通过石子的筛分析试验，可测定石子的颗粒级配，为其在混凝土中使用和混凝土配合比设计提供依据。

2. 主要仪器设备

试验筛：方孔筛，筛孔公称直径为 2.50mm、5.00mm、10.0mm、16.0mm、20.0mm、25.0mm、31.5mm、40.0mm、50.0mm、63.0mm、80.0mm 和 100.0mm，并附有筛底和筛盖；

烘箱：温度能控制在（105±5）℃；

台秤：称量为 10kg，感量为 1g；

搪瓷盆等。

3. 试样制备

按规定方法取样，并将试样用四分法缩取略大于试表 3-1 规定的质量，烘干或风干后备用。

试表 3-1　石子筛分析需试样的最少质量

公称粒径（mm）	10.0	16.0	20.0	25.0	31.5	40.0	63.0	80.0
试样质量不少于（kg）	2.0	3.2	4.0	5.0	6.3	8.0	12.6	16.0

4. 测定步骤

（1）按试表 3-1 规定称取烘干或风干试样；

（2）将试验筛按孔径大小顺序过筛，当每只筛上的筛余层厚度大于试样的最大粒径值时，应将该筛上的筛余试样分成两份，再次进行筛分，直至各筛每分钟的通过量小于试样总量的 0.1%；

注：当筛余试样的颗粒粒径比公称粒径大 20mm 以上时，在筛分过程中，允许用手拨动颗粒。

（3）称取各筛的筛余量，精确至试样总质量的 0.1%。各筛的分计筛余量和筛底剩余的总和与筛分前测定的试样总量相比，其相差不得超过 1%。

5. 试验结果的计算与评定

（1）计算分计筛余——以各筛的筛余量除以试样总质量的百分率表示，精确至 0.1%。

（2）计算累计筛余——该筛的分计筛余与大于该筛的分计筛余百分率之和，精确至 1%。

（3）颗粒级配的评定——根据各筛上的累计筛余百分率是否满足规定的粗骨料颗粒级配范围要求。

（三）碎（卵）石含水率试验

1. 试验目的

通过试验测定碎石或卵石的含水率，计算混凝土的施工配合比，确保混凝土配合比的准确性。

2. 主要仪器设备

秤：称量 20kg，感量 20g；

烘箱：温度能控制在（105±5）℃；

容器等。

3. 测定步骤

（1）按试表 3-2 要求准确称取试样的质量，分成两份备用。

试表 3-2　碎（卵）石含水率试验所需试样质量

公称粒径（mm）	10.0	16.0	20.0	25.0	31.5	40.0	63.0	80.0
试样质量不少于（kg）	2.0	2.0	2.0	2.0	3.0	3.0	4.0	6.0

（2）将试样放入干净的容器中，称取试样和容器的总质量（m_1），并置于(105 ± 5)℃的烘箱中烘至恒重；

（3）取出试样，冷却后称取试样与容器的总质量（m_2），并称取容器的质量（m_3）。

4. 试验结果计算与评定

按下式计算碎（卵）石的含水率 W_{wc}，精确至 0.1%。

$$W_{wc} = \frac{m_1 - m_2}{m_2 - m_3} \times 100\%$$

式中　W_{wc}——含水率，%；

　　　m_1——烘干前试样与容器总质量，g；

　　　m_2——烘干后试样与容器的总质量，g；

　　　m_3——容器的总质量，g。

以两次试验结果的算术平均值作为测定值，精确至 0.1%。

（四）石子的针、片状颗粒的总含量试验

1. 试验目的

通过石子的针、片状颗粒总含量试验，可评价石子的质量，为其在混凝土中使用提供依据。试验方法有规准仪法（适用于公称粒径小于 40.0mm 的颗粒）和卡尺法（适用于公称粒径大于 40.0mm 的颗粒）。

2. 主要仪器设备

规准仪：针状规准仪见试图 3-1，片状规准仪见试图 3-2；

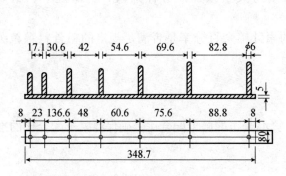

试图 3-1　针状规准仪（mm）

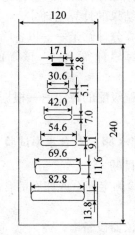

试图 3-2　片状规准仪（mm）

试验筛：方孔，筛孔公称直径分别为 5.00mm、10.0mm、20.0mm、25.0mm、31.5mm、40.0mm、63.0mm 和 80.0mm 的筛各一只，根据需要选用；

天平和秤：天平的称量 2kg，感量 2g；秤的称量 20 kg，感量 20g；

游标卡尺等。

3. 试样制备

将试样在室内风干至表面干燥，并缩分至试表 3-3 规定的量，称量（m_0），然后筛分成试表 3-4 所规定的粒级备用。

218

试表 3-3　针、片状颗粒的总含量试验所需试样的最少质量

最大公称粒径（mm）	10.0	16.0	20.0	25.0	31.5	≥40.0
试样最少质量（kg）	0.3	1.0	2.0	3.0	5.0	10.0

试表 3-4　针、片状颗粒的总含量试验的粒级划分及规准仪要求

公称粒级（mm）	5.0～10.0	10.0～16.0	16.0～20.0	20.0～25.0	25.0～31.5	31.5～40.0
片状规准仪相对应的孔宽（mm）	2.8	5.1	7.0	9.1	11.6	13.8
针状规准仪相对应的间距（mm）	17.1	30.6	42.0	54.6	69.6	82.8

4. 测定步骤

（1）按试表 3-4、试表 3-5 规定的粒级用规准仪或卡尺对石子逐粒进行检验，

试表 3-5　针、片状颗粒的总含量试验的粒级划分及卡尺卡口要求

公称粒级（mm）	40.0～63.0	63.0～80.0
片状颗粒的卡口宽度（mm）	18.1	27.6
针状颗粒的卡口宽度（mm）	108.6	165.6

凡颗粒长度大于针状规准仪对应间距或大于针状颗粒的卡尺卡口设定宽度的，为针状颗粒；凡厚度小于片状规准仪对应孔宽或小于片状颗粒的卡尺卡口设定宽度的，为片状颗粒。

（2）称取由各粒级挑出的针、片状颗粒总质量（m_1），精确至1g。

5. 试验结果计算与评定

按下式计算石子的针、片状颗粒的总含量 Q_c，精确至1%。

$$Q_c = \frac{m_1}{m_2} \times 100\%$$

（五）石子的压碎指标值试验

1. 主要仪器设备

压力试验机：量程为300kN，精度为2%；

压碎值测定仪：具体见试图 3-3；

秤：称量为5kg，感量5g；

天平：称量为1kg，感量1g；

试验筛（筛孔公称直径为 10.0mm 和 20.0mm 各一只）、φ10mm 钢筋、容器等。

2. 测定步骤

（1）将风干试样筛除大于 20.0mm 及小于 10.0mm 的颗粒，并除去针、片状颗粒。

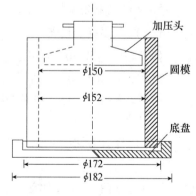

试图 3-3　压碎值测定仪（mm）

（2）称取每份 3000g 的试样三份备用，精确至1g。

（3）取一份试样分两层装入圆模，每装完一层试样后，在底盘下垫φ10mm 的钢筋，将筒按住，左右交替颠击地面各 25 次。第二层颠实后，试样表面距盘底的高度应控制为 100mm 左右。

（4）整平模内试样表面，装上加压头，放在压力机上在 160～300s 内均匀地加荷载至

200kN，稳定 5s，然后卸载。

（5）倒出模内的试样并称其质量（m_0），用公称直径为 2.50mm 的方孔筛筛除被压碎的细粒，称出剩留在筛上的试样质量（m_1）。

3. 试验结果计算与评定

按下式计算压碎值指标，精确至 0.1%。

压碎指标测定值取三个平行试样试验结果的算术平均值，精确至 1%。

试验四　混凝土试验

一、混凝土拌合物试验室拌合方法

（一）试验目的

学会普通混凝土拌合物的拌制方法，加强对混凝土配合比设计的实践性认识，为测定混凝土拌合物以及硬化后混凝土性能做准备。

（二）一般规定

1. 拌制混凝土环境条件：室内的温度应保持在（20±5）℃，所用材料的温度应与试验室温度保持一致。当需要模拟施工条件下所用的混凝土时，所用原材料的温度应与施工现场保持一致，且搅拌方式宜与施工条件相同。

2. 砂、石材料：若采用干燥状态的砂、石，则砂的含水率应小于 0.5%，石的含水率应小于 0.2%。若采用饱和面干状态的砂、石，则应进行相应修正。

3. 搅拌机最小搅拌量：当骨料最大粒径小于 31.5mm 时，拌制量为 15L，最大粒径为 40.0mm 时为 25L。采用机械搅拌时，搅拌量不应小于搅拌机额定搅拌容量的 1/4。

4. 原材料的称量精度：骨料为 ±1%，水、水泥、外加剂为 ±0.5%。

5. 从试样制备完毕到开始做拌合物各项性能试验不宜超过 5min。

（三）主要仪器设备

搅拌机：容积 30 ～ 100L，转速为 18 ～ 22r/min；

台秤：称量 10kg，感量 5g；

磅秤：称量 100kg，感量 50g；

拌合钢板、拌铲等。

（四）拌合方法

1. 人工拌合法

（1）按试验室配合比备料，称取各材料用量。

（2）将拌板和拌铲用湿布润湿后，将砂、水泥倒入拌板上，用拌铲翻拌，反复翻拌混合至颜色均匀，再放入称好的粗骨料与之拌合，继续翻拌，直到混合均匀。

（3）将干拌的混合物堆成长条锥形，在中间作一凹槽，倒入称量好的一半水，然后翻拌并徐徐加入剩余的水，边翻拌边用铲在混合物上铲切，直至混合物均匀，无色差。

（4）拌合过程力求动作敏捷，拌合时间从开始加水算起：拌合物体积为 30L 以下时，拌 4 ～ 5min；拌合物体积为 30 ～ 50L 时，拌 5 ～ 9min；拌合物体积超过 50L 时，拌 9 ～ 12min，

220

应特别注意拌合物的均匀性。

2. 机械搅拌法

（1）按试验室配合比备料，称取各材料用量。

（2）搅拌前应按配合比要求的水泥、砂和水及少量石子，在搅拌机中涮膛，倒去多余砂浆，防止正式拌合时水泥浆挂失而影响混凝土配合比。

（3）将称好的石子、水泥、砂依次倒入搅拌机内，干拌均匀，再将水徐徐倒入，全部加料时间不超过1min。

（4）加水完成后继续拌合2min。

（5）将拌合物从搅拌机中卸出，倾倒在拌板上，再经人工拌合1～2min，即可做拌合物的各项性能试验或成型试件。

（6）从开始加水算起，全部操作（包括稠度测定和试件成型等）必须在30min内完成。

二、混凝土拌合物的和易性试验

（一）试验目的

通过和易性试验，可以判定混凝土拌合物的工作性即在工程应用中的适宜性，也是混凝土配合比调整的基础。

（二）坍落度测定

适合于坍落度值不小于10mm，骨料的最大粒径不大于40mm的混凝土拌合物的稠度测定。

1. 主要仪器设备

坍落度筒：由薄钢板制成的截头圆锥筒，其形状、尺寸见试图4-1；

金属捣棒：长度600mm，直径16mm，端部磨圆呈弹头形，见试图4-1；

钢尺和直尺：300～500mm，最小刻度1mm；

铁板、小铲、抹刀等。

2. 测定步骤

（1）测定前，将坍落度筒内壁及其他工具用湿布润湿，并把筒放在拌板上，筒顶部加装料漏斗，两脚踩住筒两边的踏板，使其在装料时保持位置固定。

（2）将按要求拌制的混凝土拌合物用小铲分三层均匀地装入筒内，使捣实后每层高度为筒高的1/3，每层用捣棒插捣25次，插捣时应沿螺旋方向由外向内进行，各插捣点均应在截面上均匀分布。插捣底层时应贯穿整个深度，插捣第二层与顶层时，捣棒应穿透本层至下层的表面。插捣顶层时，应随时添加混凝土使其不低于筒口。顶层插捣完毕，刮去多余的混凝土，并用抹刀抹平。

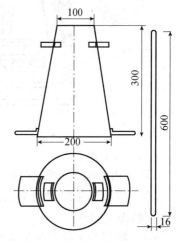

试图4-1 坍落度筒及捣棒（mm）

（3）清除筒边拌板上的混凝土，在5～10s内垂直平稳地提起坍落度筒。从开始装料至提起坍落度筒的整个过程应不间断地进行，并应在150s内完成。

（4）用两钢尺测量筒高与坍落后混凝土试体最高点之间的高度差，即为该混凝土拌合物的坍落度值（以 mm 为单位，精确至 1mm）。

3. 试验结果评定

坍落度筒提起时，如果混凝土发生崩坍或一边剪切破坏的现象，则应重新取样测定，如第二次试验仍出现上述现象，则表示该混凝土和易性不好，应予以记录备查。

（三）黏聚性和保水性试验

测定坍落度后，观察混凝土拌合物的下列性质，并记录：

1. 黏聚性

用捣棒在已坍落的混凝土拌合物锥体侧面轻轻敲打，如果锥体逐渐下沉，表示黏聚性良好；如果锥体坍塌、部分崩裂或出现离析现象，表示黏聚性不好。

2. 保水性

坍落度筒提起后，如果有较多的稀浆从底部析出，锥体部分的拌合物也因失浆而骨料外露，则保水性不好；如无稀浆或只有少量稀浆从底部析出，表明保水性良好。

（四）维勃稠度试验

维勃稠度法适用于干硬性混凝土，骨料最大粒径不超过 40mm，维勃稠度值在 5～30s 的混凝土拌合物稠度测定。

1. 主要仪器设备

维勃稠度仪：振动频率为（50±3）Hz，装有空容器时台面的振幅为（0.5±0.1）mm，见试图 4-2；

捣棒、小铲、秒表等。

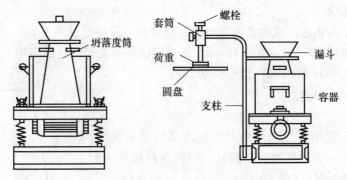

试图 4-2　维勃稠度仪

2. 测定步骤

（1）用湿布将容器、坍落度筒、喂料斗内壁及其他用具润湿。

（2）将喂料斗提出坍落度筒上方扣紧，校正容器位置，使其中心与喂料斗中心重合，然后拧紧固定螺丝。

（3）把混凝土拌合物经喂料斗分层装入坍落度筒，装料及插捣方法同坍落度试验。

（4）把喂料斗转离坍落度筒，垂直地提起坍落度筒，注意不使混凝土试体产生横向的扭转。

（5）把透明圆盘转到混凝土圆台体顶面，放松测杆螺丝降下圆盘，使其轻轻接触到混凝土顶面。

222

（6）开启振动台，同时用秒表计时，当振动到透明圆盘底面被水泥浆布满时停表计时，并关闭振动台。

3. 试验结果评定

记录秒表的时间（s），即为该混凝土拌合物的维勃稠度值，精确至1s。

三、混凝土拌合物表观密度试验

（一）试验目的

通过表观密度试验，可以确定$1m^3$混凝土各项材料的实际用量，也为混凝土配合比调整提供依据。

（二）主要仪器设备

容量筒：金属制成的圆筒，两旁装有提手。对于骨料最大粒径不大于40mm的拌合物采用容积为5L容量筒，筒的内部高度和内径均为（186±2）mm；当骨料最大粒径大于40mm的，筒的内部高度和内径均应大于骨料最大粒径的4倍。

台秤：称量50kg，感量50g；

振动台、小铲、捣棒等。

（三）测定步骤

1. 润湿容量筒，称其质量（m_1），精确至50g。

2. 混凝土的装料与捣实方法应根据混凝土拌合物的稠度而定。坍落度不大于70mm的混凝土，用振动台振实为宜；大于70mm时用捣棒捣实为宜。

3. 用振动台振实时，将混凝土拌合物一次性装满，振动时随时准备添料，振至表面出现水泥浆，没有气泡向上冒出为止；用捣棒捣实时，应根据容量筒的大小决定分层与插捣次数：用5L容量筒时，拌合物应分两层装入，每层插捣25次；用大于5L的容量筒时，每层混凝土的高度不应大于100mm，每层插捣次数应按每$10000mm^2$截面不小于12次计算。每次插捣应由边缘向中心均匀进行，插捣底层时捣棒应贯穿整个深度，插捣第二层时，捣棒应插透本层至下一层的表面；每一层插捣完后用橡皮锤沿筒外壁敲打5~10次。

4. 完毕后刮去多余混凝土，并用抹刀抹平。

5. 称取混凝土拌合物和筒的总质量（m_2）。

（四）试验结果计算与评定

按下式计算混凝土拌合物表观密度ρ_{co}，精确至$10kg/m^3$。

$$\rho_{co} = \frac{m_2 - m_1}{V_0} \times 1000$$

式中　m_1——容量筒质量，kg；

　　　m_2——容量筒和拌合物总质量，kg；

　　　V_0——容量筒容积，L。

四、混凝土立方体抗压强度试验

（一）试验目的

通过试验测定混凝土立方体抗压强度，作为评定混凝土质量的主要依据。

（二）主要仪器设备

压力试验机：精度不低于 ±1%，试验时根据试件最大荷载选择压力机量程；

振动台：频率（50±3）Hz，空载振幅约为 0.5mm；

搅拌机、试模、捣棒、刮刀等。

（三）试件制作与养护

1. 试件制作

混凝土立方体抗压强度测定，以三个试件为一组。每组试件所用的混凝土拌合物应从同盘混凝土或同一车混凝土中取样。混凝土试件的尺寸按骨料最大粒径选定，见试表 4-1。

试表 4-1　混凝土试件的尺寸要求

粗骨料最大粒径（mm）	试件尺寸（mm）	尺寸换算系数
31.5	100×100×100	0.95
40.0	150×150×150	1.0
63.0	200×200×200	1.05

（1）试件制作前，应将试模擦干净并在试模内表面涂一层矿物油或不与混凝土发生反应的脱模剂，再将取样或实验室拌制的混凝土拌合物用最短时间内装入试模成型。

（2）根据混凝土拌合物的稠度，确定试件成型的方法为振动成型和人工捣实成型。

①对于坍落度不大于 70mm 的混凝土拌合物，宜采用振动振实成型。将拌合物一次性装入试模并高出试模表面，再移至振动台上，启动振动台振至混凝土表面出现水泥浆为止，且振动时试模不得跳动。刮去多余的混凝土，用抹刀抹平。记录振动时间。

②对于坍落度大于 70mm 混凝土拌合物采用人工捣实成型，将混凝土拌合物分两层装入试模，每层厚度大约相等。用捣棒按螺旋方向从边缘向中心均匀插捣，插捣底层时，捣棒应达到试模底面，插捣上层时捣棒应贯穿下层深度 2~3cm，并用抹刀沿试模内侧插入数次，以防止麻面，每层插捣次数要求在 10000mm^2 截面积内不得少于 12 次，即截面为 100mm×100mm 插捣 12 次，150mm×150mm 插捣 25 次，200mm×200mm 插捣 50 次。最后刮去试模上口多余的混凝土，待临近初凝时用抹刀抹平。

2. 养护试件

（1）标准养护

①试件成型后表面应覆盖，以防止水分蒸发，并在（20±5）℃的环境中静置 1~2 昼夜。

②编号并拆模，将试件放入标准养护箱内养护，温度控制在（20±2）℃、相对湿度在 95% 以上，或在（20±2）℃的不流动的 Ca(OH)$_2$ 饱和溶液中。

③试件应放置支架上，彼此间隔为 10~20mm，试件表面应保持湿润状态，不得用水直接冲淋试件。

（2）同条件养护

①同条件养护试件拆模时间与构件拆模时间相同。

②拆模后放置在靠近相应结构构件或结构部位的适当位置，并采取相同的养护方法。

（四）测定步骤

1. 试件从养护地点取出，立即擦干并量取受压面边长，确定受压面面积 $A(\mathrm{mm}^2)$，精确至 1mm。

2. 将试件置于下压板中心，试件的受压面应与成型时的顶面垂直。

3. 启动试验机，加载时应连续、均匀。加载速率要求：混凝土强度等级低于 C30 时，加载速度为：$0.3\sim0.5\mathrm{MPa/s}$；强度等级大于或等于 C30 时且低于 C60 时，加载速度为：$0.5\sim0.8\mathrm{MPa/s}$；强度等级大于或等于 C60 时，加载速度为：$0.8\sim1.0\mathrm{MPa/s}$。

4. 当试件接近破坏而开始急剧变形时，停止调整试验机送油阀开启程度，直至试件破坏，记录破坏荷载 $P(\mathrm{N})$。

（五）试验结果的计算与评定

按下式计算试件的抗压强度 f_{cu}，精确至 0.1MPa。

$$f_{\mathrm{cu}} = \frac{P}{A}$$

抗压强度应取三个试件测值的算术平均值作为该组试件的抗压强度值。三个测值的最大值或最小值中如有一个与中间值的差值超过中间值的 15% 时，则取中间值作为该组试件的抗压强度值；如最大值和最小值与中间值的差值均超过中间值的 15%，则该组试件的试验结果无效。

当混凝土强度等级 < C60 时，使用边长为 200mm 和 100mm 非标准立方体试件测得的抗压强度值需乘以尺寸换算系数，参照试表 4-1 取值。

试验五　砂浆试验

一、砂浆的拌制方法

（一）试验目的

通过砂浆的拌制，加强对砂浆配合比设计的实践性认识，掌握砂浆的拌制方法，为测定新拌砂浆以及硬化后砂浆性能做准备。

（二）一般规定

1. 试验室拌制砂浆试样时，所用材料应提前 24h 运入室内。拌合时，室内温度应保持在 $(20\pm5)\,^{\circ}\mathrm{C}$。当需要模拟施工条件下所用的砂浆时，所用原材料的温度应与施工现场保持一致。

2. 试验所用原材料应与现场使用材料一致。砂应通过 4.75mm 方孔筛。

3. 试验室拌制砂浆时，材料用量应以质量计。水泥、外加剂、掺合料等的称量精度为 $\pm0.5\%$；细骨料的称量精度为 $\pm1\%$。

（三）主要仪器设备

磅秤：称量 50kg，感量 50g；

台秤：称量 10kg，感量 5g；

砂浆搅拌机、拌铲、抹刀、量筒、拌板等。

（四）测定步骤

1. 人工拌合

按设计配合比（质量比），称取各项材料用量，先把水泥和砂放入拌板干拌均匀，然后将混合物堆成堆，在中间做一凹坑，再将称好的石灰膏或黏土膏倒入坑中，再倒入一部分水使其稀释，然后充分拌合，并逐渐加水，直到混合料色泽一致。一般需拌合5min。可用量筒取定量的水，拌好后减去筒中剩余水量，即为用水量。

2. 机械拌合

先拌适量砂浆，使搅拌机内壁黏附一薄层砂浆，使正式拌合时的砂浆配合比成分准确。

先称出各材料的用量，再将砂、水泥装入砂浆搅拌机内。开动搅拌机，将水徐徐加入（混合砂浆需将石灰膏或黏土膏稀释至浆状），搅拌时间均为3min，使物料拌合均匀。最后将砂浆拌合物倒入拌板上，再用铁铲翻拌两次，使之均匀。

二、砂浆稠度试验

（一）试验目的

通过稠度试验，可以测定达到设计稠度时的用水量，以及在施工中控制稠度以保证施工质量。

（二）主要仪器设备

砂浆稠度仪：由试锥、容器和支座三部分组成。试锥高度145mm，锥底部直径75mm，试锥连同滑杆总质量（300g±2）g，见试图5-1。

捣棒、小铲、秒表等。

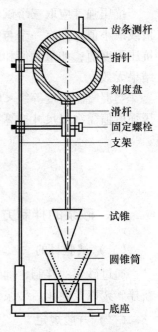

右侧标注（自上而下）：齿条测杆、指针、刻度盘、滑杆、固定螺栓、支架、试锥、圆锥筒、底座

试图5-1　砂浆稠度仪

（三）测定步骤

1. 将拌好的砂浆拌合物一次装入圆锥筒内，且砂浆表面应低于筒口约10mm，用捣棒自筒中心向边缘插捣25次，并将筒体轻轻振动5~6次，使其表面平坦，然后移至稠度仪底座上。

2. 松开试锥滑杆的固定螺栓，使锥尖与砂浆表面刚接触时，拧紧固定螺栓，使齿条测杆底端与滑杆顶端接触，调整指针对准零点。

3. 突然松开固定螺栓，同时计时，使试锥自由沉入砂浆内，10s后立即固定螺栓。使齿条测杆下端与滑杆上端接触，从刻度盘上读取下沉深度，即为砂浆的稠度值（K_1），精确至1mm。

4. 圆锥筒内的砂浆只允许测定一次稠度，重复测定时应重新取样。

（四）试验结果的计算与评定

以两次测定结果的算术平均值作为砂浆稠度值，如两次测定值之差大于10mm，应重新配料测定。

三、保水性试验

（一）试验目的

通过对砂浆保水率试验，了解砂浆的保水性。

（二）主要仪器设备

1. 金属或硬塑料圆环试模：内径应为 100mm，内部高度应为 25mm；
2. 2 片金属或玻璃的方形或圆形不透水片，边长或直径应大于 110mm；
3. 超白滤纸：中速定性滤纸，直径为 110mm，单位面积质量应为 $200g/m^2$；
4. 金属滤网，网格尺寸 $45\mu m$，圆形，直径为（110 ± 1）mm；
5. 天平，量程为 200g，感量 0.1g；量程为 2000g，感量为 1g；
6. 重物，质量为 2kg。

烘箱、金属刮刀等；

（三）测定步骤

（1）称量底部不透水片与干燥试模质量（m_1）和 15 片中速定性滤纸（m_2）；

（2）将砂浆拌合物一次性装入试模，并用抹刀插捣数次，当装入的砂浆略高于试模边缘，用刮刀以 45°角一次性将试模表面多余的砂浆刮去，然后再用抹刀以较平的角度在试模表面反方向将砂浆刮平；

（3）抹掉试模边的砂浆，称量试模、底部不透水片与砂浆总质量（m_3）；

（4）用金属网盖住砂浆表面，并在滤网顶部盖上 15 片滤纸，用上部不透水片盖在滤纸表面，以 2kg 的重物把上部不透水片压住；

（5）静置 2min 后移走重物及上部不透水片，取出滤纸（不包括滤网），迅速称量滤纸质量（m_4）；

（6）按照砂浆的配比及加水量计算砂浆的含水率。当无法计算时，可按照规定测定砂浆的含水率。

（四）试验结果的计算与评定

（1）按下式计算砂浆的保水率 W：

$$W = \left[1 - \frac{m_4 - m_2}{a(m_3 - m_1)} \right] \times 100$$

式中　W——砂浆保水率，%；

　　　m_1——底部不透水片与干燥试模质量，g，精确至 1g；

　　　m_2——15 片滤纸吸水前的质量，g，精确至 0.1g；

　　　m_3——试模、底部不透水片与砂浆总质量，g，精确至 1g；

　　　m_4——15 片滤纸吸水后的质量，g，精确至 0.1g；

　　　a——砂浆含水率，%。

取两次试验结果的算术平均值作为砂浆的保水率，精确至 0.1%，且第二次试验应重新取样测定。当两个测定值之差超过 2% 时，此组试验结果应为无效。

（2）测定砂浆含水率时，应称取（100 ± 10）g 砂浆拌合物试样，置于一干燥并已称重的盘中，在（105 ± 5）℃的烘箱中烘干至恒重。砂浆含水率应按下式计算：

$$a = \frac{m_6 - m_5}{m_6} \times 100\%$$

式中　a——砂浆含水率，%；

　　m_5——烘干后砂浆样本的质量，g，精确至1g；

　　m_6——砂浆样本的质量，g，精确至1g。

取两次试验结果的算术均值作为砂浆的含水率，精确至0.1%。当两个测定值之差超过2%时，此组试验结果应为无效。

四、砂浆抗压强度试验

（一）试验目的

通过砂浆抗压强度试验，可检验砂浆的实际强度是否满足设计要求。

（二）主要仪器设备

压力试验机：精度应为1%，试件破坏荷载应不小于压力机量程的20%，且不应大于全量程的80%；

试模：应为70.7mm×70.7mm×70.7mm的带底试模；

抹刀、捣棒、振动台等。

（三）测定步骤

1. 试件制作

（1）应采用立方体试件，每组试件应为3个；

（2）试模内壁涂刷薄层机油或隔离剂。将拌制好的砂浆一次性装满砂浆试模，成型方法应根据稠度而确定。当稠度大于50mm时，宜采用人工插捣成型，当稠度不大于50mm时，宜采用振动台振实成型。

人工插捣：应使用捣棒由边缘向中心按螺旋方式插捣25次，插捣过程中当砂浆沉落低于试模口时，应随时添加，可用抹刀插捣数次，并用手将试模一边抬高5~10mm各振动5次，砂浆应高出试模顶面6~8mm。

机械振动：将砂浆一次装满试模，放置到振动台上，振动时试模不得跳动，振动5~10s或持续到表面泛浆为止，不得过振。

应待表面水分稍干后，再将高出试模部分的砂浆沿试模顶面刮去并抹平。

2. 试件养护

（1）试件制作后在（20±5）℃温度下停置（24±2）h，对试件进行编号、拆模。当气温较低时，或者凝结时间大于24h的砂浆，可适当延长时间，但不超过48h。试件拆模后，应立即放入温度（20±2）℃，相对湿度为90%以上的标准养护室中养护。养护期间，试件彼此间隔不得小于10mm，混合砂浆、湿拌砂浆试件上面应覆盖，防止有水滴在试件上。

（2）从搅拌加水开始计时，标准养护龄期应为28d，也可根据相关标准要求增加7d或14d。

3. 测试立方体抗压强度

（1）从养护箱取出试件并迅速擦拭干净，测量尺寸，检查外观，并计算试件的承压面积。当实测尺寸与公称尺寸的差值不超过1mm，可按公称尺寸进行计算。

（2）将试件居中放在试验机的下压板上，试件的承压面应垂直于成型时的顶面。

（3）开动试验机，以 0.25~1.5kN/s 加荷速率加载。砂浆强度不大于 2.5MPa 时，取下限为宜。

（4）当试件接近破坏而开始迅速变形时，应停止调整试验机油门，直至试件破坏。记录破坏荷载 $P(N)$。

（四）试验结果的计算与评定

按下式计算试件的抗压强度 $f_{m,cu}$，精确至 0.1MPa：

$$f_{m,cu} = \frac{P}{A}$$

砂浆的抗压强度以 3 个试件的测值的算术平均值作为该组试件的抗压强度值，精确至 0.1MPa。当 3 个试件的最大值或最小值中有一个与中间值的差值超过中间值的 15% 时，应把最大值及最小值一并舍去，取中间值作为该组试件的抗压强度值。当两个测值与中间值的差值均超过中间值的 15% 时，该组试验结果应为无效。

试验六　钢筋试验

一、钢筋的取样及检验规则

1. 组批：同一牌号、炉罐号和规格组成的钢筋批验收时，每批质量不大于 60t；由同一牌号、冶炼方法和浇铸方法不同炉罐号组成混合批验收时，每批质量不大于 60t，各炉罐号含碳量之差应不大于 0.02%，含锰量之差应不大于 0.15%。

2. 试验一般应在温度为 10~35℃ 下进行。

3. 钢筋的拉伸、弯曲试验取样数量为 2 根，可任选两根钢筋切取。试样制作时不允许进行车削加工。

4. 自每批钢筋中任意取两根，分别做拉伸试验和弯曲试验。在拉伸试验中，若其中一根试件的屈服点、抗拉强度和伸长率三个指标中，有一个指标达不到钢筋标准中规定的数值，应取双倍试样数量，重新试验。如果仍有一根试件的指标达不到标准要求，则拉伸试验不合格。在弯曲试验中，如有一根试件不符合标准要求，同样抽取双倍钢筋，重新试验。如仍有一根试件不符合标准要求，即为不合格。

二、钢筋拉伸试验

（一）试验目的

测定低碳钢的屈服强度、抗拉强度与延伸率；观察拉力与变形之间的变化；确定应力与应变之间关系曲线，评定钢筋的强度等级。

（二）主要仪器设备

万能试验机：精度为 1%；

游标卡尺：精度为 0.1mm；

钢尺、钢筋标点机等。

（三）试件的制作和准备

1. 测量试样的实际直径 d_0 和横截面面积 S_0。

（1）光圆钢筋：可在标点的两端和中间 3 处，用游标卡尺分别测量两个互相垂直方向的直径，精确至 0.1mm，计算 3 处截面的平均直径，精确至 0.1mm，根据公式 $S_0 = \frac{\pi d_0^2}{4}$ 分别求得钢筋的实际横截面面积，取四位有效数字。实际直径和实际横截面面积分别取三个值的最小值。

（2）带肋钢筋：用钢尺测量试样的长度 L，精确至 1mm，并称其质量 m，精确至 1g。按公式 $S_0 = \frac{m}{\rho L} = \frac{m}{7.85L} \times 1000$ 计算实际横截面面积，取四位有效数字。

2. 确定原始标距 L_0：$L_0 = 5.65\sqrt{S_0} = 5.65\sqrt{\frac{1}{4}\pi d_0^2}$，修约至最接近 5mm 的倍数。

3. 根据原始标距 L_0、公称直径 d 和试验机夹具长度 h 来确定截取钢筋试样的长度 L。

4. 使用标点机在试样中部标点，相邻两点之间的距离可为 5mm 或 10mm，见试图 6-1。

（四）测定步骤

1. 调整试验机至工作状态，将负荷及变形值调零。

2. 将试样安装在试验机的夹头内，开机均匀拉伸。拉伸速度：屈服前，6～60MPa/s；屈服阶段，试验机活动夹头的移动速度为

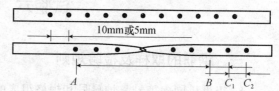

试图 6-1 用移位法计算标距

$0.015(L-2h)/\text{min} \sim 0.15(L-2h)/\text{min}$；屈服后，活动夹头的移动速度为不大于 $0.48(L-2h)/\text{min}$，直至断裂。

3. 拉伸时，可根据拉力-变形曲线或指针的运动直接读出或通过软件获取屈服荷载 $F_s(\text{N})$ 和极限荷载 $F_b(\text{N})$。

4. 断裂后，将已断开的两段试件拼合好，使其轴线位于一条直线上，测量断后的伸长率。

①如果拉断处到邻近的标距点的距离大于原始标距的 1/3 时，可用卡尺直接量出断后的标距 L_1，精确至 0.25mm。

②如果拉断处到邻近的标距点的距离小于或等于原始标距的 1/3 时，则可采用移位法确定断后的标距 L_1。

短段上最外点为 A，在长段上取基本等于短段格数，得 B 点。接着取等于长段所余格数偶数之半，得 C_1 点；或者取所余格数奇数减 1 与加 1 之半，得 C_1 与 C_2 点。移位后的 L_1 分别为 $AB+2BC_1$ 或者 $AB+BC_1+BC_2$。

③在工程检验中，若断后伸长率满足规定值要求，则不论断口位置位于何处，测量均为有效。

（五）试验结果的计算与评定

1. 按下式计算屈服强度 R_{eL}，修约至 5MPa。

$$R_{eL} = \frac{F_s}{S_0}$$

式中　S_0——公称面积（mm^2），取四位有效数字，工程检验时采用。

2. 按下式计算抗拉强度 R_m，修约至 5MPa。

$$R_m = \frac{F_b}{S_0}$$

式中　S_0——公称面积（mm^2），取四位有效数字，工程检验时采用。

3. 按下式计算断后伸长率 A，修约至 0.5%。

$$A = \frac{L_1 - L_0}{L_0} \times 100\%$$

4. 参照规定要求，判定试验结果是否符合。

三、钢筋弯曲试验

（一）试验目的

检定钢筋承受规定弯曲程度的弯曲变形性能，并显示其缺陷。

（二）主要仪器设备

万能试验机、冷弯压头等。

（三）测定步骤

1. 试件长度根据试验设备确定，通常取 $5d + 150mm$，d 为公称直径。

2. 按规定确定弯心直径 d' 和弯曲角度。

3. 调整两支辊间距离为 $d' + 2.5d$，见试图 6-2（a）。

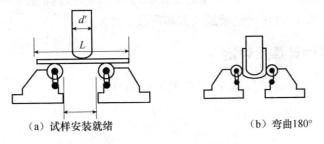

（a）试样安装就绪　　　　　　　（b）弯曲180°

试图 6-2　钢筋冷弯试验装置

4. 安装试件后，平稳施加荷载，弯曲到要求的弯曲角度，见试图 6-2（b）。

（四）结果评定

弯曲后，按规定检查试样弯曲处的外表面，进行结果评定。如无裂缝、起层或断裂，即判定弯曲性能合格。

试验七　烧结多孔砖抗压强度试验

一、试验目的

烧结多孔砖分为 5 个强度等级，且不同等级可用于不同的结构部位。通过抗压强度试验，评定其强度等级或评价是否满足规定强度等级的要求。

二、取样方法

烧结多孔砖检验批的批量，宜在 3.5 万～15 万块范围内，不足 3.5 万块也按一批计，但不得超过一条生产线的日产量；采用随机抽样法取样，强度检验的砖样从外观质量检验后的样品中抽取，数量为 10 块。

三、主要仪器设备

压力试验机：精度为 1%；
钢直尺：分度值为 1mm；
玻璃板等。

四、测定步骤

1. 将烧结多孔砖试样浸水 10～20min，取出后滴水 3～5min。
2. 在玻璃板上铺 5mm 厚度水泥净浆。
3. 把烧结多孔砖平稳坐压在水泥净浆上。两侧同方法处理。
4. 养护条件为不低于 10℃ 的不通风室内养护 3d，再进行强度测试。
5. 测量试样的连接面或受压面的长 L 和宽 B 各两个，分别取平均值，精确至 1mm。
6. 将试样居中放在下压板上，垂直于受压面加荷，加荷过程应均匀平稳，加荷速度以 4～6kN/s 为宜。直至试件破坏，记录最大破坏荷载 P（N）。

五、试验结果的计算及评定

1. 按下式计算单块砖的抗压强度 f，精确至 0.01MPa。

$$f = \frac{P}{LB}$$

2. 按下列公式计算 10 块烧结多孔砖的强度平均值 $\bar{f}$、标准差 S、强度变异系数 δ 和强度标准值 f_k，精确至 0.01MPa。

$$\bar{f} = \frac{1}{10} \sum \sum_{i=1}^{10} f_i$$

$$S = \sqrt{\frac{\sum_{i=1}^{10} (f_i - \bar{f})^2}{9}}$$

$$\delta = \frac{S}{\bar{f}}$$

$$f_k = \bar{f} - 1.8S$$

3. 根据强度平均值 $\bar{f}$、强度变异系数 δ 和强度标准值 f_k 或单块最小抗压强度值，判定烧结多孔砖的强度等级。

试验八 石油沥青试验

一、沥青针入度试验

（一）试验目的

通过针入度试验可以确定沥青的稠度，稠度也是划分沥青牌号的主要指标之一。

（二）主要仪器设备

针入度仪：见试图 8-1。其中支柱上有两个悬臂，上臂装有刻度盘及活动齿杆；下臂装有可滑动的针连杆（下端安装标准针）总质量为（50±0.05）g，并设有控制针连杆运动的制动按钮；

标准针、试样皿、恒温水浴、秒表等。

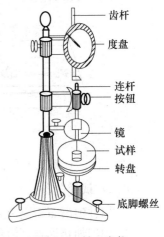

试图 8-1　针入度仪

（三）试样准备

1. 将沥青均匀加热至流动，注入试样皿中，放置于 15～30℃的空气中冷却，小试样皿 1～1.5h，大试样皿 1.5～2.0h。

2. 把试样皿浸入（25±0.1）℃的水浴恒温：小试验皿 1～1.5h，大试样皿 1.5～2.0h，水面高出试样表面 10mm 以上。

（四）测定步骤

1. 调节底座脚螺丝使水准器气泡居中，即基底水平。

2. 安装标准针，将标准针插入针连杆中固定好。

3. 将恒温的试样皿置于水温为 25℃的平底保温皿中，水面应高出试样表面 10mm，再将保温皿移至转盘上。

4. 调节针尖与试样表面恰好接触，移动齿杆与连杆顶端接触，并将度盘指针调至"0"。

5. 用手紧压按钮，使标准针自由针入试样，同时计时 5s，放开按钮使标准针停止下沉，轻压齿杆与标准针连杆顶端接触，读出指针读数，即为试样的针入度（1/10mm 为 1°）。

6. 在试样的不同点重复试验 3 次，要求测点之间及与试验皿边缘的距离不小于 10mm，每次需要用溶剂将标准针尖擦拭干净。

（五）试验结果的计算与评定

针入度以三次试验结果的算术平均值作为最后结果，取至整数。三次测值的最大值与最小值之差不应超过试表 8-1 的规定，否则重新试验。

试表 8-1　针入度测定允许最大差值

针入度（1/10mm）	0～49	50～149	150～249	250～350
允许最大差值	2	4	6	8

二、延度试验

（一）试验目的

延度是反映沥青塑性的指标，通过测定可以了解石油沥青抵抗变形的能力，并作为确定沥青牌号的依据之一。

（二）主要仪器设备

沥青延度仪及模具：见试图8-2；

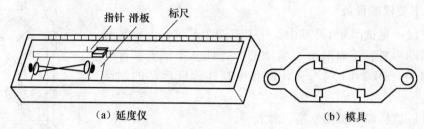

（a）延度仪　　　　　　　　（b）模具

试图8-2　沥青延度仪及模具

温度计、金属皿、孔径0.6~0.8mm筛、金属板、砂浴等。

（三）试样制备

1. 用甘油滑石粉隔离剂涂于金属板上及侧模的内侧面，将试模在金属板上卡紧。

2. 均匀加热沥青至流动，将其从模一端至另一端往返注入，并略高出模具。

3. 试件在空气中冷却30~40min后，再将试件及模具放入温度为（25±0.5）℃的水浴恒温30min，取出后用热刀将高出试模的沥青刮去，使沥青面与模面平齐。再将试件连同模具放回（25±0.5）℃的水浴中保持（85~95）min。

（四）测定步骤

1. 检查延度仪滑板的移动速度是否符合要求，然后移动滑板使指针对准标尺的零点；控制水温为（25±0.5）℃。

2. 去除试模侧板及底板，将两端模的孔分别套在滑板及槽端的金属柱上，水面距试件表面应不小于25mm。

3. 保持水温（25±0.5）℃，开机以（5±0.25）cm/min速度拉伸，观察沥青的延伸情况。在测定时，如发现沥青细丝浮于水面或沉入槽底时，则应在水中加入乙醇或食盐水，调整水的密度与试样的密度相近后，再测定。

4. 试样拉断时指针所指标尺上读数，即为试样的延度，以cm表示。

（五）试验结果的计算与评定

取3个平行试样测试结果的算术平均值作为测定结果。若3个试样的测试结果不在其平均值的5%以内，但其中两个较高值在平均值的5%之内，则取两较高值的平均值，否则重新试验。

三、软化点试验

（一）试验目的

软化点是反映沥青耐热性及温度敏感性的指标，是确定沥青牌号的依据之一。

234

（二）主要仪器设备

沥青软化点测定仪：见试图 8-3；烧杯、温度计、电炉等。

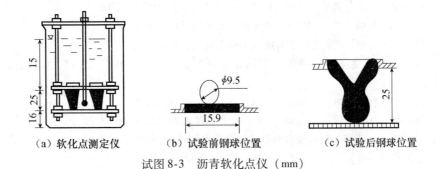

（a）软化点测定仪　　（b）试验前钢球位置　　（c）试验后钢球位置

试图 8-3　沥青软化点仪（mm）

（三）试验准备

1. 将沥青均匀加热至流动，注入黄铜环内略高出环面为止，试样在 15～30℃空气中冷却 30min 后，用热刀将高出环面的沥青刮平。

2. 将盛有试样的黄铜环安放在环架中层板的圆孔内，与钢球一起放在水温为（5±1）℃烧杯中，恒温 15min。甘油温度保持（32±1）℃。

3. 估计软化点低于 80℃的试样，烧杯中注入新煮沸并冷却至约 5℃的蒸馏水，估计软化点高于 80℃的试样用甘油浴，使甘油温度保持（30±1）℃。并使水（甘油）面略低于连接杆上的深度标记线。

（四）测定步骤

1. 放上钢球并套上钢球定位器把整个环架放入烧杯中，调整液面至标记，插入温度计，使水银球底部与铜环下面平齐。

2. 将烧杯移至有石棉网的电炉上，以（5±0.5）℃/min 的速度加热。

3. 试样受热软化下坠，当与下承板面接触时，分别记录温度，即为试样的软化点，精确至 0.5℃。

（五）试验结果的计算与评定

试验结果取两个平行试样测定结果的平均值。重复测定两个结果间的差数不得大于试表 8-2 的规定。

试表 8-2　软化点测定允许差数

软化点（℃）	允许差数（℃）
<80	1
80～100	2
>100～140	3

参考文献

［1］王立久，李振荣．建筑材料学［M］．北京：中国水利水电出版社，2000.

［2］陈雅福．土木工程材料［M］．广州：华南理工大学出版社，2001.

［3］刘祥顺．建筑材料［M］．北京：中国建筑工业出版社，2002.

［4］王忠德，张彩霞，方碧华，张照华．实用建筑材料试验手册［M］．北京：中国建筑工业出版社，2003.

［5］王福川．新型建筑材料［M］．北京：中国建筑工业出版社，2005.

［6］任胜义，苏德利，杜安平等．储能墙［P］．中国专利 ZL200520093050.5

［7］任胜义，宋秀静．自动储存家庭废水的塑料贮水节水箱［P］．中国专利 ZL200610047402.2

［8］王春阳．建筑材料［M］．北京：高等教育出版社，2006.

［9］张君，阎培渝，覃维祖．建筑材料［M］．北京：清华大学出版社，2008.

［10］王宗昌．建筑及节能保温实用技术．北京：中国电力出版社，2008.

［11］钱晓倩，詹树林，金南国．建筑材料［M］．北京：中国建筑工业出版社，2009.

［12］焦宝祥．土木工程材料［M］．北京：高等教育出版社，2009.

［13］郑超荣．土建工程材料标准速查与选用指南［M］．中国建材工业出版社，2011.